U0287136

旋转爆震波传播特性与自持机理

刘卫东　刘世杰　张海龙　彭皓阳　袁雪强　著

科学出版社

北京

内 容 简 介

爆震燃烧是一种激波与反应面高度耦合并以超声速传播的燃烧方式，旋转爆震发动机是爆震燃烧的一种应用形式，具有自适应能力强、发动机长度短、推力性能高等优势，有望推动航空航天动力技术的跨越发展。本书以爆震燃烧理论为切入点，详细介绍了火箭和冲压旋转爆震波的自持传播特性、燃烧室构型对传播特性的影响机制、旋转爆震波自持传播机理、旋转爆震与切向燃烧不稳定等内容。本书以作者研究团队持续十余年的科研成果为基础，通过总结、凝练而成，着重介绍旋转爆震波传播特性与自持机理等内容，为后续旋转爆震发动机工程应用提供理论指导和技术支撑。

本书可供航空宇航、能源动力等相关专业的从业人员、研究生及高年级本科生参考与学习使用。

图书在版编目(CIP)数据

旋转爆震波传播特性与自持机理 / 刘卫东等著.
北京 ： 科学出版社，2025.3. -- ISBN 978 - 7 - 03
- 079601 - 1

Ⅰ. O382

中国国家版本馆 CIP 数据核字第 2024AD6352 号

责任编辑：徐杨峰　赵朋媛 / 责任校对：谭宏宇
责任印制：黄晓鸣 / 封面设计：殷　靓

科学出版社 出版
北京东黄城根北街 16 号
邮政编码：100717
http://www.sciencep.com

南京展望文化发展有限公司排版
苏州市越洋印刷有限公司印刷
科学出版社发行　各地新华书店经销

*

2025 年 3 月第 一 版　开本：B5(720×1000)
2025 年 3 月第一次印刷　印张：16 1/2
字数：320 000

定价：150.00 元
（如有印装质量问题，我社负责调换）

自然界的燃烧主要有两种形式：爆燃和爆震。爆燃现象很常见，火在远古时代就被人类掌握和利用，现代的各种工业炉、发动机等都是利用爆燃实现能量转换和输出。爆震现象只在特殊条件下（如煤矿瓦斯爆炸）才会发生，直到1869年前后才被人们发现并确认。无数科学家为探寻爆震燃烧的奥秘付出了艰辛努力，但仍有许多未解之谜尚待破解。

爆震燃烧释热速度快，反应区短，在脉冲爆震条件下能够实现自增压。20世纪40年代，就有先驱者尝试把爆震燃烧应用于推进系统，但爆震燃烧过程快速且猛烈，难以驾驭和控制。经过几十年的努力，目前脉冲爆震发动机、旋转爆震发动机的相关技术已经有所突破，爆震发动机的实用化已初现曙光。

在庄逢辰院士、王振国院士的悉心指导和大力支持下，国防科技大学爆震发动机研究团队近年来在爆震机理研究、发动机原理样机研制方面取得了较大进展。2004年，团队开始进行斜爆震机理研究，在多个国家自然科学基金项目的支持下，开展了斜爆震起爆、驻定的试验和数值模拟研究；后在"国家高技术研究发展计划"（简称863计划）的持续支持下，开始旋转爆震发动机研究；2008年建立旋转爆震火箭发动机试验台，在国内率先成功实现火箭基旋转爆震稳定工作；2012年建立旋转爆震冲压发动机试验台，实现氢燃料冲压发动机旋转爆震；2016年在国际上首次实现旋转爆震冲压发动机自由射流试验成功起爆并稳定工作；此后，主要开展碳氢燃料旋转爆震冲压发动机研究。

本书是团队在旋转爆震基础研究方面的成果总结，主要是刘卫东教授与其指导的研究生开展的相关工作，包括旋转爆震波起爆、爆震波自持传播、燃烧室构型影响、旋转爆震与不稳定燃烧等方面的试验与数值仿真结果。本书第1、2章由刘卫东教授执笔撰写，第3、4章由刘世杰研究员执笔，第5章由彭皓阳讲师执笔，第6章由袁雪强讲师执笔，第7章由张海龙讲师执笔，全书由刘卫东教授审阅、校对。

在本书出版之际，作者要特别感谢庄逢辰院士、王振国院士、王珏研究员、周进教授、蔡国飙教授长期给予的指导和帮助！感谢作者所在的高超大团队为研究工作提供的优良科研条件和创新氛围，感谢林志勇教授为团队爆震早期研究做出的开拓性工作。本书内容还涉及林伟、王超、周朱林、孙健、蒋露欣、黄思远、樊伟杰等研究生在校攻读学位期间的研究工作，在此向他们表示感谢。感谢科学出版社为本书出版付出的辛勤劳动。

作　者

2024 年 10 月

第 1 章

绪　　论

1.1　引言

1.1.1　燃烧与火焰

　　燃烧与火焰在人类历史的发展过程中起着至关重要的作用。从远古的钻木取火到现代的能源和动力设备,都与燃烧过程密不可分。燃烧现象涉及多种物理、化学过程,其机理非常复杂,至今仍是前沿科学研究课题。

　　燃烧的本质是燃料和氧化剂的化学反应,是燃料的化学能转变为热能,并伴随着发光现象。化学反应是分子之间的碰撞导致反应物分子的化学键断裂,然后重组形成燃烧产物,因此,燃烧反应只能在分子层级上进行[1]。液体和固体燃料的燃烧过程,首先是燃料受热后转化为气相分子(液体燃料通过蒸发过程变成气相分子,固体燃料通过析出气相分子或固体表面分子与氧化剂分子反应),然后在气相中混合、发生化学反应,完成燃烧过程。如果发生燃烧反应的气体流动速度较低,流动是层流,那么称为层流火焰;如果流动速度较高,流动是湍流,那么称为湍流火焰。

　　按照燃烧前燃料和氧化剂的混合程度分类,常见的燃烧模式主要有三种:扩散燃烧、预混燃烧、预混-扩散燃烧。在实际的燃烧现象中,要严格地定义和区分三种燃烧模式比较困难。一般情况下,如果燃料和氧化剂分开进入燃烧区,通过分子扩散或湍流扩散作用来实现燃料和氧化剂的混合,发生化学反应并形成火焰,这类燃烧就是扩散燃烧,如乙炔-氧气焊枪火焰。如果燃料和氧化剂是预先混合均匀后,再进入燃烧区进行燃烧,这类燃烧就是预混燃烧,例如,采用化油器的汽车发动机内部燃烧。实际上,在大多数工程应用中,燃料和氧化剂是分开进入燃烧器的,但是燃烧往往是在燃料和氧化剂实现一定程度的混合后才进行的,这时部分火焰是预混燃烧,部分火焰是扩散燃烧,即预混-扩散燃烧。例如,煤气灶燃烧,煤气通过自身引射作用先与部分空气进行预混,在炉头再与周围空气进行燃烧,因此其核心火焰为预混燃烧,外围火焰为扩散燃烧。

　　如果按火焰传播速度来分类,那么燃烧可以分成爆燃(deflagration)和爆震(detonation)两大类。爆燃火焰的传播速度较低,一般只有几米/秒至几十米/秒,低于燃烧产物的当地声速,例如,常见的各种发动机、工业炉、燃气灶等设备的燃烧。爆震火焰的传播速度很快,一般在几百米/秒~几千米/秒,常常超过燃烧产物的当地声速,因此燃烧波前面会有激波,例如,煤矿瓦斯爆炸、粉尘爆炸、炸药爆炸等。扩散燃烧、预混-扩散燃烧的火焰传播速度低,都属于爆燃。预混燃烧火焰有可能是爆燃,也有可能是爆震,这取决于燃料活性、混合均匀度、燃烧的初始条件和边界条件等多种因素[2]。

1.1.2 爆震燃烧

一般认为,Abel 于 1869 年发现了爆震现象,因为他测量得到了火药棉(guncotton)中的爆震速度。Berthelot 和 Vieille 于 1881 年测量了不同燃料气体和氧化剂混合物的爆震速度,他们是研究爆震现象的先驱者。Mallard 和 Le Chatelier 于 1883 年利用鼓式相机试验观察到了爆燃向爆震的转变过程,证明了在同一种气体混合物中可能存在两种燃烧模式,并提出了爆震波中的化学反应是通过激波绝热压缩诱导产生的。

Rankine 和 Hugoniot 先后对包含激波间断面的一维定常流守恒方程进行了分析,推导出消除了流动速度项的兰金-雨贡尼奥(Rankine - Hugoniot)公式,得到了激波前、后的气体压力和密度关系式。在他们的研究基础上,Chapman 和 Jouget 分别根据最小速度解、最小熵解准则建立了爆震波理论,给出了可燃混合物中爆震波传播速度的计算方法,即著名的 Chapman - Jouget(C-J)理论。C-J 理论虽然是从简单的一维定常流动得出的,但是在预测爆震波传播速度时,表现出很好的准确性,至今仍被广泛地使用。有关爆震的早期研究历史可参考文献[3]。

C-J 理论完全忽略了爆震波的细节,也没有考虑激波对燃烧过程的影响,因而不能反映爆震波的传播机理。Zeldovich、von Neumann 和 Doring 分别独立地提出了一维爆震波结构模型,指出爆震波是由前导激波和其后的燃烧区共同组成的,即 ZND 模型。ZND 模型解释了爆震波自持传播机理,认为前导激波对未燃气体进行绝热压缩,压力、温度陡升,点燃其后的燃烧区,燃烧剧烈放热,进一步大幅度地提高温度,燃气膨胀效应对未燃气的压缩作用又推动前导激波运动,两者紧密地相互耦合在一起。因此,爆震波可以看作激波与燃烧的耦合体。一旦激波后的燃烧强度不够(如燃料和氧化剂混合不充分,燃烧释热量不够),就难以维持激波强度,激波与燃烧就会解耦,爆震波熄爆。

实际上,爆震波虽然总体上维持一个稳定的传播速度(接近 C-J 理论速度),但在大多数情况下,爆震波并不像 ZND 模型那样是一个一维结构,而是一个复杂的三维结构,并且爆震波在本质上都是不稳定的,在试验中也很少能观测到 ZND 模型那样的理想结构[3]。理想爆震波模型与纹影图见图 1.1。随着试验测量和数值模拟技术的飞速进步,目前对理想条件下的爆震波结构、传播特性等已有比较丰富的认识,但在爆震发动机中的复杂条件下,爆震波的起爆、自持、传播机理还不是很清楚,有待深入研究。

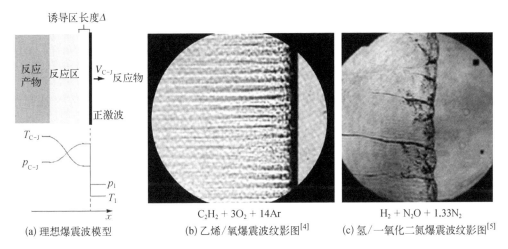

(a) 理想爆震波模型　　(b) 乙烯/氧爆震波纹影图[4]　　(c) 氢/一氧化二氮爆震波纹影图[5]

图 1.1　理想爆震波模型与纹影图

1.2　发动机燃烧及热力循环

现有的化学能发动机都是采用爆燃燃烧方式完成燃料化学能到热能的转换,进而产生推力。例如,航天领域的液体/固体火箭发动机、航空和舰船领域的燃气涡轮发动机、导弹用的亚燃/超燃冲压发动机等。从发动机的热-力循环过程看,都属于等压燃烧循环。由于爆燃燃烧在工程上很容易实现,因此得到了广泛的应用。

爆震燃烧是典型的预混燃烧,燃烧效率高,释热速率快、释热距离短,燃烧室几何尺度小;爆震波后压力高,具有自增压特性。应用爆震燃烧的推进系统主要有脉冲爆震发动机、斜爆震发动机、旋转爆震发动机等,已成为航空航天推进系统的重要发展方向。但由于技术实现难度大,到目前为止,世界上还没有一种采用爆震燃烧方式的发动机投入使用。

无论是爆燃燃烧还是爆震燃烧的发动机都属于热机范畴,都是通过燃烧过程把化学能转变为热能,再通过燃气膨胀过程把热能转化为机械能。因此,燃烧过程的完善程度主要影响化学能转化为热能的效率,与热能转换为机械能的关系不大,当然不是完全没有关系。此外,从理论上讲,无论是爆燃还是爆震,只要燃烧过程组织完美,都可以使燃料的可用化学能完全转化为热能。至于有多少热能转化为机械能,主要取决于燃烧热释放时的压力条件(决定了热能的品位),以及燃烧产物的膨胀流动过程,这就与发动机的结构形式和工况参数有关。

燃烧型热机主要有两种热-力循环形式:一种是布雷顿循环(Brayton cycle),即等压燃烧循环,发动机内部一边燃烧放热,一边膨胀对外做功,以保持燃烧室压力基本不变,现役的燃烧型发动机大都是等压燃烧;另一种是汉弗莱循环(Humphrey cycle),即等容燃烧循环,先在容积不变的条件下完成燃烧过程,然后再膨胀做功。由于等容燃烧在工程上不容易实现,目前发动机较少采取这种循环方式。

对于等压燃烧循环,其热力循环效率分析如下。假设燃烧产物是完全气体,其热力学参数为压力 p_c、温度 T_c、比热比 k、比热容 C_p,经过等熵流动,排出发动机时的压力 p_e、温度 T_e。燃气在膨胀过程中压力、温度下降,速度增加,实际上就是燃气的热能转化为其动能。根据等熵流动,则有

$$p_c/p_e = (T_c/T_e)^{[k/(k-1)]} \tag{1.1}$$

假设燃气的比热容 C_p 不变,则燃气热能变化量为

$$\Delta Q = C_p(T_c - T_e) = C_p T_c \left(1 - \frac{T_e}{T_c}\right) = C_p T_c \left[1 - \left(\frac{p_c}{p_e}\right)^{\frac{1-k}{k}}\right] \tag{1.2}$$

式中,ΔQ 为燃气热能转化为动能的部分。可见,燃烧温度 T_c 越高、燃气膨胀的落压比 p_c/p_e 越大(或燃烧室压力越高),燃气热能转化为动能的部分就越多。

热力循环效率为

$$\eta = \frac{\Delta Q}{Q} = \frac{\Delta Q}{C_p T_c} = 1 - \left(\frac{p_c}{p_e}\right)^{\frac{1-k}{k}} \tag{1.3}$$

可见,布雷顿循环的效率主要与燃气膨胀过程的落压比直接相关。

对于等容燃烧循环,理论上,在初始状态相同时,燃烧释放的化学能与等压燃烧一样多。但由于容积不变,燃烧发生时不对外做功,所以燃气温度更高,燃烧室压力也会显著地高于等压燃烧。如果燃气膨胀到相同的环境压力,那么其循环效率就比等压燃烧更高。

爆震燃烧类似于等容燃烧,但比等容燃烧更复杂。主要体现在两方面:一是爆震波是激波和燃烧波的耦合,在燃烧发生前有一个激波压缩过程,燃烧反应是在压力升高后的基础上进行的;二是经过激波压缩后的预混气燃烧反应速度很快,燃气来不及膨胀,接近于等容燃烧。但实际的爆震波结构很复杂,受燃料的活性影响,激波后的燃烧反应区有一定的长度,不是严格意义上的等容积燃烧。

最早开展爆震热力循环分析的是 Zeldovich,他以乙烯-氧气混合气为例得出的结论:虽然爆震循环比等容循环的效率高 13%,但爆震后的燃气能量有一部分将用于维持爆震波,考虑到可用燃气能量、各种损失和实际应用难度,他不建议发动机采用爆震燃烧循环。Zeldovich 还比较了超声速正爆震冲压发动机和亚燃冲压发动机的性能,由于爆震激波损失,前者的推力比后者小很多[6]。

在文献[7]~[11]中,对布雷顿循环、汉弗莱循环、爆震循环(也称为 Fickett‑Jacobs 循环)进行了理论分析比较,得出的结论就是爆震循环的效率与等容燃烧相当,大幅度地高出布雷顿循环效率,见表 1.1[10]。但需要注意,上述结论不是普适结果,存在误导的嫌疑。如在文献[11]的分析中(图 1.2),三种循环都从初始状态点 1 预压缩到状态点 2,然后开始爆燃或爆震加热过程,分别到达状态点 3、3′、3″,再膨胀到状态点 4、4′、4″,最后都回归初始状态点 1。图 1.2 中选取的预压缩量较小,也就是布雷顿循环的压力值较低,爆震波后的压力却很高,波后/波前的压比接近 10。这与实际情况不相符,因为等压燃烧发动机(除了冲压发动机,其他如火箭发动机、涡轮发动机、活塞发动机)的室压一般不会只有图中的 3~5 atm(1 atm = 1.013 25×10^5 Pa),而爆震波后压力也很难达到 50 atm。因此,三种循环的实际效率差别并没有表 1.1 中那么大。

表 1.1　不同燃料、不同热力循环的效率比较[10]

燃　料	布雷顿循环/%	汉弗莱循环/%	爆震循环/%
H_2	36.9	54.3	59.3
CH_4	31.4	50.5	53.2
C_2H_2	36.9	54.1	61.4

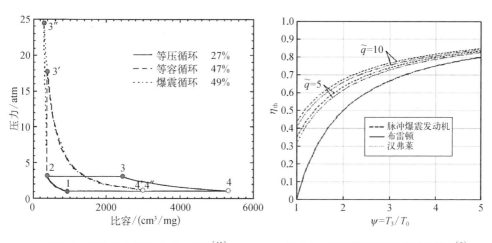

图 1.2　三种热力循环的 $P-V$ 图[11]　　　　图 1.3　不同预压缩比时循环效率[8]

实际上,随着预压缩量的增加,状态点 2 的压力值会越来越高,也就是等压燃烧循环的压力越来越高,三种循环的效率差别会越来越小,如图 1.3 所示。而随着预压缩量的增加,在高压下起爆越来越困难,并且混合气很容易产生爆燃,爆震维持也更难。

众所周知,热-力循环的本质就是热转换为功的过程,热量只有在高压条件下转化为做功工质的内能,才能在工质膨胀过程中高效率地做功。因此,无论是爆燃还是爆震,核心关键是要看释热过程的压力。假设两个不同发动机,一个采用等压燃烧,爆燃在 100 atm 条件下完成;另一个采用爆震燃烧,而爆震波后压力只有 30 atm。如果工质膨胀到相同的环境压力,那么前者的热效率必定比后者高。也就是说,爆震循环效率并不一定比等压燃烧循环高。

1.3 爆震发动机种类及工作原理

在 20 世纪四五十年代,德国的 Hoffmann[12] 最早提出了把爆震燃烧应用于发动机的设想,并实现了乙炔/氧气的间歇式爆震。法国的 Roy[13] 提出了在超声速气流中稳定爆震波的设想,这是后来斜爆震发动机概念的源头。美国密西根大学的 Nicholls 等[14] 在 1957 年提出了脉冲爆震发动机概念并开展了试验研究(图 1.4)。1958 年,Nicholls 等[15] 又提出了驻定斜激波爆震和正激波爆震发动机概念,并开展了正激波爆震试验。1966 年,Nicholls 等[16,17] 提出了旋转爆震发动机概念,也开展了试验,但未成功。此后,爆震发动机发展一直处于停滞状态,直到 20 世纪 80 年代中期,美国的 Helman 等[18]、Eidelman 和 Grossmann[19] 又重新开始脉冲爆震发动机研究。1990 年左右,脉冲爆震发动机性能得到了验证,爆震发动机才引起了广泛的关注,但其真正得到快速发展,是在 21 世纪初到现在这段时期。

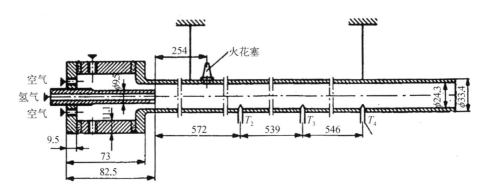

图 1.4　Nicholls 等[14]设计的脉冲爆震发动机(尺寸单位: mm)

经过几十年的努力,目前已有多种爆震发动机概念和原理样机。这些发动机主要分为两大类:一类是脉冲爆震型,如脉冲爆震发动机(pulsed detonation engine, PDE)、脉冲爆震冲压发动机(pulsed detonation ramjet engine, PDRE);另一类是连续爆震型,如超声速脉动爆震冲压发动机(supersonic pulsed detonation ramjet engine,

SPDRE）、斜爆震发动机（oblique detonation engine，ODE）、旋转爆震发动机（rotating detonation engine，RDE）。下面将介绍这几种发动机的工作原理和各自特点。

1.3.1　脉冲爆震发动机

在早期爆震机理研究中,试验研究最多的就是可燃预混气在圆管内的爆震过程,因此,最早提出的爆震发动机概念就是利用圆管内的间歇式爆震波产生推力的脉冲爆震发动机。根据是否利用空气作为氧化剂,脉冲爆震发动机可以分为吸气式脉冲爆震发动机、火箭式脉冲爆震发动机。

脉冲爆震发动机结构相对简单,其基本结构就是一根长圆管,圆管的直径要大于混合物爆震胞格尺寸以维持爆震波,长度要大于爆燃转爆震过程（deflagration to detonation transition，DDT）所需要的长度（取决于燃料活性、混合均匀度、DDT 增强装置等）,两者决定了爆震管的最小容积。再加上其他部件,如进气、燃料喷注、点火起爆、排气和控制等装置组成发动机系统。

脉冲爆震发动机工作类似活塞式内燃机,其工作过程包含几个典型的子过程,如图 1.5 所示:① 进气吹除过程,吸气式发动机通过进气道把新鲜空气引入爆震室（火箭式发动机需要引入其他气体）,吹除上一个工作周期的残余高温气体,同时起着隔离作用,防止引燃即将喷入的燃料;② 进气充填、喷入燃料的混合过程,燃料和空气混合是否充分均匀是决定爆震燃烧效率的关键;③ 点火起爆,一般不是直接起爆,绝大多数发动机是采用小能量点火器,通过 DDT 过程起爆;④ 爆震波传播过程,传播速度很快,波后压力、温度升高;⑤ 出口膨胀波回传,高温、高压燃气膨胀排出过程;⑥ 高压燃气的快速排出会导致室压低于环境压力,在尾部残余燃气仍在排出时,头部已开始吸进新鲜气流。发动机工作过程就是周而复始地重复上述过程。

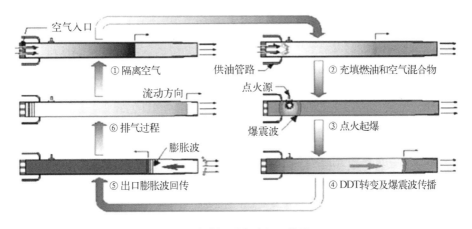

图 1.5　脉冲爆震发动机工作原理

脉冲爆震发动机的优点：① 可以实现理想的爆震循环,发动机循环效率高,比冲高,燃油经济性好;② 发动机自增压,不需要增压装置,结构简单,重量轻;③ 可以在宽速域范围工作,尤其可以在地面飞行器零速度时启动工作,直到飞行速度达到马赫数为 4;④ 由于充填过程的冷却作用,发动机热防护相对容易一些。主要缺点：① 需要多次重复点火起爆;② 发动机工作频率低,燃油大尺寸单管发动机工作频率一般为 20~25 Hz,多管发动机工作频率也很难超过 200 Hz;③ 脉冲式工作方式导致发动机推力不平稳;④ 在一个工作周期中,产生推力的持续时间短,很难提高发动机的平均功率。

国内外对脉冲爆震发动机进行了大量研究,研究时间较长,技术相对成熟。美国、日本、波兰等国已开展了短时验证飞行试验[20],如图 1.6 和图 1.7 所示。但因存在多次点火、工作频率受限和发动机脉冲推力等问题,导致其作为飞行器主推进系统在工程应用上受阻,但在航天器姿轨控的小型推进系统方面具有很好的应用前景。日本最近的研究进展：在微小尺度($D_c = 10$ mm,$L_c = 100$ mm)脉冲爆震火箭发动机实现了工作频率超过千赫兹[21]。

图 1.6　美国空军实验室脉冲爆　　　图 1.7　日本筑波大学脉冲爆震发动机[22]
震发动机飞行试验[10]

1.3.2　脉冲爆震冲压发动机

2003 年,俄罗斯中央空气流体力学研究院的 Remeev 等[23]提出了一种脉冲爆震冲压发动机概念并开展了试验研究。发动机构型与常规的亚燃冲压发动机类似,但在燃烧室的前端壁面设置了多个溢流孔和一个外置环形缓冲室,通过溢流来削减爆震波上传产生的压力峰,以避免高反压影响进气道正常工作,结构如图 1.8 所示。

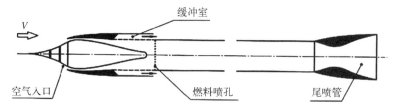

缓冲室

V

空气入口　　　　　　　　　　　　燃料喷孔　　　　　尾喷管

图 1.8　脉冲爆震冲压发动机[23]

超声速来流经过进气道压缩、变成亚声速后进入燃烧室,通过燃烧室壁面喷孔往空气流中喷入氢气燃料形成可燃混合气。在燃烧室下游点燃混合气生成爆震波,同时关闭燃料喷射,爆震波快速往上游传播,在燃烧完混合气后即熄爆。但是强激波仍然往上游传播,经过溢流孔后逐步衰减,在锥面上产生推力。随后燃烧室高压燃气经喷管膨胀产生推力,这样就完成了一个脉冲周期。然后再次喷射燃料,等新鲜的混合气充满燃烧室后再次点火,开始新的工作周期。在一个工作周期中,溢流孔的开关根据内外压差自动实现。与传统的脉冲爆震发动机相比,脉冲爆震冲压发动机连续进气、脉冲工作,类似无阀门脉冲爆震,工作频率可达 40 Hz。但是需要多次点火,并且爆震燃烧室较长。Remeev 等又提出了改进设计,燃烧室更短,理论上可实现更高的工作频率。

1.3.3 超声速脉动爆震冲压发动机

1999 年,俄罗斯中央航空发动机研究院的 Alexandrov 等[24,25]提出了超声速脉动爆震冲压发动机概念并获得专利,图 1.9 是超声速脉动爆震冲压发动机直连式试验系统图。美国的 Wilson 等[26]也提出了类似发动机概念。这种发动机与超燃冲压发动机类似,燃烧室气流都是超声速的,爆震波在燃烧室内上、下游脉动,但始终连续存在,因此属于连续爆震波发动机,其工作原理是高超声速来流经过进气道压缩、减速、增压后仍然以较高马赫数进入燃烧室,喷入的燃料与空气混合形成超声速可燃混合气。在燃烧室出口点火起爆后,形成正爆震波并向上游传播,当来流速度与可燃气的爆震波速度相当时,爆震波会稳定在一定区间段。通过周期性地改变混合气的当量比,可以控制爆震波的传播速度,使其在燃烧室中前后脉动、往复传播,从而实现爆震波在燃烧室内的驻留。

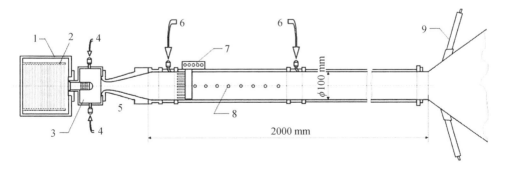

图 1.9 超声速脉动爆震冲压发动机直连式试验系统图[24]

1-预置室;2-空气加热器;3-混合室;4-氢气喷注器;5-超声速喷管;
6-燃料喷注器;7-压力测量;8-静压测量系统;9-点火系统

在超声速气流中以脉动爆震波的方式组织燃烧具有以下优势: ① 对空气来流压缩少,爆震波前的气流都是超声速;② 由于利用正爆震波在燃烧室内的往复传播、脉动驻留,工作过程中不必借助外界能源重复起爆,只需一次起爆就能实现发动机长时间工作;③ 采用持续的爆震方式组织燃烧,释热效率高;理论研究表明,使用氢燃料的飞行马赫数为4.5~7,其燃烧效率、比冲和总压恢复系数都超过现有的超燃冲压发动机,并能有效地降低发动机通道的热流强度[27]。

这种在超声速气流中组织脉动爆震燃烧的方式,为高超声速推进提供了新的备选方案。但其难点在于: 一要快速调节来流预混气的当量比,爆震波的速度控制难度很大;二是对于超声速来流中正爆震波传播特性还缺乏认识,能否实现驻定还未得到验证。

1.3.4　斜爆震发动机

20 世纪 80 年代,随着高超声速飞行器的研究成为热点,斜爆震发动机也再度引起关注。斜爆震发动机也称为爆震冲压发动机[28],严格地讲,这个名称更符合其物理本质,它也是一种超燃冲压发动机。但与通常的超燃冲压发动机相比,斜爆震发动机燃烧性能更高,燃烧室长度明显缩短,并可降低发动机热防护难度,减轻飞行器重量。尤其是在高马赫数(8~15)下飞行时,超燃冲压发动机的工作受限,斜爆震发动机是潜在可用的冲压发动机。

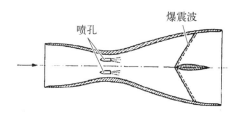

图 1.10　斜爆震冲压发动机[15]

如图 1.10 和图 1.11 所示,斜爆震发动机是在飞行器前体或进气道的超声速气流中喷入燃料,燃料与空气形成可燃混合气,再通过燃烧室内的中心体或斜劈等装置产生斜激波,在斜激波诱导下产生爆震完成燃烧过程,最后燃气通过喷管膨胀产生推力。

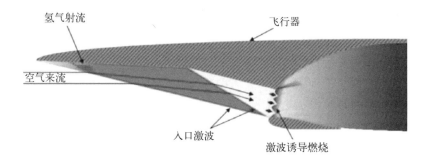

图 1.11　斜爆震发动机

斜爆震波的起爆需要达到以下几个条件:一是斜激波强度足以使波后的预混气体达到着火条件;二是斜劈的长度能够满足斜激波后的点火延迟距离;三是波后燃烧强度足以使斜激波面实现角度抬升,以提高激波强度。

需要注意的是,斜爆震与常规爆震波的结构在本质上还是相似的。斜激波相当于入射激波,在斜劈的前部是斜激波诱导区,化学反应很弱,随后的燃烧区释放能量产生了一系列压缩波,这些压缩波不断汇聚,使得斜激波抬升、强度提高,并导致横波出现,横波后的剧烈燃烧反应使原来的斜激波发生改变而出现突起,转变为类似马赫杆的强激波,并与其后的燃烧波耦合,最终形成斜爆震波。

斜爆震波的驻定特性主要由爆震波的稳定性与自持特性决定。如图 1.12 所示,一般认为,当来流速度大于爆震波的 C-J 速度时,爆震波会驻定于斜劈上,形成附体或者脱体斜爆震波。文献[31]与[32]中的研究表明,在一定来流马赫数和燃料当量比条件下,存在一个临界斜劈角度,当大于此角度时,爆震波便会从斜劈前缘脱离并前传,从而使爆震波驻定失败。同时,也存在一个能够起爆的最小斜劈角度(即 C-J 角),小于此角度,斜激波强度不够,不能实现起爆。理论上,只有当斜劈角度在 C-J 角和临界斜劈角之间时,才能实现斜爆震波的稳定驻定。

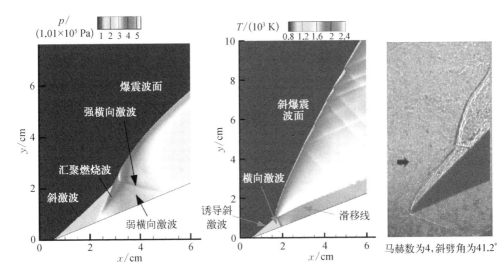

图 1.12 平滑型和突跃型斜爆震波结构[29,30]

斜爆震发动机的难点:① 在飞行器前体或进气道内喷注燃料,燃料要穿透超声速气流并实现均匀混合很困难。如果燃料与空气混合不好,会导致斜激波诱导爆震困难,即使诱导爆震成功,燃烧效率也不会高。② 爆震波的起爆和驻定困难。一是可燃混合气经过进气道激波压缩后进入燃烧室内,在高马赫数流动条件下容易自燃而不产生爆震。二是在宽速度范围飞行时,斜爆震波与来流条件相匹配难度大,实现爆震波驻定不容易。③ 由于是在超声速流中维持斜爆震波,波后压力高,斜劈产生的阻力大,发动机的推力性能还未得到验证。④ 在受限空间中,斜爆震易在壁面上反射形成过驱正爆震而前传,导致斜爆震难以驻定。

由于燃料混合、激波控制与爆震波驻定的难度很高,所以斜爆震发动机还处于机理研究阶段。

1.3.5 旋转爆震发动机

为了观察爆震波的传播,俄罗斯科学院西伯利亚分院拉夫连季耶夫研究所(Lavrentyev Institute of Hydrodynamics, LIH)的沃伊茨科夫斯基(Voitsekhovskii)设计了一个可连续供应乙炔/氧气混合物的平面环形燃烧室(planar annular chamber/ ring-shape channel),实现了爆震波的连续旋转传播,通过阀门控制燃料供应,使爆震波维持稳定传播 1.5 s(图 1.13)。Voitsekhovskii[33] 观察到多个爆震波同时在旋转传播,并测量了其传播速度约为 1.4 km/s。这是一项影响深远的创举,首次实现了爆震波的连续传播,也是旋转爆震发动机概念的起源。早期苏联的相关研究可参考文献[34]和[35]。

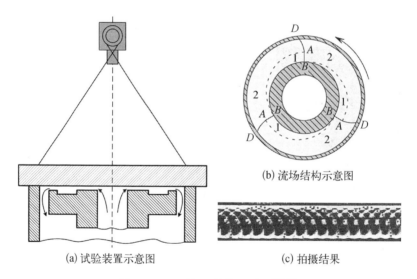

(a) 试验装置示意图   (b) 流场结构示意图   (c) 拍摄结果

图 1.13　平面环形燃烧室试验[31,32]

1-预混气区;2-燃烧产物区;*BA*-爆震波;*AD*-斜激波

旋转爆震发动机最明显的结构特点就是采用环形燃烧室,在环形燃烧室的壁面上安装点火装置(热射流管、火药点火器、高能火花塞等),环形燃烧室出口一般采用塞式喷管。其工作原理是燃料(包括氢气、乙烯、乙炔、甲烷、煤油等)和氧化剂(包括空气、氧气、液氧等)从头部沿轴向进入环形燃烧室并形成可燃混合气。

可燃气被点火装置点燃,经过短暂的不规则火焰传播过程,最后转变为爆震波。由于环形燃烧室环缝宽度限制,爆震波沿圆周方向传播,在环形燃烧室旋转一圈后又回到初始位置,这时新鲜的可燃气又充满了一定高度,从而可以维持爆震波连续传播。

爆震波在圆周方向传播,波后高压燃气膨胀会产生一定横向速度,但燃气主流方向仍然沿轴向排出,也就是爆震波传播方向与燃气流动方向垂直。因此,即使在轴向流动速度很快的情况下,但沿圆周方向的速度不大,爆震波仍然可以稳定传播,并且所需的燃烧室长度很短。旋转爆震发动机的这一特点与前面介绍的几种爆震发动机及各种传统的爆燃发动机都不同,这些发动机都是沿着流动方向组织燃烧,也就是燃烧伴随流动向下游移动,燃烧室气流速度越快,所需燃烧室就越长。旋转爆震火箭发动机、涡轮发动机、冲压发动机原理图见图 1.14。

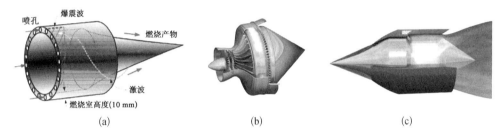

图 1.14　旋转爆震火箭发动机、涡轮发动机、冲压发动机原理图

旋转爆震发动机的优势主要有燃烧室长度短、燃烧效率高、爆震波传播频率高(可达数千赫兹)、发动机推力稳定、无须重复点火即可实现长时间连续工作。连续旋转爆震燃烧可应用于火箭发动机、涡轮喷气发动机、冲压发动机,目前受到了广泛的关注。

1. 旋转爆震发动机研究情况

自从 Voitsekhovskii 实现连续旋转爆震以后,不久就有研究者开始探索把其应用于火箭发动机和航空发动机的可行性。

美国密西根大学的 Nicholls 等认为,火箭发动机的切向不稳定燃烧可能是一种旋转爆震波,于是产生了把旋转爆震用于火箭发动机的构想,提出了旋转爆震波发动机概念,并在美国爱德华空军基地合同项目(1962 ~ 1964 年)的支持下开展了可行性研究[16,17]。他们设计了火箭发动机的环形燃烧室并进行了试验验证(图 1.15、图 1.16),分析了其内部气体动力学、壁面传热、两相爆震、低温推进剂等影响因素。虽然在试验中未能实现连续爆震,但认为旋转爆震波发动机的可行性没有根本性障碍。后来,Adamson[36]、Wu[37] 开展了旋转爆震火箭发动机性能的理论分析研究。

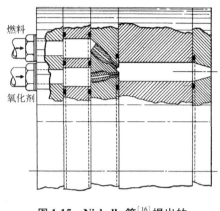

图 1.15　Nicholls 等[16] 提出的
发动机原理试验件

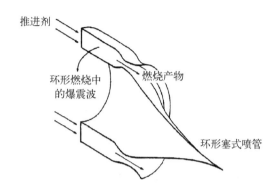

图 1.16　Adamson[36] 提出的
发动机方案图

英国的 Edwards 提出在航空发动机的环形燃烧室中采用旋转爆震燃烧代替常规的爆燃燃烧,认为可史无前例地降低燃烧室出口气流在圆周方向的温度不均匀度,因而可以提高涡轮前燃气温度,进而提高发动机推力性能。他设计了线形和环形两种简单构型燃烧室,虽然实现了连续旋转爆震,但与航空发动机的环形燃烧室相去甚远,还是属于旋转爆震基础研究范畴[38],图 1.17 为直线形圆管爆震室。

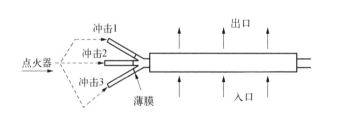

图 1.17　直线形圆管爆震室[38]

俄罗斯的 Mikhailov 和 Topchiyan[39]、Bykovsikii 和 Mitrofanov[40] 至今仍延续着 Voitsekhovskii 开辟的研究方向,他们是旋转爆震发动机研究的开创者和推动者。Bykovsikii 等[41] 经过多年持续研究,最终实现了旋转爆震发动机的原理性突破。他们对平面环形(planar annular)和圆柱环形(cylindrical annular)燃烧室构型(图 1.18、图 1.19)进行了试验,不但首次实现了火箭型(燃料-氧气)和冲压型(燃料-空气)多种燃料与氧化剂组合的连续旋转爆震,而且初步建立了旋转爆震燃烧室设计准则,为旋转爆震发动机的发展作出了重大贡献[40-45]。

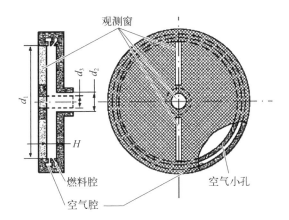

图 1.18 外侧喷注的平面环形燃烧室[43]

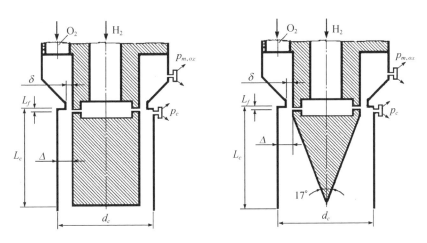

图 1.19 冲压型圆柱环形燃烧室[44,45]

虽然 Bykovsikii 等一直在坚持相关研究,但在 2000 年以前,除了俄罗斯,世界其他国家很少有人开展相关的研究。实际上,直到 20 世纪 90 年代后期,脉冲爆震发动机的研究取得了重大进展(如美国 ASI 公司于 1998 年研制成功飞行发动机原理样机),旋转爆震发动机才开始获得关注。从 21 世纪初开始,旋转爆震发动机逐渐成为研究热潮并得到快速发展,目前已接近工程应用水平。

自 2000 年以来,世界各国主要有俄罗斯、美国、法国、波兰、日本、中国等在开展旋转爆震发动机研究工作。研究内容主要集中在三个方面:① 开展发动机关键技术研究,研制原理样机,如点火起爆技术,不同种类燃料、燃烧室几何构型、喷注参数对爆震波传播特性及发动机性能的影响等;② 利用先进测试手段,开展旋转爆震机理研究,如起爆机理、爆震波传播模态、爆震波结构观察等;③ 旋转爆震过程的数值模拟研究,通过数值模拟给出了旋转爆震波的详细结构,解释爆震波传播模态的形成机理等。本书不准备一一罗列这些公开发表的研究成果,只简要介绍各国的研究情况,详情参考文献[10]、[11]、[46]。

法国普瓦捷大学的燃烧与爆震实验室是较早开展旋转爆震火箭发动机应用研究的单位,验证了旋转爆震发动机的可行性[47]。法国其他研究机构还有法国航空航天研究院、欧洲导弹集团(MBDA)法国公司、普瓦捷大学的燃烧与空气动力学研究所、奥尔良大学的燃烧与反应系统实验室[48]。其中,MBDA法国公司与俄罗斯LIH合作开展了旋转爆震火箭发动机研究,设计了不同尺寸的燃烧室,实现了气氢/液氧、煤油/空气、煤油/气氧的连续旋转爆震,如图1.20所示[49-51]。其中,内径50 mm、长度100 mm的煤油/氧气发动机推力可达到2 750 N[49,50]。

(a) (b)

图1.20 MBDA法国公司液态燃料旋转爆震发动机试验[51]

2016年8月,据报道,俄罗斯成功开展了液氧/煤油旋转爆震火箭发动机测试。2017年,俄罗斯科学院西蒙诺夫化学物理研究所开展了氢燃料旋转爆震冲压发动机的脉冲风洞试验[52,53],试验时间为300 ms。模型发动机总长为1 050 mm,外径 ϕ 为310 mm,进气道唇口直径 ϕ 为284 mm,出口圆盘喉道直径 ϕ 为200~240 mm,见图1.21。

美国空军研究实验室(Air Force Research Laboratory, AFRL)、美国海军研究实验室(Naval Research Laboratory, NRL)、得克萨斯大学阿灵顿分校、辛辛那提大学、普拉特·惠特尼集团公司等单位对旋转爆震开展了大量的试验、数值计算和理论分析研究,在旋转爆震火箭、涡轮及冲压发动机应用研究方面也开展了大量工作[46,54]。2020年2月,美国国防部高级研究计划局(Defense Advanced Research Project Agency,

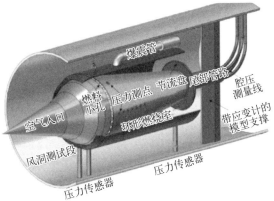

图 1.21 俄罗斯旋转爆震冲压发动机自由射流试验[53]

DARPA)、美国国家航空航天局(National Aeronautics and Space Administration, NASA)、美国能源部、空军研究实验室、海军研究实验室等机构成立了国家旋转爆震发动机专委会(National Rotating Detonation Engine Council),进一步加大对旋转爆震发动机技术研究的资助和战略合作,快速推进发动机技术攻关。2023 年 1 月 25 日,美国 NASA 马歇尔航天飞行中心公布了旋转爆震火箭试验结果,燃烧室平均压力达到 4.23 MPa,产生推力 17.8 kN,创造了旋转爆震火箭发动机最高压力分布,见图 1.22。

(a) 旋转爆震涡轮试验[54]　　　　　　　　(b) NASA旋转爆震火箭试验

图 1.22 美国旋转爆震试验

从 2008 年以来,日本一直在持续开展旋转爆震火箭发动机研究。2016 年,名古屋大学开展了乙烯/氧气火箭发动机滑轨试验[55],如图 1.23 所示。2021 年 7 月 27 日,日本宇宙航空研究开发机构(Japan Aerospace Exploration Agency, JAXA)联合多家单位,通过单级火箭将脉冲爆震和旋转爆震火箭发动机组件发射至 235 km 高空,

火箭分离后旋转爆震火箭发动机工作 5 s,推力为 500 N;脉冲爆震发动机工作 3 次,
每次工作时间为 2 s。日本的应用目标是研制为小型卫星或空间飞行器提供动力的
爆震发动机[56]。

图 1.23   日本旋转爆震火箭发动机试验[56]

波兰华沙科技大学等单位瞄准替代常规涡轮喷气发动机等压燃烧室的涡轮增
强旋转爆震发动机、旋转爆震-涡轮轴发动机 GTD‑350 开展了应用研究,如图1.24
所示[57]。此外,研制成功了以旋转爆震火箭发动机为动力的探空火箭(Amelia),
并于 2021 年 9 月 15 日完成了飞行试验,发动机工作 3.2 s,将火箭加速到 90 m/s,
推进高度为 450 m,如图 1.25 所示[58]。

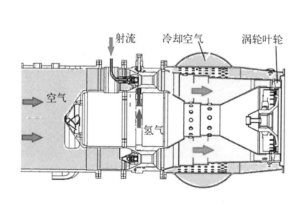

图 1.24   波兰旋转爆震涡轮试验原理[57]   图 1.25   波兰飞行试验火箭[58]

自 2007 年开始,北京大学、国防科技大学、南京理工大学、北京动力机械研究
所、空军工程大学、清华大学等单位相继开展旋转爆震相关技术研究,目前已在爆

震基础机理、旋转爆震发动机关键技术等方面取得了实质性进展,为旋转爆震发动机关键技术全面突破和工程化应用奠定了基础[59]。

国防科技大学在 2008 年开始旋转爆震机理试验研究,2012 年建立了旋转爆震冲压发动机直连式试验台,采用空气加热器模拟马赫数为 4、5 飞行条件下的空气来流,开展了氢燃料旋转爆震试验研究。2016 年成功开展了世界首次氢燃料旋转爆震冲压发动机的推进风洞点火试验,成果得到美国《航空周刊》的报道。2017 年实现了液体煤油旋转爆震冲压发动机起爆并稳定工作,2019 年完成了自由射流试验。从目前公开发表的文献看,国防科技大学是最早开展旋转爆震冲压发动机试验研究的单位。图 1.26 所示为国防科技大学碳氢燃料旋转爆震冲压发动机试验。

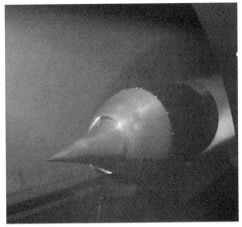

图 1.26 国防科技大学碳氢燃料旋转爆震冲压发动机试验[59]

总的来看,世界各国前期主要是开展火箭型(燃料-氧气/液氧)旋转爆震发动机研究,现阶段研究吸气式(燃料-空气)旋转爆震发动机较多。目前,旋转爆震发动机的原理已得到验证,在实验室阶段已突破了一些关键技术,正逐步向工程应用方向发展。

2. 关于旋转爆震发动机的思考

1) 旋转爆震火箭发动机

旋转爆震的早期应用研究主要集中于旋转爆震火箭发动机,有两方面原因:一是火箭型旋转爆震的燃烧室结构相对简单,推进剂的喷注、混合较容易;二是冲压型旋转爆震需要加热空气以模拟来流条件,不仅试验系统复杂,而且不容易起爆。在研究中应用最多的燃料是氢气和乙烯,其他还有乙炔、甲烷、丙烷、煤油等。氧化剂主要是氧气,有时也添加惰性气体降低活性,极少尝试过液氧。推进剂组合要么都是气态,要么至少有一种组元是气态,因为气态组元有利于混合和液体组元雾化,容易实现旋转爆震波的起爆和稳定传播。

在研究过程中,人们很自然会关注一个问题,那就是旋转爆震火箭发动机与已有的液体火箭发动机相比,到底有哪些优势? 目前看来,两者的燃料供应和喷注方式基本相同,但推力室构型明显不同。旋转爆震发动机常采用圆环形燃烧室和塞式喷管,长度要比传统火箭发动机的圆筒形燃烧室和拉瓦尔喷管组合小很多。旋转爆震发动机的壁面热流在爆震波传播的局部区域会更高,并存在较严重的压力和温度波动,这与火箭发动机的切向不稳定燃烧类似。旋转爆震发动机的体积、重量小,对空间飞行器是极具诱惑力的。

最关键的问题是旋转爆震发动机在性能方面是否有优势。现役的液体火箭发动机燃烧效率一般在97%以上,有些甚至达到99.9%,爆震的燃烧效率大致与之相当,不会有明显的优势。从发动机热-力循环看,在预压缩量小、压力低的理想情况下,如果爆震波后的高压燃气能够立即膨胀做功(如脉冲爆震发动机),那么爆震循环的热-力循环效率才会有优势。实际上,为了稳定爆震波,燃烧室需要一定的长度,爆震波后的高压燃气经过一段距离后才进入喷管膨胀做功,这时波后的局部高压已衰减为平均室压,热力循环的效率优势也不明显。

此外,现役的液体火箭发动机燃烧室压力大都很高,相当于预压缩量很大。例如,美国航天飞机的氢/氧主发动机(space shuttle main engine, SSME)的燃烧室压力高达21 MPa,俄罗斯的液氧/煤油发动机 RD-170 燃烧室压力为23 MPa,这些大型发动机无论是在燃烧效率还是热力循环效率方面,都接近工程可实现的极限。旋转爆震发动机的压力很难达到 SSME 和 RD-170 的水平,与一般的中小型火箭发动机相比也有较大的差距。由于爆震燃烧与爆燃燃烧的平均温度是相当的(爆震波后的局部温度会高于爆燃温度,但可以忽略到喷管入口的燃气平均温度差别),而热-力循环效率主要与膨胀落压比有关,因此,旋转爆震火箭发动机的比冲性能很难达到现役的液体火箭发动机水平。

可能有人会质疑,难道不可以在预压缩量大时(高压时)采用爆震燃烧吗? 这种想法很好,但是实现难度非常大,几乎不可能。要形成爆震波,首先必须产生强激波。如果旋转爆震火箭发动机的室压设计得很高,在高压条件下,气体的可压缩性变差,要产生强激波很困难。因此,无论是直接起爆形成爆震波,还是通过爆燃加速形成爆震波,要达到强激波的波前/波后压比就相当困难。遗憾的是,目前还没有深入研究高压条件下的爆震波起爆问题。

虽然高压下的爆震难度很大,但是在空间推进方面,爆震火箭发动机还是有非常好的应用前景。由于爆震发动机具有自增压特性,可以降低推进剂储箱的压力,从而减轻结构重量。例如,轨控发动机采用旋转爆震,姿控发动机采用脉冲爆震,在这方面,日本已经进行了很好的尝试,可行性得到了初步验证。

2）旋转爆震冲压发动机

虽然俄罗斯很早就开展了不同燃料/空气的旋转爆震研究,但是试验中供应的空气流参数(压力、温度、速度)与冲压发动机进气道的出口气流参数相差很大,实际上还是火箭基旋转爆震,只是把常温空气当作氧化剂,因此还算不上真正意义上的冲压型旋转爆震。

旋转爆震冲压发动机与传统的亚燃/超燃冲压发动机一样,需要进气道对空气来流进行压缩,经过进气道压缩后的空气流压力、温度升高,再进入环形爆震室。由于空气流的温度、压力、速度等参数对燃料喷射混合、旋转爆震波的起爆、爆震波的自持传播都非常关键,因此,必须在模拟进气道出口空气流参数的条件下,开展旋转爆震相关研究,才符合冲压发动机的实际情况。

在实际应用中,一般飞行速度大于马赫数 2 时,冲压发动机才能正常工作。在较高马赫数下飞行时,如马赫数为 4,高度为 20 km,空气来流的总温为 840 K、总压为 920 kPa,这时在地面模拟试验中,必须对供应的空气流进行加热,才能模拟真实来流条件,不能用常温空气。因为高温空气对爆震波的起爆和稳定至关重要,尤其是采用液体碳氢燃料时,可以加快其蒸发、混合过程,是能够实现旋转爆震的关键。

对于常规的冲压发动机,其进气道的压比一般为 20 ~ 30 倍。在大部分情况下,燃烧室的平均压力低于 5 atm,即使在大动压飞行时,也不会高于 10 atm。因此,实现旋转爆震的起爆和自持不是很困难。起爆后,爆震波在燃烧室圆周方向传播,波后高压燃气一边沿周向膨胀产生一定横向速度,同时也沿轴向膨胀加快主流方向速度,再经塞式喷管膨胀做功。由于采用环形流道,旋转爆震冲压发动机的燃料喷射与空气混合得更充分,因而燃烧效率一般比圆形流道的冲压发动机更高,燃烧室长度也更短。

旋转爆震冲压发动机有两种工作模式:一种是在亚声速气流中实现旋转爆震,可称为亚旋爆冲压发动机;另一种是在超声速气流中实现旋转爆震,可称为超旋爆冲压发动机。前者相对容易,但在高马赫数飞行时来流损失大;后者不仅要在超声速气流中喷入燃料并实现充分混合,还要在超声速气流中点火起爆、实现旋转爆震波自持传播,技术实现难度很大。

旋转爆震冲压发动机的燃烧室与进气道之间的匹配机理,要比常规的冲压发动机复杂得多。由于燃烧室的爆震波在圆周方向高速传播,产生了周期性的高频压力峰值。这种高频压力峰沿进气道出口壁面的附面层往上游传播,对进气道的工作会产生严重的影响,但目前对这一问题的研究还很不深入。

3）旋转爆震涡轮发动机

美国和波兰最早开展了旋转爆震燃烧驱动涡轮的相关试验,但目前还停留在概念研究阶段,远没有火箭型和冲压型旋转爆震研究那样深入。研究者很乐观地总结了应用旋转爆震的诸多优点,例如,燃烧室短小紧凑、重量轻、可以获得高性能等。

　　航空发动机采用旋转爆震有一个天然的巨大优势,那就是其燃烧室本来就是圆环形,无须像火箭发动机、冲压发动机那样,把圆截面燃烧室改成环形截面燃烧室。此外,旋转爆震波后的高压燃气可以直接进入导向叶片去吹动涡轮,有可能会提高热-力循环效率。再者,如果能够实现旋转爆震,则波后的燃烧温度会更均匀,不容易出现常规航空发动机的局部燃烧高温,对涡轮叶片产生额外热载荷。

　　现役的军用航空发动机压气机的压缩比也很高,燃烧室压力一般为 20～30 atm。民用大型航空发动机的压比最高达到了 70 倍,燃烧室压力更高,在高压下实现爆震波起爆和稳定传播,难度也很大。但目前针对涡轮型旋转爆震,只是开展了初步的部件级验证试验,压气机/旋转爆震燃烧/涡轮的全系统匹配研究还很少见。旋转爆震能否比现役航空涡轮发动机获得更高的性能,还有待验证。

　　此外,航空发动机的加力燃烧室如果采用环形流道和旋转爆震燃烧模式,可以大幅缩短加力燃烧室的长度。但是在涡轮排出的高温气体中喷入燃料很容易自燃,要实现旋转爆震还需要深入探索。

参考文献

[1] Stephen R T. An introduction to combustion concepts and applications[M].2 版.姚强,李水清,王宇,译.北京：清华大学出版社,2009.

[2] Williams F A. Combustion theory, the fundamental theory of chemically reacting flow systems[M].2 版.庄逢辰,杨本廉,译.北京：科学出版社,1990.

[3] Lee J H S. The Detonation Phenomenon[M].林志勇,吴海燕,林伟,译.北京：国防工业出版社,2013.

[4] Akbar R. Mach reflection of gaseous detonations[D]. Troy：Rensselaer Polytechnic Institute, 1997.

[5] Austin J M. The role of instability in gaseous detonation[D]. Pasadena：California Institute of Technology, 2003.

[6] Zeldovich Y B. To the question of energy use of detonation combustion[J].Journal of Propulsion and Power, 2006, 22(3)：588－592. Originally published in Russian in Zhurnal Tekhnicheskoi Fiziki (Journal of Technical Physics), 1940, 10 (17)：1453－1461.

[7] Lynch E D, Edelman R B. Analysis of the pulse detonation wave engine[J]. Development in High-Speed-Vehicle Propulsion Systems, 1996, 165：473－516.

[8] Heiser W H, Pratt D T. Thermodynamic cycle analysis of pulse detonation engines[J]. Journal of Propulsion and Power, 2002, 18(1)：68－76.

[9] Roy G D, Frolov S M, Borisov A A, et al. Pulse detonation propulsion：Challenges,

current status, and future perspective [J]. Progress in Energy and Combustion Science, 2004, 30(6): 545 - 672.

[10] Wolanski P. Detonative propulsion[J]. Proceedings of the Combustion Institute, 2013, 34: 125 - 158.

[11] Kailasanath K. Review of propulsion applications of detonation waves [J]. AIAA Journal, 2000, 38(9): 1698 - 1708.

[12] Hoffman N. Reaction propulsion by intermittent detonative combustion[R]. Ministry of Supply, 1940.

[13] Roy M. Propulsion par statoréacteur a detonation[J]. Comptes Rendus Hebdomadaires des Séances de l'Académie des Sciences, 1946, 222: 31 - 32.

[14] Nicholls J A, Wilkinson H R, Morrison R B. Intermittent detonation as a thrust-producing mechanism[J]. Journal of Jet Propulsion, 1957, 27(5): 534 - 541.

[15] Nicholls J A, Dabora E K, Gealer R L. Studies in connection with stabilized gaseous detonation waves[J]. Symposium on Combustion, 1958, 7(1): 766 - 772.

[16] Nicholls J A, Cullen R E, Ragland K W. Feasibility studies of a rotating detonation wave rocket motor[J]. Journal of Spacecraft and Rockets, 1966, 3(6): 893 - 898.

[17] Nicholls J A, Cullen R E. Feasibility studies of a rotating detonation wave rocket motor. [J].Journal of Spacecraft and Rockets, 1966, 3(6): 893 - 898.

[18] Helman D, Shreeve R, Eidelman S. Detonation pulse engine [C]. 22nd Joint Propulsion Conference, Huntsville, 1986.

[19] Eidelman S, Grossmann W. Pulsed detonation engine experimental and theoretical review[C]. 28th Joint Propulsion Conference and Exhibit, Nashville, 1992: 3168.

[20] Nejaamtheen M N, Kim J M, Choi J Y. Review on the research progresses in rotating detonation engine [C]. Detonation Control for Propulsion: Pulse Detonation and Rotating Detonation Engines, Berlin, 2018: 109 - 159.

[21] Matsuoka K, Taki H, Kasahara J, et al. Pulse detonation cycle at kilohertz frequency [C]. Detonation Control for Propulsion: Pulse Detonation and Rotating Detonation Engines, Berlin, 2018: 183 - 198.

[22] Kasahara J, Matsuoka K, Nakamichi T, et al. Study on high-frequency rotary-valve pulse detonation rocket engines[C]. Proceedings of the DWP Workshop, Bourges, 2011.

[23] Remeev N K, Vlasenko V V, Khakimov R A. Analysis of operation process and possible performance of the supersonic ramjet-type pulse detonation engine[C]. Torus Press: Pulse and Continuous Detonation Propulsion, 2006: 235 - 250.

[24] Alexandrov V G, Vedeshkin G K, Kraiko A N, et al. Supersonic pulsed detonation ramjet engine (SPDRE) and the way of operation of SPDRE[P]. Patent of Russian

Federation：2157909，1999.

[25] Alexandrov V, Kraiko A, Reent K. Determination of the integral and local characteristics of supersonic pulsed detonation ramjet engine (SPDRE)[C]. 10th AIAA/NAL-NASDA-ISAS International Space Planes and Hypersonic Systems and Technologies Conference, Kyoto, 2001.

[26] Wilson D, Lu F, Kim H, et al. Analysis of a pulsed normal detonation wave engine concept [C]. 10th AIAA/NAL-NASDA-ISAS International Space Planes and Hypersonic Systems and Technologies Conference, Kyoto, 2001.

[27] Alexandrov V, Baskakov A A, Kraiko A N. Supersonic pulsed detonation ramjet engine：New experimental and theoretical results [C]. Torus Press：Pulse and Continuous Denotation Propulsion, 2006：157 - 172.

[28] Dabora E, Broda J C. Standing normal detonations and oblique detonations for propulsion[C]. 29th Joint Propulsion Conference and Exhibit, Monterey, 1993.

[29] 韩旭.超声速预混气中爆震波起爆与传播机理研究[D].长沙：国防科技大学,2013.

[30] 苗世坤.超声速气流中的斜爆震波结构与驻定特性研究[D].长沙：国防科技大学,2018.

[31] Lefebvre M H, Fujiwara T. Numerical modeling of combustion processes induced by a supersonic conical blunt body[J]. Combustion and Flame, 1995, 100(1/2)：85 - 93.

[32] Li C, Kailasanath K, Oran E S. Detonation structures behind oblique shocks[J]. Physics of Fluids, 1994, 6(4)：1600 - 1611.

[33] Voitsekhovskii B V. Stationary detonation[J]. Doklady Akademii Nauk SSSR, 1959, 129(6)：1254 - 1256. in English：Soviet Physics Uspekhi,1964, 6：4. Download IP Adress：http//iopscience.iop.org/0038 - 5670/6/4/R05.

[34] Soloukhin R I. Detonation waves in gases[J]. Soviet Physics Uspekhi, 1964, 6(4)：525 - 551.

[35] Voitsekhovskii B V, Mitrofanov V V, Topchiyan M Y. Structure of the detonation front in gases (survey)[J]. Combustion, Explosion and Shock Waves, 1969, 5(3)：267 - 273.

[36] Adamson T C. Performance analysis of a rotating detonation wave rocket engine (rotating detonation wave rocket engine performance analyzed and compared to conventional rocket engines)[J]. Acta Astronautica, 1967, 14(4)：405 - 415.

[37] Wu S I. Theoretical analysis of a rotating two phase detonation in a liquid propellant rocket motor[D]. Michigan：The University of Michigan, 1971.

[38] Edwards B D. Maintained detonation waves in an annular channel：A hypothesis which provides the link between classical acoustic combustion instability and detonation waves

［C］. Symposium（International）on Combustion, Amsterdam, 1977: 1611 - 1618.

［39］ Mikhailov V V, Topchiyan M E. Study of continuous detonation in an annular channel ［J］. Combustion, Explosion and Shock Waves, 1965, 1(4): 12 - 14.

［40］ Bykovskii F A, Mitrofanov V V. Detonation combustion of a gas mixture in a cylindrical chamber［J］. Combustion, Explosion and Shock Waves, 1980, 16(5): 570 - 578.

［41］ Bykovskii F A, Zhdan S A, Vedernikov E F. Continuous spin detonations［J］. Journal of Propulsion and Power, 2006, 22(6): 1204 - 1216.

［42］ Bykovskii F A, Vedernikov E F. Continuous detonation of a subsonic flow of a propellant［J］. Combustion, Explosion and Shock Waves, 2003, 39: 323 - 334.

［43］ Bykovskii F A, Vedernikov E F, Polozov S V, et al. Initiation of detonation in flows of fuel-air mixtures［J］. Combustion, Explosion, and Shock Waves, 2007, 43: 345 - 354.

［44］ Bykovskii F A, Zhdan S A, Vedernikov E F. Continuous spin detonation of hydrogen-oxygen mixtures. 1. Annular cylindrical combustors［J］. Combustion, Explosion, and Shock Waves, 2008, 44: 150 - 162.

［45］ Bykovskii F A, Zhdan S A, Vedernikov E F. Continuous spin detonation of hydrogen-oxygen mixtures. 2. Combustor with an expanding annular channel［J］. Combustion, Explosion, and Shock Waves, 2008, 44: 330 - 342.

［46］ Lu F K, Braun E M. Rotating detonation wave propulsion: Experimental challenges, modeling, and engine concepts［J］. Journal of Propulsion and Power, 2014, 30(5): 1125 - 1142.

［47］ Canteins G. Etude de la détonation continue rotative-Application à la propulsion［D］. Poitiers: Université de Poitiers, 2006.

［48］ Lentsch A, Bec R, Serre L, et al. Overview of current French activities on PDRE and continuous detonation wave rocket engines［C］. AIAA/CIRA 13th International Space Planes and Hypersonics Systems and Technologies Conference, Capua, 2005.

［49］ Daniau E, Falempin F, Getin N, et al. Design of a continuous detonation wave engine for space application ［C］. 42nd AIAA/ASME/SAE/ASEE Joint Propulsion Conference & Exhibit, Sacramento, 2006.

［50］ Falempin F, Daniau E. A contribution to the development of actual continuous detonation wave engine［C］. 15th AIAA International Space Planes and Hypersonic Systems and Technologies Conference, Dayton, 2008.

［51］ Le N B, Falempin F H, Coulon K. MBDA R&T effort regarding continuous detonation wave engine for propulsion-status in 2016［C］. 21st AIAA International Space Planes and Hypersonics Technologies Conference, Xiamen, 2017.

［52］ Frolov S M, Zvegintsev V I, Ivanov V S, et al. Hydrogen-fueled detonation ramjet model：Wind tunnel tests at approach air stream Mach number 5.7 and stagnation temperature 1500 K[J]. International Journal of Hydrogen Energy, 2018, 43(15): 7515 – 7524.

[53] Frolov S M, Zvegintsev V I, Ivanov V S, et al. Wind tunnel tests of a hydrogen-fueled detonation ramjet model at approach air stream Mach numbers from 4 to 8 [J]. International Journal of Hydrogen Energy, 2017, 42(40): 25401 – 25413.

[54] Naples A, Hoke J, Battelle R T, et al. RDE implementation into an open-loop T63 gas turbine engine [C]. Proceedings of the 55th AIAA Aerospace Sciences Meeting, Reston, 2017.

[55] Kasahara J, Kato Y, Ishihara K, et al. Research and development of rotating detonation engine for upper-stage kick motor system [C]. Proceedings of the International Workshop on Detonation for Propulsion, Singapore, 2016.

[56] Goto K, Matsuoka K, Matsuyama K, et al. Flight demonstration of detonation engine system using sounding rocket S-520-31: Performance of rotating detonation engine[C]. AIAA Scitech 2022 Forum, Reston, 2022.

[57] Wolański P, Kalina P, Balicki W, et al. Development of gas turbine with detonation chamber[C]. Detonation Control for Propulsion: Pulse Detonation and Rotating Detonation Engines, Berlin, 2018: 23 – 37.

[58] Okninski A, Kindracki J, Wolanski P. Rocket rotating detonation engine flight demonstrator[J]. Aircraft Engineering and Aerospace Technology, 2016, 88(4): 480 –491.

[59] 刘卫东,彭皓阳,刘世杰,等.旋转爆震燃烧及应用研究进展[J].航空学报,2023, 44(15): 89 – 118.

第 2 章

爆震理论基础

从 1869 年发现爆震现象以来,爆震现象得到了广泛的研究,对其基本机理和规律已有了较清楚的认识,并在预防矿井瓦斯爆炸、工业粉尘爆炸、云雾爆炸等领域得到了应用,目前正在探索将其应用于各种能源动力系统。

本章将从一维流动方程出发,推导经典的 C‐J 理论及其结果分析,介绍爆震波 ZND 模型及其特点。在这些经典理论和模型基础上,详细地阐述爆震波结构、爆震波的起爆和自持机理,并分析螺旋爆震和旋转爆震的自持机理与传播特性。

2.1 经典 C‐J 理论

实际上,在开展爆震现象的理论研究之前,流体力学领域的很多研究者已在致力于解析求解一维无黏流动方程(Euler 方程)。Rankine 和 Hugoniot 先后对包含激波间断面的一维定常流守恒方程进行了分析,推导出消除了流动速度项的兰金-雨贡尼奥公式,得到了激波前后的气体压力和密度关系式,这为后来 Chapman 和 Jouget 建立爆震波理论提供了理论基础。

2.1.1 兰金-雨贡尼奥公式

假设一根很长的直管,管内气体是静止的,其热力学参数为 p_1、T_1、ρ_1。管子的左端有一活塞,活塞开始往右运动时是剧烈的加速运动,然后维持匀速运动,这时会在圆管内产生向右运动的激波[1],如图 2.1 所示。这种在圆管内产生激波的

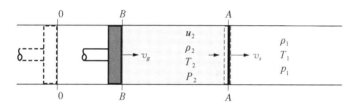

图 2.1　长管内活塞压缩产生激波示意图

过程,与本章后面将要介绍的DDT过程相似,所以在此详细地阐述。

在活塞面由 0 位置快速运动到 B 位置的过程中,其右侧气体被压缩,压缩波以当地声速向右传播到达 AA 界面(第一道压缩波到达位置)。在这段气体中,气体压力由 AA 界面的 p_1 上升到活塞面 BB 的 p_2。我们可以把这个连续压缩过程看成无数个微小压缩波,每一道压缩波过后都使压强提高,并且以当地声速向右推进。第一道压缩波以声速 $a_1 = \sqrt{kRT_1}$ 传播,这道波扫过之后,压力和温度都有微小的升高,速度也略有提高。第二道压缩波以更高的速度 $a_2 = \sqrt{kRT_2}$(其中,$T_2 = T_1 + \Delta T$)向右传播,同样地,第三道波又比第二道波更快。因此,每一道压缩波都在追赶前面的波,最后所有的微小压缩波都追上第一道波并聚集在一起,形成一道较强的突跃式压缩波,即激波。

激波一旦形成,会继续以速度 v_s 向右运动,凡是激波扫过的气体,压力、温度、密度立即升高为 p_2、T_2、ρ_2,波后气体速度变为 v_g,但是 v_g 远小于 v_s。但要维持激波,活塞必须以 v_g 速度继续匀速运动,一旦活塞停止运动,由于气体运动惯性,活塞面附近出现低压区,就会产生膨胀波,膨胀波向右传播,叠加气体本身向右运动速度 v_g,因此,膨胀波速度高于激波速度,会追上激波削弱其强度,最终,使激波消失。

下面推导激波速度 v_s、活塞速度 v_g 及激波前后的气体参数关系。由于激波是突跃变化的,处理时应采用积分形式的质量、动量、能量守恒方程。在以地面为参考的坐标系下,建立流动微元控制体,如图 2.1 虚线框所示。控制体以任意时刻 t 的激波波面为起点,经过微小时间 Δt 后,激波扫过的距离为 Δx,则控制体体积为 $A\Delta x$,控制体内初始质量为 $\rho_1 A\Delta x$。

(1)激波扫过后,控制体内的气体密度由 ρ_1 变为 ρ_2,其质量变化率为

$$\frac{\rho_2 - \rho_1}{\Delta t}A\Delta x = (\rho_2 - \rho_1)A\,v_s$$

式中,$v_s = \dfrac{\Delta x}{\Delta t}$;$A$ 为圆管横截面积。由于激波右侧气体是静止状态,波后气体以速度 v_g 从左侧流入控制体,流量为 $\rho_2 A v_g$。根据质量守恒,可得

$$(\rho_2 - \rho_1)\,v_s = \rho_2\,v_g \tag{2.1}$$

(2)激波扫过后,控制体内的气体速度由 0 变为 v_g,其动量变化率为

$$\frac{\rho_2 v_g - \rho_1 v_1}{\Delta t}A\Delta x = \rho_2 v_g A\,v_s$$

式中,静止气体速度 $v_1 = 0$。从控制体左侧进入的动量为 $\rho_2 A v_g^2$,产生这些动量变

化的作用力为控制体两侧的压力差 $(p_2 - p_1)A$，则由动量守恒得到：

$$\rho_2 v_g v_s - \rho_2 v_g^2 = p_2 - p_1 \tag{2.2}$$

联合式(2.1)和式(2.2)，可以得到 v_s、v_g 的表达式：

$$v_s = \sqrt{\frac{\rho_2}{\rho_1} \frac{p_2 - p_1}{\rho_2 - \rho_1}}, \quad v_g = \sqrt{\frac{(p_2 - p_1)(\rho_2 - \rho_1)}{\rho_1 \rho_2}}$$

$$\frac{v_g}{v_s} = 1 - \frac{\rho_1}{\rho_2}$$

激波扫过后，控制体内的气体被绝热压缩，注意，在绝对坐标系下，控制体气体的总能量只包含内能和动能，其能量变化率为

$$\frac{\rho_2 \left(\frac{1}{2} v_g^2 + e_2 \right) - \rho_1 e_1}{\Delta t} A \Delta x = \left(\frac{1}{2} \rho_2 v_g^2 + \rho_2 e_2 - \rho_1 e_1 \right) A v_s$$

式中，$e = C_v T$，是气体内能。控制体的能量增加源于两部分，一部分是经过左侧界面气体带来的 $\rho_2 v_g A \left(\frac{1}{2} v_g^2 + e_2 \right)$，另一部分是左侧界面压力在单位时间内的做功 $v_g p_2 A$。根据能量守恒，得到：

$$\left(\frac{1}{2} \rho_2 v_g^2 + \rho_2 e_2 - \rho_1 e_1 \right) A v_s = \rho_2 v_g A \left(\frac{1}{2} v_g^2 + e_2 \right) + v_g p_2 A$$

即

$$\left(\frac{1}{2} \rho_2 v_g^2 + \rho_2 e_2 \right) (v_s - v_g) - \rho_1 v_s e_1 = v_g p_2 \tag{2.3}$$

假设是完全气体，比热比 k 是常数，比热容 $C_v = \frac{1}{k-1} R$，理想气体状态方程为 $p = \rho R T$，则内能为 $e = C_v T = \frac{p}{(k-1)\rho}$，把 v_s、v_g、v_g / v_s 代入式(2.3)，经过简单推导，即可得到

$$\frac{\rho_2}{\rho_1} = \left[\frac{k+1}{k-1} \left(\frac{p_2}{p_1} \right) + 1 \right] \Big/ \left[\left(\frac{p_2}{p_1} \right) + \frac{k+1}{k-1} \right] \tag{2.4}$$

式(2.4)是兰金-雨贡尼奥公式，它反映的是激波前后的气体热力学状态参数压力与密度关系，再把它代入 v_s、v_g 的表达式，就可以得到激波速度和波后气体速度。

$$v_s = \sqrt{\frac{p_1}{\rho_1}} \sqrt{\left(\frac{\rho_2}{\rho_1}\right) \frac{\frac{p_2}{p_1} - 1}{\frac{\rho_2}{\rho_1} - 1}}, \quad v_g = \sqrt{\frac{p_1}{\rho_1}} \sqrt{\frac{\left(\frac{p_2}{p_1} - 1\right)\left(\frac{\rho_2}{\rho_1} - 1\right)}{\rho_2/\rho_1}}$$

再看一个具体例子。假设管中空气静止，$k = 1.4$，压力 $p_1 = 1$ atm，温度 $T_1 =$ 288 K，激波后的压力 $p_2 = 2$ atm，则可以计算得到 $v_s = 463.5$ m/s，$v_g = 178.3$ m/s。可见，在长管内产生激波，活塞推进速度并不需要超声速。如果把活塞的压缩作用替代为燃烧释热气体膨胀产生的压缩作用，就是爆震波的先导激波产生机制。

当然，兰金-雨贡尼奥公式也可直接从一维定常流动守恒方程推导得到，在下面的 C－J 理论分析中会再次得到。

2.1.2　C－J 爆震波理论

1. 物理模型和守恒方程

假设在长管中的气体是可燃混合气，流场中存在燃烧且燃烧是在瞬间完成的，因而燃烧波面是一个间断面。燃烧可能是爆燃波，也可能是爆震波。在这种情况下，就是带燃烧反应的一维定常流动，要比长管内活塞压缩产生激波间断面的情形更复杂。把坐标系固定在燃烧波面上，如图 2.2 所示，所有的速度都是相对燃烧波面而言的。需要注意的是，管中可燃气体不一定是静止的，如果有初始速度，那么图 2.2 中的 u_1 等于气体的初始速度加上燃烧波的传播速度。

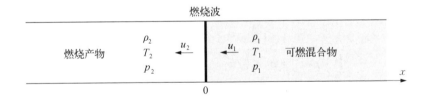

图 2.2　一维定常流动中的燃烧波示意图

根据燃烧波面上下游的气体质量、动量、能量守恒，并忽略变量在控制体边界上的梯度扩散项，得到三个方程[2]。

质量方程：

$$\rho_1 u_1 = \rho_2 u_2 = \dot{m} \tag{2.5}$$

动量方程：

$$p_1 + \rho_1 u_1^2 = p_2 + \rho_2 u_2^2 \tag{2.6}$$

能量方程：

$$h_1 + \frac{1}{2} u_1^2 + Q = h_2 + \frac{1}{2} u_2^2 \tag{2.7}$$

状态方程:

$$p = \rho R T \tag{2.8}$$

式中, $\dot{m}$ 为单位面积的流量; h 为比焓, $h = C_p T$; Q 为燃烧反应热。从严格意义上讲, 要得到燃烧反应热, 需要根据反应物组分、燃烧产物组分的热化学平衡计算得到, 而热化学平衡又与燃烧温度、压力相关, 因此需要迭代计算求解。为了简化起见, 还是认为燃烧反应热是已知的。在上述四个方程中, 有 5 个未知量 u_1、u_2、T_2、ρ_2、p_2(最重要的是与燃烧波传播速度相关的 u_1), 因此, 需要一个附加方程来封闭方程。

求解的基本思路是利用质量、动量守恒方程, 消去方程中的速度项, 得到燃烧波上下游的气体热力学参数关系式, 即瑞利(Rayleigh)关系式。利用能量方程和状态方程得到一个消去速度项的改进方程, 即雨贡尼奥关系式。在热力学参数 $p - v$ 图中, Rayleigh 关系式是一组直线, 雨贡尼奥关系式是一组曲线, 雨贡尼奥曲线和 Rayleigh 线相交或相切的点即是方程组的解。从数学上看, 式(2.5)~式(2.8)是不定解的, 有多个解。而在物理上, 实际上只有两种情况, 燃烧要么是爆燃, 要么是爆震, 也就是说只有两个解。

从质量和动量方程联立可以导出:

$$\frac{p_2 - p_1}{1/\rho_1 - 1/\rho_2} = \dot{m}^2 \tag{2.9}$$

气体比容为 $v = 1/\rho$, 代入式(2.9), 有

$$p_2 = p_1 - \dot{m}^2 (v_2 - v_1) \tag{2.10}$$

此式即为 Rayleigh 关系式, 确定了燃烧波前后的气体压力和比容的线性关系。在 $p - v$ 图(图 2.3)中 Rayleigh 线为直线, 其斜率为 $-\dot{m}^2$, 因此, 燃烧波不能使压力 p 和比容 v 同时升高或降低。Rayleigh 关系式是由连续方程和动量方程联立得到的, 与燃烧释热无关, 因此适用于任何气体流动。

从能量方程和状态方程联立可以得到一个新的能量守恒关系式。假设是量热完全气体, 比热比 k 是常数, 比热容 $C_p = \dfrac{k}{k-1} R$, 利用理想气体状态方程 $p = \rho R T$, 则比焓为 $h = C_p T = \dfrac{k}{(k-1)} \dfrac{p}{\rho}$, 代入式(2.7), 得

$$\frac{k}{k-1} \left(\frac{p_2}{\rho_2} - \frac{p_1}{\rho_1} \right) + \frac{1}{2} (u_2^2 - u_1^2) = Q \tag{2.11}$$

进一步利用质量方程和动量方程,消除式(2.11)中的速度项。由质量方程,得

$$u_1 = \frac{\rho_2}{\rho_1} u_2$$

代入动量方程,可以得到:

$$u_2^2 = \frac{\rho_1}{\rho_2} \frac{p_2 - p_1}{\rho_2 - \rho_1}, \quad u_1^2 = \frac{\rho_2}{\rho_1} \frac{p_2 - p_1}{\rho_2 - \rho_1}$$

再代入式(2.11),进而得到:

$$\frac{k}{k-1} \left(p_2 \frac{1}{\rho_2} - p_1 \frac{1}{\rho_1} \right) - \frac{1}{2} (p_2 - p_1) \left(\frac{1}{\rho_2} + \frac{1}{\rho_1} \right) = Q \qquad (2.12)$$

式(2.12)两边同除以 $\frac{p_1}{\rho_1}$,并令 $Q' = Q \frac{\rho_1}{p_1}$,则有

$$\frac{2k}{k-1} \left(\frac{p_2}{p_1} \frac{\rho_1}{\rho_2} - 1 \right) - \left(\frac{p_2}{p_1} - 1 \right) \left(\frac{\rho_1}{\rho_2} + 1 \right) = 2Q'$$

整理可得

$$\frac{p_2}{p_1} = \left(\frac{k+1}{k-1} - \frac{\rho_1}{\rho_2} + 2Q' \right) \Big/ \left(\frac{k+1}{k-1} \frac{\rho_1}{\rho_2} - 1 \right) \qquad (2.13)$$

式(2.13)为有燃烧反应的 Rankine‐Hugoniot 关系式,以下简称 R‐H 关系式。如果燃烧波前气体的 p_1、ρ_1 已知,那么根据式(2.13)确定了波后的 p_2、ρ_2 关系。在 $p‐v$ 图中,R‐H 线为凹曲线,随着释热量 Q 值的不同,可以勾画出一族曲线。需要注意的是,在上小节推导无燃烧的 R‐H 关系式时,采用的是绝对坐标系,能量方程是以内能为变量,波前气体静止,波后的气体动能都是绝对值。而在本节推导中,采用了固定在燃烧波面的相对坐标系,能量方程以焓值为变量,波前、波后的气体动能都是相对值,但两者在本质上是一致的,只是有燃烧时能量方程中多了一项燃烧热,因此式(2.13)与式(2.4)稍微有所不同。

2. 方程组的解

下面来分析方程组[式(2.5)]~方程组[式(2.8)]的解的情况。虽然方程组在数学上是不定解的,但是燃烧波后的状态参数必须同时满足 Rayleigh 关系式和 R‐H 关系式。在 $p‐v$ 图(图2.3)中,随着 Q 值变化,R‐H 线和 Rayleigh 线可能相交,也可能相切,也可能相离。如果 Rayleigh 线和 R‐H 线相交或相切,每个交点所确定的状态参数都是方程组的解,但这些数学上的解并不是都有物理意义;如果 R‐H 线和 Rayleigh 线相离,那么表示方程组无解。

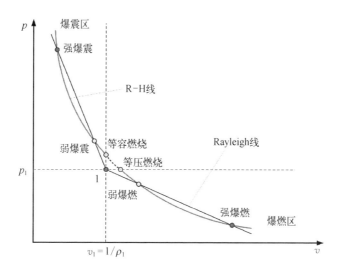

图 2.3　$p-v$ 图中的 Rayleigh 线和 R-H 线

在以初始状态点 $1(p_1,v_1)$ 为中心的四个象限中,由于 Rayleigh 线是负斜率直线,只能是在第二象限或第四象限。若在第二象限,燃烧波后压力升高、比容减小,则是压缩波,即爆震波,第二象限也称为爆震区。若在第四象限,压力降低、比容增大,则是膨胀波,即爆燃波,第四象限也称为爆燃区。R-H 线是凹曲线,其位置由燃烧放热量 Q 决定。由于 Rayleigh 线不会在第一象限、第三象限内,因此图 2.3 中 R-H 的虚线段是没有意义的。

如果 Rayleigh 线沿比容不变的虚线与 R-H 线相交,交点即是等容燃烧的终状态,这是爆震分支的下边界。如果 Rayleigh 线沿压力不变的虚线与 R-H 线相交,交点即是等压燃烧的终状态,这是爆燃分支的上边界。

一般情况下,Rayleigh 线在第二象限与 R-H 线有两个交点,下交点的波后气体压力升高、比容减小的幅度不大,这是弱爆震解。上交点的波后气体压力升高、比容减小幅度很大,这是强爆震解。Rayleigh 线在第四象限与 R-H 线也有两个交点,上交点的波后气体压力下降、比容增大的幅度不大,这是弱爆燃解;下交点的波后气体压力下降、比容增大幅度很大,这是强爆燃解。

在特殊情况下,Rayleigh 线在第二象限、第四象限分别与 R-H 线相切(图 2.4),这时方程组是定解的,因为相切提供了一个补充条件可使方程组封闭,即 R-H 线的一阶导数等于 Rayleigh 线的斜率。这两个相切点对应的 C-J 解是最小传播速度的爆震波和最大传播速度的爆燃波。

很显然,燃烧波后的气体状态是明确的,要么是爆震后的状态,要么是爆燃后的状态。而现在有可能出现多种情况,如果是在爆震区,到底是强爆震、弱爆震还

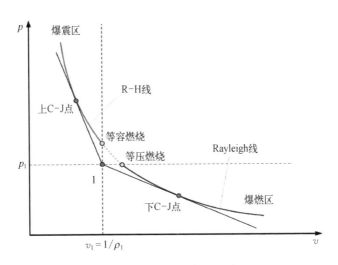

图 2.4 p - v 图中的 C - J 解

是 C - J 爆震？如果是在爆燃区，到底是强爆燃、弱爆燃还是 C - J 爆燃？这些情况在什么条件下出现？哪些在物理上是有意义的？

为了回答这些问题，Chapman 和 Jouget 都是从相切解的特殊性入手，但把关注点放在爆震波上，建立了 C - J 准则。他们在建立这些准则时，其实还都是假设，没有得到严格的证明。Chapman 发现，Rayleigh 线和 R - H 线相切时，爆震波的传播速度最小，因此假定爆震解应该是最小速度解或相切解。实际上，对于给定的可燃气和初始条件，只存在一个爆震波速度，这个最小速度与试验观测结果符合很好，说明 Chapman 的假设是合理的。而 Jouget 认为正确的爆震解应该是波后气体为声速流动的解，这时跨过爆震波的熵增最小。后来 Crussard 证明了最小速度解、声速解、最小熵增解是等价的，还有很多研究者进一步完善了相关研究，从而形成了 Chapman - Jouget 爆震波理论。

为了求得相切的解，我们把 Rayleigh 关系式和 R - H 关系式改写一下，引进新变量并进行换元处理。

令 $x = \dfrac{\rho_1}{\rho_2} = \dfrac{v_2}{v_1}$，$y = \dfrac{p_2}{p_1}$，$z = \dfrac{\rho_1}{p_1} u_1^2$，则 Rayleigh 关系式［式（2.10）］变为

$$y = 1 - \dot{m}^2 \frac{v_1}{p_1}(x - 1) = 1 - \frac{\rho_1 u_1^2}{p_1}(x - 1)$$
$$= 1 - z(x - 1) \tag{2.14}$$

式中，单位面积流量 $\dot{m} = \rho_1 u_1$。利用前面推导的 u_1、u_2 关系式，则其斜率为

$$\frac{\mathrm{d}y}{\mathrm{d}x} = -\frac{\rho_1 u_1^2}{p_1} = -\frac{u_2^2}{p_1 \rho_1 x^2} \tag{2.15}$$

经过换元运算, R-H 关系式[式(2.13)]变为

$$y = \left(\frac{k+1}{k-1} - x + 2Q'\right) \bigg/ \left(\frac{k+1}{k-1}x - 1\right) \tag{2.16}$$

为了使方程更加简洁,令

$$\alpha = \frac{k+1}{k-1}, \quad \beta = \alpha + 2Q'$$

则可得

$$y = \frac{\beta - x}{\alpha x - 1} \tag{2.17}$$

其斜率为

$$\frac{\mathrm{d}y}{\mathrm{d}x} = \frac{\alpha(x - \beta)}{(\alpha x - 1)^2} - \frac{1}{\alpha x - 1} = \frac{1 - \alpha\beta}{(\alpha x - 1)^2} \tag{2.18}$$

根据在相切点斜率相等,则有

$$z = \frac{\alpha\beta - 1}{(\alpha x - 1)^2} \tag{2.19}$$

式(2.19)即为补充关系式。由于 p_1、ρ_1 是已知量, α、β、Q 是常数,原则上通过联立式(2.14)、式(2.16)、式(2.19)即可求得 x、y、z 三个未知量,进而得到燃烧波传播速度 u_1,以及波后气体的压力 p_2、密度 ρ_2、速度 u_2。下面推导求解过程。

将式(2.14)、式(2.16)联立,消除变量 y,则得

$$1 - z(x - 1) = \frac{\beta - x}{\alpha x - 1} \tag{2.20}$$

把式(2.19)代入式(2.20),消去变量 z,则得

$$(\alpha + 1)x^2 - 2(\beta + 1)x + \left(\beta + \frac{\beta}{\alpha}\right) = 0 \tag{2.21}$$

把 α、β 代入式(2.21),则得

$$x^2 - 2\left(1 + \frac{k-1}{k}Q'\right)x + \left(1 + 2Q'\frac{k-1}{k+1}\right) = 0 \tag{2.22}$$

解关于变量 x 的一元二次方程,得到其两个解:

$$x = \left(1 + \frac{k-1}{k}Q'\right) \pm \sqrt{\left(\frac{k-1}{k}Q'\right)^2 + 2Q'\frac{k-1}{k(k+1)}} \tag{2.23}$$

式中,±的正号代表 C-J 爆震波;负号代表 C-J 爆燃波。由变量 z 的定义及式 (2.19),可得

$$u_1 = \sqrt{\frac{p_1}{\rho_1}}z = \frac{1}{\alpha x - 1}\sqrt{\frac{p_1}{\rho_1}(\alpha\beta - 1)} \tag{2.24}$$

把已知常量 α、β、Q' 代入,通过式(2.23)和式(2.24)即可得到 C-J 爆震波和 C-J 爆燃波的速度,可见波速 u_1 只与初始来流的状态和燃烧放热量有关。虽然这两个计算公式的形式较复杂,但是其是准确的理论计算式。后面会介绍经过简化处理得到简洁的 C-J 爆震波传播速度的表达式,但那是近似计算公式。C-J 爆震波理论给出了可燃混合物中爆震波传播速度的计算方法,虽然是从简单的一维定常流动得出的,但是在预测爆震波传播速度时,表现出很好的准确性,至今仍得到了广泛使用。

Chapman 把 Rayleigh 线和 R-H 线相切作为爆震波的定解条件,而 Jouget 则把波后气体的声速流动作为补充定解条件。根据声速定义,燃烧波后气体声速为

$$c_2 = \sqrt{\frac{\mathrm{d}p_2}{\mathrm{d}\rho_2}}$$

即有

$$c_2^2 = \frac{\mathrm{d}p_2}{\mathrm{d}\rho_2} = -v_2^2\frac{\mathrm{d}p_2}{\mathrm{d}v_2} = -p_1 v_1 x^2 \frac{\mathrm{d}y}{\mathrm{d}x}$$

则

$$\frac{\mathrm{d}y}{\mathrm{d}x} = -\frac{c_2^2}{p_1 v_1 x^2} \tag{2.25}$$

式(2.25)和 Rayleigh 线斜率表达式(2.15)比较,可以得出:

$$u_2 = c_2$$

也就是说,燃烧波后气体相对于波面的速度为声速(注意:不是波后气体的绝对速

度),说明 Jouget 采用的补充条件也是合理的。

C-J 理论可以求解相切点的解,但是相交点的解还是不能确定。后来有不少研究者通过计算沿 R-H 曲线的熵变化并将其作为判据来选择方程组的解,其主要结论有:对于爆震分支,在 C-J 爆震点的熵值最小,波后气流相对于波面是声速,强爆震波后气流是亚声速,弱爆震波后气流是超声速;对于爆燃分支,在 C-J 爆燃点的熵值最大,波后气流是声速,弱爆燃波后气流是亚声速,强爆燃波后是超声速。这些是数学上的分析结论,在物理上是否真实存在呢?

对于强爆震,波后气流是亚声速。如果是自由传播的爆震波,那么波后气体的膨胀波在亚声速气流中会前传至反应区,从而削弱爆震波强度,因此爆震波是不可持续的,可以认为强爆震是不存在的。只有在爆震波后有如图 2.1 所示的运动活塞时,才能维持强爆震。

对于弱爆震,爆震波后的气流是超声速。激波后的亚声速气体要通过反应区的燃烧加热转变为超声速,实际上的可能性也不大。van Neumann 指出,只有在化学反应初始急剧放热而后缓慢吸热的特殊情况下,才可能出现病态弱爆震。

对于强爆燃,爆燃波后的气体是超声速的。如果没有截面积变化,仅凭燃烧加热作用,是不可能把亚声速气体加速到超声速的,因此强爆燃也是不存在的。

对于弱爆燃,波后流动是亚声速,这是广泛存在的现象。对于给定的可燃混合气,没有一个确定的爆燃速度,爆燃波的传播速度与边界条件密切相关,仅从方程组是无法直接求解的。只有在 C-J 爆燃条件下,补充波后气体是声速流动条件或 Rayleigh 线和 R-H 线相切条件,才能求得爆燃波的传播速度,这也是最大的爆燃波传播速度。

综上所述,C-J 理论认为自由传播的爆震波只能是 C-J 爆震,波后的气体速度相对波面是声速。强爆震和弱爆震的可能性都很小,只有在特殊条件下才会出现。强爆燃是不可能的,弱爆燃是普遍存在的,但其传播速度由上下游的边界条件决定,只有在 C-J 爆燃状态时,爆燃波的速度才能通过求解方程组确定。

3. C-J 爆震波传播速度的近似公式

爆震波理论主要是为了得到爆震波的传播速度和波后气体参数。前面已经讨论,对给定的可燃混合气,C-J 爆震波和 C-J 爆燃波的传播速度在理论上是确定的,通过理论分析也得到了其计算公式,但是公式复杂,应用不方便。下面介绍 C-J 爆震波传播速度的近似公式[3]。

对 C-J 爆震波,波后气体的速度为声速,考虑波前、波后的气流物性参数不同,则有

$$u_2^2 = c_2^2 = k_2 R_2 T_2 = k_2 \frac{p_2}{\rho_2}$$

于是由质量守恒方程得到:

$$\frac{\rho_2}{\rho_1} = \frac{u_1}{u_2} \rightarrow u_1 = \frac{\rho_2}{\rho_1} \sqrt{k_2 \, p_2 / \rho_2} \tag{2.26}$$

由于爆震波后气体压力远高于波前压力,可以认为 $p_2 \gg p_1$,这时动量方程[式(2.6)]可以近似简化为

$$\rho_1 u_1^2 = p_2 + k_2 p_2 \tag{2.27}$$

联合式(2.26)和式(2.27),则有

$$\frac{\rho_2}{\rho_1} = \frac{k_2 + 1}{k_2} = \frac{u_1}{u_2}$$

能量方程[式(2.5)]改写为

$$C_{p_1} T_1 + Q = C_{p_2} T_2 + \frac{1}{2} (u_2^2 - u_1^2) \tag{2.28}$$

考虑: $C_{p_2} = \dfrac{k_2}{k_2 - 1} R_2$, $u_2^2 = k_2 R_2 T_2$,可以得到:

$$T_2 = \frac{2k_2^2}{(k_2 + 1) C_{p_2}} (C_{p_1} T_1 + Q) \tag{2.29}$$

于是可以得到相对于波面的来流速度 u_1,如果来流是静止气体,绝对速度为零,那么 u_1 是爆震波的传播速度 v_s,即

$$v_s = u_1 = \frac{k_2 + 1}{k_2} u_2 = \frac{k_2 + 1}{k_2} \sqrt{k_2 R_2 T_2} \tag{2.30}$$
$$= \sqrt{2(k_2^2 - 1)(C_{p_1} T_1 + Q)}$$

这是经过简化得到的爆震波速度近似计算公式。可见,爆震波的速度主要与波前气体温度、燃烧放热量有关。由于大多数的可爆震气体,其燃烧热远大于其焓值,因此,爆震波速度主要受放热量影响。也就是说,燃烧放热越猛烈,爆震波传播速度越快。在本书后面提到的旋转爆震波传播速度亏损,都是指实际传播速度相对于理论传播速度的差值。

2.2 ZND 模型

在 C-J 理论中,爆震波被简化为一个间断面,燃烧在瞬间完成,完全忽略了爆震

波的细节,也没有考虑激波与燃烧过程的相互影响,因而无法解释爆震波的传播机理。Zel'dovich、von Neumann、Doring 分别独立地提出了一维爆震波结构模型(即 ZND 模型),指出爆震波是由前导激波和其后的燃烧区共同组成的,激波是一个间断面,而燃烧区有一定的厚度,分为诱导区和放热区,其中的气体温度、压力随位置变化。在诱导区,被激波加热的反应物分子发生分解,产生活性基团,但是化合反应很少,基本上不放热。高活性气体的诱导区短,低活性气体的诱导区长。在反应区,活性基团发生快速的链分支反应,剧烈放热导致气体温度快速升高并向后方膨胀,同时也对诱导区气体产生挤压作用。对于活性不同的可燃混合物,燃烧区的厚度也不一样。

如图 2.5 所示,ZND 模型解释了爆震波自持传播机理,认为前导激波对未燃气体进行绝热压缩,点燃了其后的燃烧区。由于燃烧剧烈放热,激波后气体压力、温度陡升,燃气的膨胀效应对未燃气产生压缩作用,从而又推动前导激波运动,激波和燃烧波紧密地耦合在一起。一旦激波后的燃烧强度不够(如燃料和氧化剂混合不充分),就不能维持激波强度,激波与燃烧波就会解耦,爆震波熄爆。ZND 模型不仅给出了爆震波的点火机制,也阐明了爆震波的驱动机制。下面来分析其数学模型和求解方法[3]。

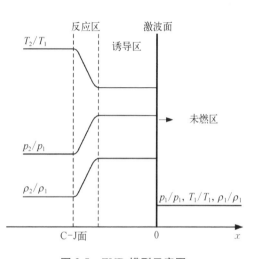

图 2.5　ZND 模型示意图

假设可燃混合物是 k 为常数的理想气体,其化学反应是单步总包反应,由 Arrhenius 定律给出化学反应速率。把坐标系固定在前导激波上,这时一维稳态流动的守恒方程为

$$\frac{\mathrm{d}}{\mathrm{d}x}(\rho u) = 0 \tag{2.31}$$

$$\frac{\mathrm{d}}{\mathrm{d}x}(p + \rho u^2) = 0 \tag{2.32}$$

$$\frac{\mathrm{d}}{\mathrm{d}x}\left(h + \frac{1}{2}u^2\right) = 0 \tag{2.33}$$

式中,

$$h = C_p T - \lambda Q = \frac{k}{k-1}\frac{p}{\rho} - \lambda Q$$

式中,Q 为单位质量的化学能;λ 为化学反应进度量。能量方程[式(2.33)]展开求导数,并把 h 代入得到:

$$\frac{\mathrm{d}h}{\mathrm{d}x} + u\frac{\mathrm{d}u}{\mathrm{d}x} = \frac{k}{k-1}\left(\frac{1}{\rho}\frac{\mathrm{d}p}{\mathrm{d}x} - \frac{p}{\rho^2}\frac{\mathrm{d}\rho}{\mathrm{d}x}\right) - \frac{\mathrm{d}\lambda}{\mathrm{d}x}Q + u\frac{\mathrm{d}u}{\mathrm{d}x} \tag{2.34}$$
$$= 0$$

连续方程[式(2.31)]、动量方程[式(2.32)]展开求导得

$$\frac{\mathrm{d}\rho}{\mathrm{d}x} = -\frac{\rho}{u}\frac{\mathrm{d}u}{\mathrm{d}x} \tag{2.35}$$

$$\frac{\mathrm{d}p}{\mathrm{d}x} = -2\rho u\frac{\mathrm{d}u}{\mathrm{d}x} - u^2\frac{\mathrm{d}\rho}{\mathrm{d}x} = -\rho u\frac{\mathrm{d}u}{\mathrm{d}x} \tag{2.36}$$

把式(2.35)、式(2.36)代入式(2.34)得到:

$$\frac{\mathrm{d}u}{\mathrm{d}x} = \frac{(k-1)uQ}{c^2(1-Ma^2)}\frac{\mathrm{d}\lambda}{\mathrm{d}x} \tag{2.37}$$

式中,声速 $c = \sqrt{kRT} = \sqrt{kp/\rho}$;马赫数 $Ma = u/c$,再把 $\mathrm{d}x = u\mathrm{d}t$ 代入,则有

$$\frac{\mathrm{d}u}{\mathrm{d}x} = \frac{(k-1)Q}{c^2(1-Ma^2)}\frac{\mathrm{d}\Phi}{\mathrm{d}t} \tag{2.38}$$

如果给出反应进度量 Φ 随时间变化的规律,即可对式(2.38)进行积分求解。根据阿伦尼乌斯(Arrhenius)定律给出的化学速率公式,可以得到:

$$\frac{\mathrm{d}\Phi}{\mathrm{d}t} = A(1-\Phi)\mathrm{e}^{-\frac{E}{RT}} \tag{2.39}$$

式中,A 为指前因子;E 为活化能,由具体的反应物决定。这样就可求解爆震波在一维空间的参数分布。

ZND 模型的具体求解过程如下:已知混合物的 k 和 Q 值,根据 C-J 理论求得爆震波传播速度;再通过 R-H 正激波关系式,确定前导激波后的气体状态参数;然后从前导激波位置开始,逐步积分式(2.38)、式(2.36)、式(2.35);最后积分到 C-J 面位置,即可求得速度、压力、密度在 x 方向上的分布。前导激波后的气流速度(注意不是绝对速度,是相对于激波的速度)是亚声速,随着放热量的增加,气流也逐步加速,最终会接近马赫数 $Ma = 1$ 的状态,这时式(2.38)中的分母趋向零值,方程会出现奇点,$\mathrm{d}\Phi/\mathrm{d}t$ 也应趋于零,即化学反应趋于平衡($\lambda = 1$),这个位置就是 C-J 面。因此,也可以采用另一种方法进行积分求解,即在开始求解时,可以假

定任意的前导激波速度,再逐步沿 x 方向进行空间积分,最后判断是否满足上述条件(即 $Ma = 1$,$\Phi = 1$),若不满足,再修正假设的前导激波速度,进行迭代计算,直到满足条件。这样求得的前导激波速度应该与 C-J 理论计算得到的爆震波速度是一致的。

ZND 模型考虑了化学反应过程的影响,也就是考虑了分布式释热规律对爆震波的影响。对采用阿伦尼乌斯速率定律的单步反应,ZND 结构最敏感的参数是活化能 E。对低活化能反应,前导激波后的反应是逐渐进行的。对高活化能反应,诱导时间很长,刚开始反应速率很慢,当温度超过一定值后迅速增加,反应时间很短,这也使得 ZND 结构容易变得不稳定,因为在反应后期,较小的温度扰动会导致反应速率的剧烈变化。

ZND 模型虽然比 C-J 理论前进了一步,但仍然是在很理想条件下的模型,在实际爆震过程中,这种理想的爆震波结构是很难见到的,这一点在后面讨论爆震波结构时还会进行深入的分析。

2.3　爆震波的起爆

爆震波的本质是强激波和燃烧波的耦合,因此,爆震波的起爆需要在可燃混合气中产生一道足够强的激波,通过激波诱导产生剧烈燃烧,才能维持爆震波的稳定传播。实现爆震波起爆主要有两种途径,一种是直接起爆(direct initiation),另一种是通过爆燃波加速最终转变为爆震波,即 DDT(deflagration to detonation transition)过程。

2.3.1　直接起爆

直接起爆就是利用外部能源直接在可燃气中产生一道持续一定时间的强激波,通过强激波诱导燃烧反应从而形成爆震波。直接起爆的能量需求较高,在实际应用中不容易实现。本质上,激波诱导燃烧仍然是一个 DDT 过程,只是这个过程极短,因此被称为直接起爆。

直接起爆主要有以下几种方法。

1. 冲击波起爆

Lafitte 采用 1 g 雷酸汞炸药产生的冲击波成功地实现了球爆震。当采用冲击波起爆时,初始冲击波需要持续一定的时间,因为冲击波后的燃烧反应需要一定诱导期。当初始冲击波的马赫数衰减到 C-J 爆震速度时,其传播距离必须大于 ZND 模型的诱导区长度,以保证形成完整的 ZND 结构,才能实现直接起爆。

加拿大麦吉尔大学的 Lee[4] 在 20 世纪 60~70 年代对冲击波直接起爆的球爆震传播机理进行了详细的观察和研究。Bach 等[5] 所做的工作具有代表性,他们将激光诱导击穿火花和电火花作为点火源,直接起爆了球爆震,并利用高速纹影得到了不同时刻的爆震波传播过程。

研究发现：当起爆能量低于临界起爆能量时(亚临界状态)，经过短暂的初始过驱爆震后，燃烧波就会与激波解耦，起爆失败。当起爆能量高于临界起爆能量时(超临界状态)，燃烧波总是与在衰减中的过驱爆震激波耦合，当爆震波速度接近 C-J 爆震速度时，开始出现不稳定，并观察到特征胞格爆震。当起爆能量接近临界起爆能量时(临界状态)，爆震现象变得更复杂。初期冲击波能量起主导作用，但很快燃烧波就与激波解耦，激波速度衰减到 C-J 速度以下，这种类似亚临界状态在维持一定时间后，燃烧区产生了一些局部爆炸泡，爆震泡增大并吞掉前导激波面，从而形成不对称的爆震波。

利用局部点火源产生冲击波，进而发展为球爆震的过程，这种起爆方式的机理，与后面将介绍的 DDT 过程产生机制有相似之处，正是由于燃烧流场中出现了局部爆炸点，才导致爆燃转爆震过程的发生。

2. 爆震管起爆

Lafitte 最早尝试采用爆震管(直径为 7 mm)产生的平面爆震波直接起爆球罐中的 CS_2+3O_2 混合物，但未能成功。当应用爆震管起爆时，爆震管中的可燃混合物一般与试验混合物的组分相同，且是联通的。如果两者组分不同，那么需要在爆震管出口设置一道容易破碎的隔离膜，但这道膜的破碎过程对出口处的爆震波有影响。

平面爆震波从爆震管出来后，进入一个大空间的可燃混合物中，在管出口边缘发生急剧膨胀，导致压力、温度降低，进而使边缘附近的爆震波熄爆。膨胀扇继续向爆震波中心扩展，如果管径足够大，在中心处的压力、温度衰减之前，爆震波已在可燃气中诱导产生新的爆震波，并向四周扩散，最终形成自持的球面爆震波。如果管径不够大，膨胀扇已扩展至爆震波中心，就不能在试验气体中产生新的爆震波，起爆失败。

Zeldovich 等[6]详细地研究了爆震管直接起爆过程，他发现对于给定的可燃混合物，存在一个临界管径，小于该管径的平面爆震波进入不受限空间的混合物中，不能实现球爆震的直接起爆。Mitrofanov[7]针对乙烯/氧气的混合物提出了临界管径和胞格尺寸的经验关系式：

$$D_c \approx 13\lambda \tag{2.40}$$

式中，D_c 为临界管径；λ 为胞格尺寸。后来又有多位研究者在不同的燃料/氧气、燃料/空气混合物的起爆试验中验证了该经验公式的有效性。但对于用氩气高度稀释的混合物，该公式不再适用。

3. 激波管起爆

Shepherd 和 Berets 采用激波管(在惰性气体产生强激波)实现了直接起爆。激波管起爆与爆震管起爆不同,它不是在管道内产生一道爆震波,而是一道非常强的激波并传入可燃混合物,在瞬间形成过驱爆震,最后衰减成燃烧驱动的 C-J 爆震。如果激波不够强,但还能点燃混合气,能否由爆燃转为爆震,这时要看试验气体的容器。如果是一个尺寸受限的大管道,那么可能由爆燃转为爆震;如果是一个空间不受限的大球罐,那么得到的只能是球爆燃,不可能转为球爆震。如果激波强度不足以点燃混合物,那么激波就会因出口膨胀而迅速衰减。

4. 热射流起爆

Knystautas 等[8]最早利用燃烧产生的湍流射流实现了直接起爆,这种起爆方法通过高温燃烧产物与可燃气的快速混合,形成新的湍流火焰。在湍流火焰中产生了一个或多个局部爆炸中心(爆炸泡),爆炸泡形成的过驱爆震迅速增大,最后扩展为球爆震。射流起爆在本质上仍然是爆燃转爆震过程,只是过程很快,看起来像直接起爆。

Inada 等[9]比较了爆震管起爆和热射流起爆的区别,他指出这两种方法起爆的关键在于能否维持或产生横波以实现爆震波自持传播。对爆震管起爆,初始爆震波就有横波存在,在进入试验气体后,如果侧向膨胀效应没有使横波消失,那么就会在试验气体中继续维持爆震波,实现直接起爆。对射流起爆,在试验气体被点燃后,因局部爆炸产生的爆震泡会导致横波出现,最终形成爆震波。

以上四种直接起爆方法,对爆震发动机比较实用的是热射流起爆。要在发动机燃烧室的流动环境下产生强冲击波,所需的点火源能量一般难以实现;采用爆震管或激波管点火装置,其体积和质量大,对发动机而言是不实用的。

2.3.2　爆燃转爆震过程

爆燃点火所需的能量在毫焦耳量级,而爆震直接起爆需要的能量是百焦耳或千焦耳量级(如乙炔-空气混合物起爆需要 128 J,氢气-空气起爆需 4 000 J)[10],因此,在自然界中爆燃很容易发生,直接起爆只有在特殊情况下才会发生。但这并不意味着爆震不容易发生,因为在很多情况下,爆燃火焰会加速并最终转变为爆震波。

很多研究者对爆燃转爆震过程开展过深入研究,大部分结果都是在长管内的静止可燃气体中得到的。在这种理想情况下,一般在管的封闭端点燃混合气后,首先形成爆燃火焰,燃烧产物膨胀产生的压力扰动波向未燃区传播,未燃区的混合物经过扰动波的压缩后,温度和压力有所升高,其后的爆燃强度会增强。增强的爆燃波继续产生新的扰动波,其传播速率也比前面的扰动波更快。如果未燃区距离足够长,并且扰动波在传播过程中不被管壁热损失、气体黏性等耗散掉,新的扰动波总会追上前面的扰动波,叠加形成更强的扰动波,从而使燃烧波的速度也越来越快,这一正反馈机制就是爆燃火焰的加速机理。理论上,爆燃火焰的加速过程可以形成前导激波,但是爆燃波最终能否追上前导激波并耦合成爆震波,取决于可燃气的燃烧速率、燃烧放热量、壁面边界条件等多种因素。

在图 2.6 所示的爆燃火焰加速过程纹影照片中[11],可以清晰地看到,由于燃烧产生的多道前导压缩波逐渐汇聚成一道强激波,在发生爆燃转爆震之前,火焰锋与激波始终维持较大的距离,两者并没有耦合在一起。通过管壁位置 1 和 2 测量的压力前锋与其时间间隔,可以计算得到前导激波的传播速度。

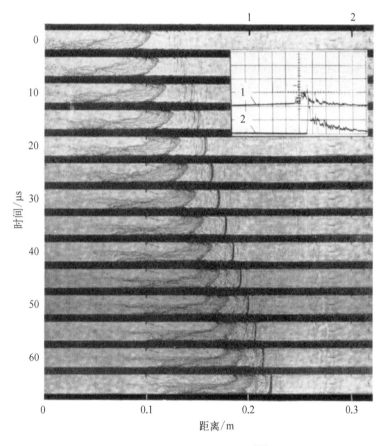

图 2.6 爆燃火焰加速过程[11]

20 世纪五六十年代,爆燃转爆震过程的详细机理得到了广泛而深入的研究。在早期,人们在可燃混合气中观察到爆燃火焰加速过程产生的压力波在其前方传播;当爆震发生时,观察到在一系列激波串后面形成了高速传播的"郁金香"形火焰锋,至于爆燃是如何转换为爆震的机理还不清楚。

Brinkley 和 Lewis 提出了容积爆炸概念,认为 DDT 过程的突然性是由于湍流火焰局部热点形成的爆炸泡(球爆震)持续增长,并追上前导激波,从而形成了爆震波,这个爆炸泡类似前面提到的强花火直接起爆的球爆震。

Urtiew 和 Oppenheime[11] 及 Oppenheim 和 Soloukhin[12] 的试验研究是开创性的。他们采用激光高速纹影,在长 3 m、截面为 25.4 mm×38.1 mm 的方形管内首次观察到了爆燃转爆震的清晰过程,并总结出四种典型转换模式,如图 2.7 所示。研究认为,爆燃加速过程产生的前导激波结构形式决定了爆燃向爆震的转变模式,而“爆炸泡”是 DDT 过程必需的前导事件。四种转换模式有共同的特点,都是在壁面附近区引发了爆炸泡,生成了横波并在壁面间来回传播,最终促使燃烧区与激波耦合在一起。

下面介绍四种转换模式的具体过程。

（1）在火焰锋和激波间触发爆震。在图 2.7（a）中,当 $t = 65$ μs 时,在火焰前锋靠近壁面边界层内,出现了局部爆炸泡,球形爆炸泡在横向扩展,把火焰锋和前导激波之间的混合气点燃,在燃气剧烈膨胀作用下,这种爆炸中的爆炸波甚至穿过前导激波,产生了新的前导激波。球形爆炸波在碰到下壁面后又反射回传,进而形成在壁面间来/回传播的横波。在横波扫过后,可燃气立即完成燃烧,最终形成了依靠燃烧驱动的自持爆震波。

（2）在火焰前锋处触发爆震。在图 2.7（b）中,当 $t = 50$ μs 时,火焰锋与其前面的几道激波有一定的距离,但在火焰锋前的下壁面处有一道激波射入了靠近上壁面的火焰锋,激波在火焰锋面后方的壁面诱导出现局部爆炸泡（$t = 60$ μs）,爆炸泡横向传播并剧烈膨胀,压迫火焰前锋使其追上了最近的一道激波并穿过第二道激波,形成了新的波头,同时在下游也产生了压缩激波。横向波触及底壁后反射回传,由于横波作用,形成了自持爆震波。

（3）在前导激波面触发爆震。在图 2.7（c）中,前导激波在上壁面的附面层内诱导产生了爆炸泡,爆炸泡沿前导激波面向下壁面扩展,在吞噬前导激波的同时,形成了新的前导激波和横向激波,横波触壁反射后,出现了三波结构的爆震波。

（4）在紧邻的间断面触发爆震。图 2.7（d）是 $t = 80$ μs 后的系列图片,此前两道先导激波已经发生聚合,形成了相邻的间断面,导致局部温度和压力大幅上升。在经过一定诱导期后,后面的激波点燃了可燃气,原来的火焰锋追上了两道激波间的燃烧区,结果在汇合处产生了爆炸泡,与前面几种情况类似,爆震泡最终导致了自持爆震波。

爆燃向爆震转变过程也是最常用的爆震波起爆方法,但是 DDT 过程不好控制,也很难预测能否发生 DDT、何时发生 DDT。Hinkey 等[13]研究发现,不同当量比下的氢气-氧气混合物 DDT 过程的长度为 300~1 000 mm,对活性低的碳氢燃料-空气混合物,DDT 的距离在 2 m 以上。为了加快 DDT 过程,研究者尝试了很多办法,如在管道壁面设置障碍物、在管道中布置螺旋丝等,爆燃火焰经过时增强其湍流度,更容易引发爆炸泡,可以有效地缩短 DDT 的距离。

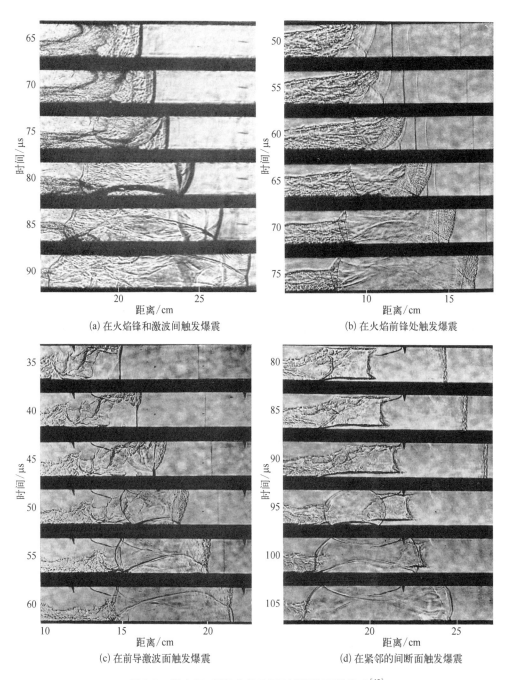

图 2.7　管内氢-氧混合物 DDT 过程的四种模式[12]

2.4　爆震波结构

实际上,爆震波虽然总体上维持一个稳定的传播速度(接近 C‑J 理论速度),但在大多数情况下,爆震波也不像 ZND 模型描述的一维结构,而是一个复杂的三维结构。图 2.8 所示为不同研究者得到的多种可燃混合气的爆震波结构纹影图[14,15],很明显,试验中获得的纹影图像分辨率大不相同,因而展示的爆震波精细度相差很大。

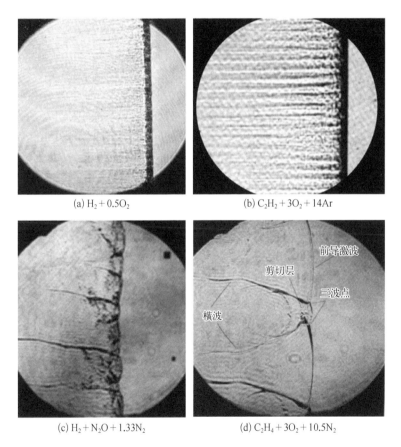

(a) $H_2 + 0.5O_2$　　　　　　　　　(b) $C_2H_2 + 3O_2 + 14Ar$

(c) $H_2 + N_2O + 1.33N_2$　　　　　　(d) $C_2H_4 + 3O_2 + 10.5N_2$

图 2.8　不同观测分辨率下的爆震波结构[14,15]

图 2.8(a)是氢气/氧气混合物的爆震波,由于反应物活性高,爆震波看上去像是一维结构,但仔细看还是有细的横纹,可能是纹影分辨率不够高,看不清横波结构。图 2.8(b)是乙烯/氧气/氩气混合物的爆震波,这时横波很明显,但还是没能展示横波细节。图 2.8(c)是氢气/一氧化二氮/氮气混合物的爆震波,横波的细节

比较清晰。图 2.8(d)是氢气/氧气/氮气混合物的爆震波,添加了氮气,降低了活性,爆震波的三波结构非常清晰。

在这些试验图片中,爆震波不是理想的一维结构,而是由前导激波或入射激波(incident shock)、横波(transverse shock)和马赫杆(Mach stem)组成的复杂波系。由爆燃转爆震形成的爆震波,其前导激波是由爆燃火焰加速产生的,其传播方向一般与初始爆燃火焰传播方向一致,但是波后的温度、压力升高还不足以点燃混合气。而由爆炸泡产生的横波传播方向与前导激波方向垂直,并且位于前导激波后方。经过横波再次压缩后,混合气被点燃并发生剧烈膨胀,使前导激波的局部形状变为向前弯曲,形成马赫杆激波。这三个激波的汇合点称为三波点(triple-point),通常在前导激波后存在一道或多道横波,因此也就有一个或多个三波点。在爆震波的传播过程中,前导激波在向前运动、多道横波在上下壁面间来回移动,多个三波点的发展轨迹在壁面烟膜上留下的鱼鳞状痕迹就是爆震波的胞格结构,其形成原理如图 2.9 所示。

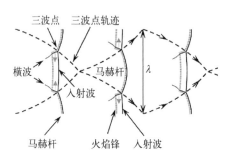

图 2.9 爆震波的胞格结构形成机理

苏联学者 Shchelkin 和 Troshin 最早尝试将爆震胞格尺寸 λ 与 ZND 模型的反应区长度 l 联系起来,他们提出了一个简单的线性关系:$\lambda = al$,其中 a 为常数。Knystautas 等[16] 比较了在 1 atm、298 K 条件下通过试验和计算得到的胞格尺寸随当量比变化的规律,如图 2.10 所示。对给定混合物,在当量比接近 1 时,胞格尺寸最小。在当量比小于 1 时,试验和计算值符合较好。对于不同的燃料-空气混合物,在相同当量比条件下,乙烯-空气的胞格尺寸比氢气-空气混合物小。Austin 和 Shepherd[17] 测量了煤油蒸汽和空气、煤油热裂解产物成分和空气的爆震胞格尺寸,测得的胞格尺寸散布范围较大,总体上看,裂解产物的胞格尺寸(平均为 55.8 mm)与煤油-空气混合物(平均为 60.4 mm)相当,具体数据可参看表 2.1。

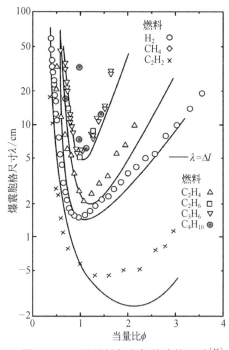

图 2.10 不同燃料与空气的胞格尺寸[16]

表 2.1　煤油蒸汽与空气/氧气的胞格尺寸[17]

混合物	p_0/kPa	平均胞格宽度/mm	最大胞格宽度/mm	最小胞格宽度/mm
$0.7C_{10}H_{16}$ - 14 air	100	138.5	240	52
$0.8C_{10}H_{16}$ - 14 air	100	65.9	72	52
$0.85C_{10}H_{16}$ - 14 air	100	57.4	66	39
$0.9C_{10}H_{16}$ - 14 air	100	52.9	60	44
$0.95C_{10}H_{16}$ - 14 air	100	44.4	57	33
$1.0C_{10}H_{16}$ - 14 air	100	65.8	84	40
$1.0C_{10}H_{16}$ - 14 air	100	54.9	61	39
$1.1C_{10}H_{16}$ - 14 air	100	56.8	88	44
$1.1C_{10}H_{16}$ - 14 air	100	56.0	71	41
$1.15C_{10}H_{16}$ - 14 air	100	41.9	49	25
$1.2C_{10}H_{16}$ - 14 air	100	48.9	71	33
$1.25C_{10}H_{16}$ - 14 air	100	49.6	62	38
$1.3C_{10}H_{16}$ - 14 air	100	41.9	49	36
$1.35C_{10}H_{16}$ - 14 air	100	78.5	134	34
$1.4C_{10}H_{16}$ - 14 air	100	74.1	99	40
$C_{10}H_{16}$ - 14 air	63.5	100.9	165	54
$C_{10}H_{16}$ - 14 air	130	40.8	54	29
$C_{10}H_{16}$ - $14O_2$	20	4.6	6	3
$C_{10}H_{16}$ - $14O_2$	50	2.0	3	1
$C_{10}H_{16}$ - 14(O_2 - $0.75N_2$)	100	5.1	7	3
$C_{10}H_{16}$ - 14(O_2 - $1.5N_2$)	100	9.3	13	5
$C_{10}H_{16}$ - 14(O_2 - $2.25N_2$)	100	19.4	22	14
$C_{10}H_{16}$ - 14(O_2 - $3N_2$)	100	43.6	68	29

随着试验测试技术［高速激光纹影、高频压力传感器、平面激光诱导荧光
（planer laser induced fluorescence，PLIF）等］和数值模拟技术的飞速发展,对爆震
结构及传播机理的研究更加定量化和精细化。Shepherd、Austin、Pintgen 的研究组
详细观察了不同活性的可燃气爆震波传播过程,得到了高质量的纹影和 PLIF 图
像,为理解爆震波的传播机制作出了重要贡献[18-21]。他们在长度3 m、横截面
18×150 mm 的近似二维的矩形管道内充满可燃混气,为了减慢化学反应速度以增
加反应区厚度(便于成像观测),降低了管内压力并掺入了惰性气体。采用曝光时
间50 ns 的激光光源,消除了爆震波高速传播带来的运动模糊,得到了流场波系结
构的高清晰度纹影图像。在纹影观察窗的下游管道壁面上布置了铝箔烟膜,同时
记录爆震波的胞格结构(图 2.11)。

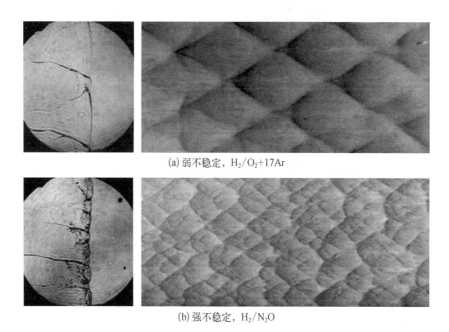

(a) 弱不稳定, H_2/O_2+17Ar

(b) 强不稳定, H_2/N_2O

图 2.11 爆震波结构及胞格分布[15]

他们对多种不同活性的可燃混合气进行了试验,得到了爆震波结构和胞格尺寸。研究发现:活性低的混合气,前导激波面光滑,爆震波结构相对稳定,胞格规则且尺寸大 ($\lambda = 70$ mm),图 2.11(a) 中称为弱不稳定爆震;而活性高的可燃气,前导激波面皱褶多,爆震波结构更复杂,胞格也不规则,胞格尺寸 ($\lambda = 5 \sim 32$ mm) 变化范围大,称为强不稳定爆震。同时,他们认为胞格尺寸测量缺乏精度,很难作为一个定量参数衡量爆震波的稳定性。

Pintgen[19]最早利用 PLIF 成像技术观测爆震火焰。采用 PLIF 技术将特定波长(284 nm 或 235 nm)的脉冲平面激光射入燃烧流场中,入射激光诱导燃烧中间产物(如 OH 基、CH 基)发出荧光,再通过 ICCD 增强相机记录荧光强度分布,间接得到燃烧中间产物成分的浓度分布,从而判断燃烧反应区的强弱程度。脉冲激光曝光时间为纳秒级(<20 ns),从而可以得到燃烧流场的冻结图像,这对捕捉湍流燃烧的瞬态分布十分关键。

将通过 PLIF 得到的释热区分布和通过纹影得到的波系结构叠加在一起,对理解爆震波结构、不稳定机理非常有帮助。图 2.12(c)是弱不稳定爆震的纹影和 PLIF 叠加图,从 PLIF 的高亮区可知,燃烧区主要在横波扫过后的区域,紧贴在马赫杆激波后方,而在横波没有扫到的入射激波后方几乎没有燃烧反应。在强不稳定爆震情况下,燃烧前锋面经常出现大尺度的扭曲,有时会有小部分混合气在波面后较远的湍流混合区域燃烧,这会降低燃烧反应对前导激波的支撑作用。对这种局部燃烧情况,Shepherd 提出了三种燃烧机制,感兴趣的读者可以查阅文献[21]。

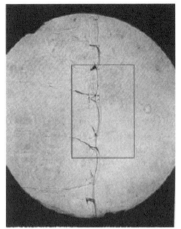

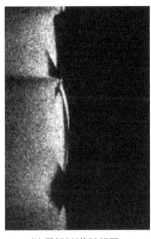
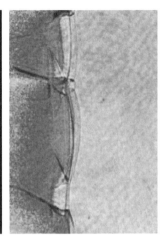

(a) 爆震波纹影图像　　　　(b) 局部OH基PLIF图　　　　(c) 纹影和PLIF叠加图像

图 2.12　(2H₂+O₂+12Ar)混合气爆震波结构图[21]

在爆震研究早期,业内主要依靠一维理论分析和试验观测(如烟膜、纹影、压力-时间历程)方法,但这些研究手段难以获得爆震波的三维结构和非稳定特性。随着计算机和数值模拟技术的快速进步,尽管爆震燃烧过程非常复杂,目前已能较好地进行数值模拟,能够得到爆震波的精细结构和传播特性,在解释爆震现象和机理方面发挥了重要的作用。

爆震波的数值模拟面临几个主要难题:① 流场中存在强激波间断面、未燃气和已燃产物的接触面,对算法格式捕捉间断面的空间精度要求高;② 存在快速、复杂的化学反应过程,时间尺度非常小,控制方程的刚性强,对算法的稳定性要求高;③ 爆震波是复杂的三维结构,传播过程是非定常的,对计算网格数量、计算时间步长要求高。

对于管道内静止气体中传播的爆震波,早期的数值模拟采用一维欧拉(Euler)方程和简单计算模型(如 ZND 模型、阿伦尼乌斯反应模型),可以获得爆震波传播速度、沿程压力分布等信息,通过比较反应活化能 E_a、过驱度 $f = (V/V_{C-J})^2$、反应热 Q 等参数对传播稳定性的影响规律。如图 2.13 所示,后来的研究者采用二维、三维 Euler 方程和多步化学反应模型,开展爆震过程数值模拟研究[22,23],由于流体黏性、湍流输运、边界层等对爆震波传播有重要的影响,数值计算结果还难以准确预测胞格尺寸和其他动力学参数,但对理解爆震波复杂结构及传播特性很有帮助。近些年,不少研究者采用二维、三维纳维-斯托克斯(Navier-Stokes)方程和多步复杂化学反应模型,针对爆震发动机的燃烧流场开展了爆震过程数值模拟,以较高的时空分辨率获得了爆震波的详细结构[24-27]。

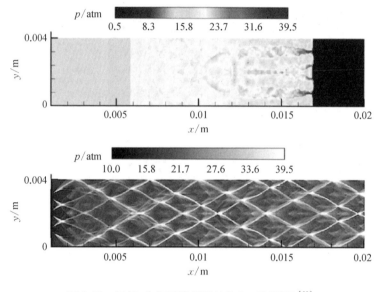

图 2.13　氢气-空气圆管爆震结构(二维模拟)[22]

以上讨论的爆震波结构,无论是试验测量还是数值模拟得到的图像,都是在比较理想的条件下(如静止气体、近似二维管道、简单化学反应等)得到的,爆震波结构比较清晰。而在实际应用装置(如爆震发动机)中的爆震波结构是非常复杂的,其中,喷雾两相、高速湍流、边界条件等因素对其起爆、爆震波结构、自持传播过程等有显著的影响,目前还有待深入地研究。

2.5　螺旋爆震和旋转爆震

Campbell 和 Woodhead[28]在研究圆管内一氧化碳和氢气混合物的火焰传播现象时,发现了螺旋爆震现象,即爆震波在圆管内呈螺旋形向前传播,这种爆震现象与当时认知的平面爆震波结构大不相同,被认为是一种不稳定的爆震现象,引起了研究者的关注。

Voitsekhovskii 不仅是早期螺旋爆震研究的开拓者,还是连续旋转爆震的创立者。为了观测快速传播的爆震波,他设计了一种扁平圆环装置,从中心孔向四周的圆环连续供应可燃气,实现了爆震波的连续旋转驻定,这种爆震现象后来被称为旋转爆震(rotating detonation),早期也使用 spinning detonation 来表述[29]。

在圆管内静止可燃气中传播的螺旋爆震、在环形通道流动气体中传播的旋转爆震在本质上是相似的,但在具体形式上又有明显的不同。Anand 和 Gutmark[30]从定性和定量两个方面,比较了螺旋爆震和旋转爆震的相似性与不同点,认为当出现单波头时,两者都是一种接近可爆极限的爆震波现象。本节专门讨论螺旋爆震和旋转爆震的结构与传播机理,为本书后面研究不同燃烧室构型(横截面为圆形、环形)的旋转爆震打下了基础。

2.5.1　螺旋爆震

Topchiyan[31]采用条纹相机观测,发现螺旋爆震的高亮波头后面还紧跟着一个闪亮的高速旋转的尾巴,且其旋转频率依赖于管径。Bone 和 Fraser 对螺旋爆震波的传播过程开展了进一步观测,证实了螺旋爆震不是气体沿圆周方向旋转,而是存在横向传播的压力波。Gordon 通过测量壁面压力证实了横波的存在,通过持续曝光摄影得到螺旋状的发光轨迹。早期大量试验研究发现:对于圆管内的可燃混合气,当其混合比接近可爆极限时,就会产生螺旋爆震。螺旋爆震的产生强烈依赖于圆管直径,其螺距与圆管直径之比接近 3,这个比值对混合物成分和压力都不敏感。

Manson[32]把螺旋爆震与波后气体的横向声学振荡联系起来,他认为前导激波后的旋转尾巴是燃气的横向声学振荡波。他应用二维线性声学方程提出了解释螺旋爆震的理论,不仅得到了单波头螺旋爆震的螺距与直径之比为 3.128,并且很好地预测了螺旋爆震频率和横向传播速度。但是该理论没有考虑横波后的能量释放过程,无法解释螺旋爆震波的自持传播机理。

Shchelkin 最早提出了螺旋爆震波的结构模型,认为前导激波面存在间断(或者说存在折痕)。Zeldovich 在此基础上提出了理论分析模型。直到 20 世纪 60 年代早期,随着试验技术进步,人们最终发现了螺旋爆震波的详细结构,才确认Shchelkin 提出的前导激波间断的概念[33]。Schott[34]采用持续曝光的方法获得了直径 25 mm 的管中乙烯-氧气-氩气混合物的螺旋爆震照片,如图 2.14 所示。由于螺旋爆震是三维结构,持续曝光的照片空间分辨率有限,图 2.14 中只是展示了螺旋爆震波高亮区传播的大致轨迹,还看不到螺旋爆震波的结构。要从图 2.14 中的波浪形二维火焰理解螺旋爆震波的三维结构,读者可以闭目想象:在玻璃管中放置一根螺距稀疏弹簧的横拍照片。

Voitsekhovskii[35,36]等利用改进的高速条纹相机对螺旋爆震进行拍摄,得到了螺旋爆震波的清晰结构,如图 2.15 所示。他们还利用纹影、壁面压力测量等手段对螺旋爆震开展了大量研究,最终给出了螺旋爆震波的结构示意图,如图 2.16 所示。图 2.16 中的箭头线相对来流方向,带剖面线的是火焰面(未燃气与已燃气的分界面);AA′段是激波前锋(前导激波),即使以 C−J 速度传播,其强度也不足以点燃波后气体,但是波后气体的温度、压力升高了,变得很不稳定,偶然猝发的扰动就可能点燃波后气体,剧烈的燃烧和气体膨胀导致横波 DC、DG 出现,并使激波前锋在 AB、$A'B'$ 段发生弯曲或折痕(即马赫杆激波),使其激波强度增强;AD 是马赫结构的横向激波或反射激波[37]。需要注意的是,由于试验采用的 $2CO+O_2+3\%H_2$ 混合物比较特殊,其螺旋爆震结构相对稳定并有很好的重复性,而通常的螺旋爆震结构是不稳定的,并不都如图 2.16 中那样存在双马赫横波结构。图 2.17 是螺旋爆震波三维结构示意图,实线 A_1AA_2 是前导激波面,虚线是燃烧反应面,其后是反应区(reaction zone,RZ),在实线与虚线之间区域是没有燃烧的化学反应诱导区。AB 是马赫结构的横向激波,BC 是主横波,其后是剧烈燃烧区,横波的存在使前导激波面出现了折痕。A、B、C 是三波点,会在管壁的烟膜上留下清晰轨迹[37]。

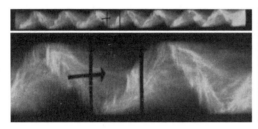

图 2.14 螺旋爆震持续曝光照片[33]

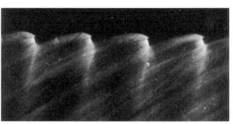

图 2.15 速度补偿后拍摄的照片[34]

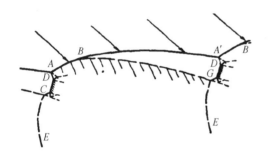

图 2.16 螺旋爆震波结构示意图[37]

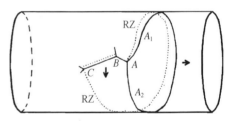

图 2.17 螺旋爆震波三维结构示意图[38]

活性较高或远离可爆极限的混合物,在圆管中就不是一个螺旋爆震波头,可能存在双波或者多波头,这时爆震波的结构非常复杂。Lee 等[39]提出把发生螺旋爆震作为判断混合物可爆极限的一个准则,他们比较研究了不同混合物、在不同直径的圆管和圆环管中的爆震现象,得到了管径 d 和胞格尺寸 λ 之比(d/λ)对爆震速度的影响规律。在发生单头螺旋爆震时,爆震波的传播速度与多头爆震相比急剧下降。

进入 21 世纪,数值计算也逐步应用到了螺旋爆震研究。Tsuboi 等[40]针对圆管中的单个螺旋爆震波进行了三维模拟,结果如图 2.18 所示。数值计算得到的爆震前沿以马赫腿、须状物和横向爆震周期性旋转。再现了从横向爆震到下游分布的长压力轨迹,清楚地表明压力轨迹与横向爆震同步旋转。在目前的模拟中没有观察到在迂回锋后面形成未燃烧的气袋,因为旋转的横向爆震完全消耗了未燃烧的气体,瞬时 OH 质量分数的计算轮廓为梯形,在爆炸前沿后面。俯仰、航迹角、马赫杆角和入射冲击的数值结果与试验结果吻合得很好。

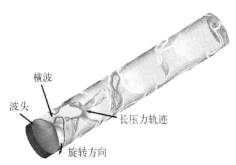

图 2.18　螺旋爆震波结构三维数值模拟[40]

早期,人们关注螺旋爆震,是把它当作一种不稳定爆震现象来研究,后来发现爆震波几乎都是不稳定的,并具有复杂的波系结构和运动规律。通常认为的前导激波后面并不是紧跟着燃烧波,而是因为波后的扰动点燃了混合气并诱发了横波,燃烧导致的气体膨胀又推动横波来回反射运动。当接近可爆极限时,只存在一个横波,这时就表现为螺旋爆震。当远离可爆极限时,存在多个或很多个横波,这时就不是螺旋爆震,而是一定厚度的平面状爆震波。

关于螺旋爆震的文献大都是 20 世纪 60～80 年代的,文献[2]有详细的介绍。尽管螺旋爆震是在圆管内静止气体中发生的特殊爆震现象,在这里专门回顾这些研究工作,是因为其仍有现实意义。当我们研究旋转爆震问题时,有一类燃烧室是圆筒形的,如果燃烧室中只存在一个旋转爆震波头时,爆震波的传播机理与螺旋爆震是相似的。

2.5.2　旋转爆震

由于爆震波传播速度很快,在管内静止气体中的持续时间很短,因此人们希望得到相对稳定的爆震波,以便于观察研究。最早的想法就是在圆管内产生高速气流,使其速度与爆震波传播速度相等,从而实现爆震波的驻定,在第 1 章中介绍的斜爆震、超声速脉动爆震发动机也都是基于这种思想,但实际上,爆震波传播速度约为 3 km/s,这么高的气流速度会导致管壁面滞止温度超过预混可燃气的自燃温度,很难实现爆震[35]。为了避免壁面预混气自燃,燃料通过专门装置喷入空气主流以形成可爆预混气。

Voitsekhovskii 从螺旋爆震中得到启发,提出了新的解决思路:他认为只要以足够快的速度在爆震波传播的前方供应可燃预混气,就可以维持爆震波。他设计了如图 2.19(a)所示的扁平圆环装置,巧妙地避开了通过高速气流维持爆震波的难题,得到了持续稳定传播的爆震波,并利用条纹相机拍摄了旋转爆震波图像[41]。在图 2.19(b)中,旋转爆震装置是由带圆环凹腔的底部钢制圆盘和透明玻璃盖板组成的,可燃气(乙炔/氧气)由圆盘中心管供给,经过扁平狭缝进入环形爆震室。点火起爆后,爆震波在圆环凹腔内旋转传播,燃气从圆盘外边缘排出。只要供气不停止,爆震波就可长时间地维持稳定传播。

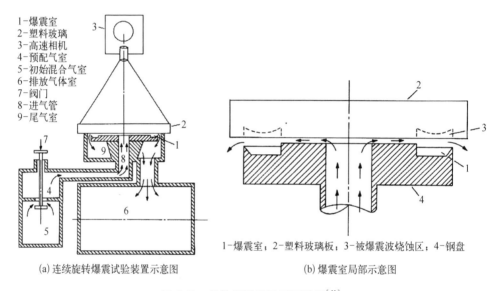

1-爆震室
2-塑料玻璃
3-高速相机
4-预配气室
5-初始混合气室
6-排放气体室
7-阀门
8-进气管
9-尾气室

1-爆震室;2-塑料玻璃板;3-被爆震波烧蚀区;4-钢盘

(a)连续旋转爆震试验装置示意图　　　　　(b)爆震室局部示意图

图 2.19　旋转爆震扁平圆环装置[41]

试验中采用了高速条纹相机拍摄,在环形爆震室上方设置一块带有径向狭缝的板,相机轴线垂直于爆震室平面,镜头通过径向狭缝拍摄旋转爆震波头,通过高速运动胶卷进行速度补偿,但不是完全补偿,因为旋转爆震波在不同的径向位置,其线速度不同。图 2.20 是拍摄的旋转爆震波照片,呈圆弧摆线状,每根摆线上有 5 个分开的高亮段,他们认为是 5 个同向传播的波头,并指出只有在非常接近可爆极限时,才会出现单波头[41]。

根据爆震波照片,Voitsekhovskii 等提出了旋转爆震波结构图,如图 2.21 所示。图中箭头线是相对于爆震波的流动方向,Ⅰ区是新鲜气,Ⅱ区是已燃气,虚线 GML 是新鲜气和已燃气的分界线。NMCB 是激波,其中,MC 是前导激波,波后没有燃烧,前导激波在内壁面形成马赫反射(也可能是正常反射),BC 是马赫杆激波,CL 是反射激波,BCL 波后是主燃区,Ⅴ区是燃烧产物的扩散区。外壁曲面导致Ⅵ区的压缩效应,从而产生了激波 MN。根据爆震波结构,他们建立了理论分析模型,计算得到了旋转爆震波的传播速度,其值接近波后燃烧产物的当地声速。

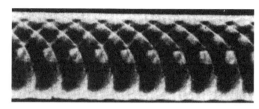

图 2.20　旋转爆震波照片[41]

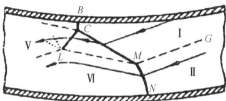

图 2.21　旋转爆震波结构[35]

Voitsekhovskii 等设计的扁平环形燃烧室有利于观察旋转爆震波,但采用燃料和氧化剂的预先混合的方式,在进入爆震室时很容易回火产生爆炸。美国密西根大学的 Nicholls 等[42]最早尝试了在圆环形燃烧室采用燃料和氧化剂分开从头部端进入环形燃烧室的方案。尽管他们没有实现稳定的旋转爆震,但是为旋转爆震的实用化探索了方向。直到今天,大部分的旋转爆震发动机采用了与其类似的燃烧室方案。

Bykovskii 等[43-45]是把圆柱环形燃烧室推向实际应用的开拓者。他们探索了多种燃烧室构型和多种燃料/氧化剂组合方案,在火箭型和冲压型燃烧室中都成功实现了稳定的旋转爆震,持续时间为 0.1~0.3 s。对于火箭型燃烧室,如图 1.19(a),在燃烧室头部分别设置了燃料和氧化剂集气腔,燃料和氧化剂通过在圆周方向均布的小孔喷入燃烧室。对于冲压型燃烧室,如图 1.19(b),氧化剂(空气或氧气)采用环缝进入燃烧室,燃料采用周向均布的小孔喷入。在所有试验中,采用电爆索或电爆管起爆,并在燃烧室侧壁设置狭长光学窗口,通过条纹相机观察记录爆震波结构,得到爆震波可见光图像,测量爆震波传播速度。

图 2.22 所示为火箭型燃烧室内旋转爆震波传播示意图。图中,1 是指燃料和氧化剂从头部进入燃烧室;2 是环形燃烧室通道;3 是未燃新鲜混合气;4 是爆震波面,可能有多个波头;5 是燃烧产物排出;6 是燃烧产物与新鲜气、波后燃烧区的分界面;7 是激波尾巴,是爆震波后高压气体膨胀产生的压缩激波;8 是由爆震波后局部高压导致的新鲜气反向流动。

图 2.23 是把圆环形展成二维平面后的爆震波流场结构示意图,坐标系固定在爆震波上,x 是圆周方向,z 是轴向。图 2.23 中的箭头线是相对于波面的流动方向;$AB'C'$ 是新鲜气区域,在 AB' 段有推进剂进入燃烧室,而在 AB 段,高反压会使推进剂停止流入,甚至会反流;BC 爆震波波后燃烧区沿轴向的强度不同,导致其出现一定的倾斜角度;波后高压燃气膨胀加速,与上一个爆震波的燃烧产物区速度不同,从而形成滑移线 CE,同时波后高压气体膨胀对原有燃烧产物产生压缩效应,形成激

波 CN 并伸入燃烧产物区。这是在当时条件下获得的螺旋爆震波结构认识,他们认为不存在像圆管中螺旋爆震那样的前导激波,而是由内外弯曲壁面代替了。实际上,旋转爆震波是复杂的三维结构,图 2.22、图 2.23 所示的结构没能展示许多细节。

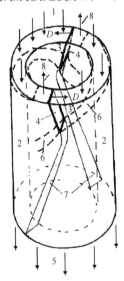

图 2.22 火箭型燃烧室内旋转爆震波传播示意图[45]

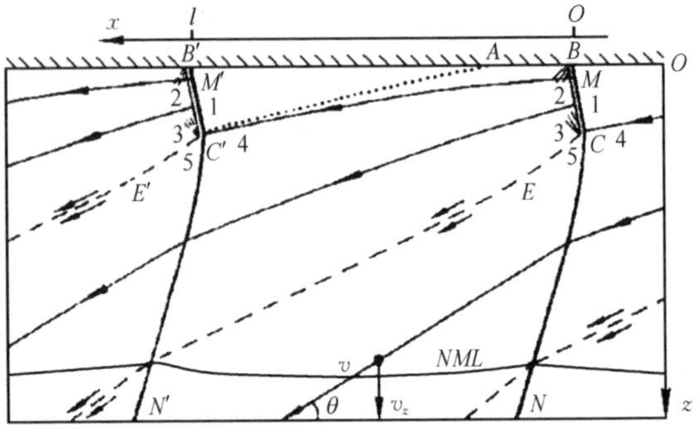

图 2.23 爆震波流场结构示意图[45]

对于火箭型燃烧室构型,表 2.2 给出了不同推进剂组合下燃烧室尺寸、推进剂流量 G、当量比 φ、燃烧室压力 p_c、爆震波数量 n 及传播速度 D 等参数。需要指出的是,虽然属于火箭型,但是燃烧室压力很低,波前波后的升压比 p_m/p_c 也不大,主要是为了较容易实现起爆。如果在火箭发动机正常点火室压下,起爆是很困难的。

图 2.24 是不同推进剂组合的旋转爆震波照片。三种推进剂组合的活性不同,维持旋转爆震所需的燃烧室尺度不同,传播速度也有差异,但都低于 C-J 理论速度,且都只有一个爆震波波头,在传播过程中也没有改变方向,爆震波与螺旋爆震波的图像很像(图 2.15)。在有些情况下,会出现波头数量增加和双波对撞情形,这个变化过程的时间非常短,旋转几圈就能完成。

研究人员通过大量试验和理论分析,总结得到了环形燃烧室的结构参数和工作参数对爆震波的影响规律,几个比较重要的结论如下所示。

(1)爆震波前的新鲜混合气高度 h 必须大于一个临界高度 h^*,才能维持爆震波。一般要求 $h \approx (17 \pm 7)\lambda$,其中,$\lambda$ 为燃烧反应区总长度,取决于推进剂混合过程、化学反应时间等因素;如果是预混气体,那么 λ 与爆震波胞格尺寸 a 相关,可取 $\lambda = 0.7a$。

（2）燃烧室直径 d_c 增大,会增加爆震波波头数量;燃烧室直径不能太小,可按照下面公式估算: $d_c \geqslant nhK/\pi$。式中, n 是波头数量; K 是波头间距 l 与新鲜气高度 h 之比,即 $K = l/h$。对大多数环形燃烧室, K 基本为常数, $K = 7 \pm 2$。

表 2.2　不同推进剂组合及燃烧室参数[45]

参　数	$C_3H_8/$ O_2(气)	$C_3H_6O/$ O_2(气)	煤油/ O_2(液)	
d_c/mm	40	40	100	280
L/mm	95	95	100	60
Δ/mm	5	10	10	10
$p_c/10^{-5}$ Pa	2.25	3	12	26
p_m/p_c	3	4	4.1	2.4
$G/($kg/s$)$	0.077	0.1	2.0	12.3
ϕ	1.0	0.92	1.22	0.95
n	1	1	1	1
$D/($km/s$)$	2.27	2.0	2.46	2.2
D/D_{C-J}	0.94	0.8	0.95	0.85

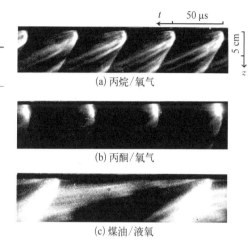

(a) 丙烷/氧气

(b) 丙酮/氧气

(c) 煤油/液氧

图 2.24　不同推进剂组合的旋转爆震波照片[45]

（3）燃烧室长度 L 应该在 $1.5 \sim 2h^*$,太短不利于维持爆震波,且带来燃烧效率损失;太长带来流动损失,但对爆震波影响不大。

（4）燃烧室环缝宽度 Δ 要大于一个临界宽度 Δ^*,即 $\Delta \geqslant \Delta^* \approx 0.2h$。

（5）推进剂喷注压力一般为 $p_{fu} = 2p_c$, $p_{ox} = 3p_c$;爆震波前的新鲜气压力 p_1 也不能太低,为燃烧室平均压力 p_c 的 $1/3 \sim 1/2$。

（6）爆震波尖峰压力是燃烧室平均压力的 $3 \sim 5$ 倍。

对于冲压型燃烧室,氧化剂(氧气或空气)从燃烧室入口的环缝(宽度为 δ)连续进气,燃料(如乙炔、氢气)通过中心体上沿周向均匀布置的小孔以 45° 角喷入燃烧室,小孔位置距离氧环缝入口为 L_f。由于燃料和氧化剂的混合不是很好,所以得到的爆震波较粗糙。Bykovskii 等针对冲压型燃烧室的研究工作,开始都是采用氧气作为氧化剂,直到 2006 年才采用空气作为氧化剂。

当采用氧气为氧化剂、乙炔为燃料时,燃烧室直径 $d_c = 100$ mm,宽度 $\Delta = 5$ mm,氧气环缝宽度 $\delta = 0.2$ mm,燃料喷孔距离氧入口分别为 $L_f = 1$ mm 或 50 mm。当 $L_f = 1$ mm 时,燃料和氧化剂的混合过程与火箭型燃烧室区别不大,得到的爆震波图像也类似。当 $L_f = 50$ mm 时,氧气在环缝进口的速度为声速,如果燃烧室没有突扩,会因氧气速度太快而不能实现旋转爆震。经过突扩后,燃烧室平均速度降低为 25 m/s,可以实现旋转爆震,但爆震波结构有所不同,会从爆震波峰发出一道伸向氧气上游的激波,如图 2.25 所示。如果燃烧室直径变小,为 $d_c = 40$ mm,无论怎样改变燃料喷射位置,都没有得到稳定的旋转爆震,但会在轴向形成频率 $f = 2.2 \sim$ 2.6 kHz 的脉冲爆震[46]。

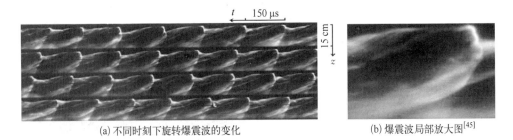

(a) 不同时刻下旋转爆震波的变化   (b) 爆震波局部放大图[45]

图 2.25 氧气/乙炔旋转爆震波图像

当采用空气为氧化剂时,推进剂的活性降低,起爆难度更大,所需的燃烧室尺度也要比使用氧气时大得多。1996 年,研究人员采用平面环形燃烧室,实现了空气和多种燃料的旋转爆震。2006 年,研究人员尝试采用圆柱环形燃烧室,也成功实现了空气-乙炔旋转爆震[44]。试验采用的燃烧室长度 $L = 655$ mm,直径 $d_c =$ 306 mm,宽度 $\Delta = 16.5$ mm 和 23 mm,不同工况下采用的空气入口环缝分别为 $\delta =$ 1 mm、2 mm、3 mm、6 mm、10 mm,空气流量为 2.12~5.3 kg/s,乙炔当量比 $\varphi =$ 0.44 ~ 1.37,燃烧室压力 $p_c = 1.0 \sim 2.5$ atm,爆震波速度为 1 515 m/s,持续时间为 0.3~0.55 s。

试验中发现了两种不同类型的爆震波结构,一种是燃烧区紧邻激波前锋 BC [图 2.26(a)],另一种是燃烧锋面 $B'C'$ 滞后于激波前锋 BC [图 2.26(b)]。后者产生的原因主要是室压较低,并且燃料当量比 $\varphi = 0.7$,燃烧不够剧烈,再者空气入口环缝较大($\delta/\Delta = 0.435$),爆震波压力影响了空气流动稳定性,但是爆震波的传播仍然是稳定的。

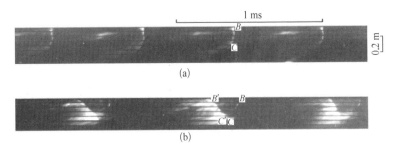

图 2.26 两种空气-乙炔旋转爆震波结构[45]

需要注意的是,研究人员在试验中采用了常温空气,不是加热空气。这与实际飞行时的空气进入燃烧室的参数有差别,尤其是飞行速度越高,总温差别越大,对爆震波影响越大。因此,严格地讲,还不是真正意义上的冲压发动机,只是模拟了冲压发动机燃烧室构型。

关于旋转爆震波结构和传播机理的基础试验研究,这些年来一直没有显著的进展。由于观测手段的限制,得到的都是二维图像。实际上,旋转爆震波是复杂的三维结构,是激波与燃烧波的耦合。在旋转爆震情况下,目前还没有能同时得到激波与燃烧波结构的试验图片,这不利于构建爆震波三维结构。但是数值模拟技术发展很快,通过数值计算得到了旋转爆震波的三维基本结构,解释了一些试验现象。

俄罗斯的 Zhdan 等[47]最早开展了旋转爆震数值模拟计算,2007 年又提出了旋转爆震的数学模型并开展了二维数值模拟[48],但是结果还比较粗糙。2010 年,美国海军研究实验室的 Schwer 和 Kailasanath[49,50]通过数值计算得到了 H_2-空气旋转爆震波的二维精细结构(如图 2.27),分析了爆震波反压对预混气喷射的影响。

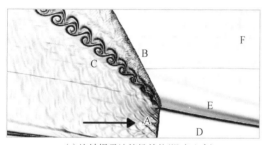
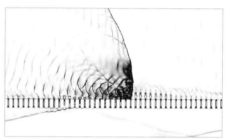

(a) 旋转爆震波流场结构(温度分布)　　　　(b) 集气腔与燃烧室头部的压力分布

图 2.27　氢气-空气旋转爆震波二维结构[49]

A-爆震波;B-斜激波;C-滑移线;D-新鲜混气区;E-未爆震的燃烧区;F-产物膨胀区

在开展二维计算时,一般是把环形燃烧室展开成一个等效的矩形燃烧室,这样可大幅度地简化计算量,但是不能体现燃烧室壁面曲率对爆震波传播的影响。爆震波面在外壁面的反射对流场影响较大,只有开展三维计算才能较准确地模拟爆震波结构和传播特性。2011 年,法国的 Eude 等[51]获得了旋转爆震波三维流场结构(图 2.28),可以清晰地看到爆震波在外壁、内壁面的反射过程,当有多个波头时,前一波头的反射激波甚至会影响下一个爆震波头。

国内南京理工大学的姜孝海等[52]较早开展了旋转爆震研究,他们设计了扁平环形燃烧室,研究了燃烧室壁面曲率对爆震波的影响研究[53],如图 2.29所示。从壁面烟膜试验和数值模拟结果可知,在燃烧室外壁面附近的胞格尺寸明显地小于内壁面附近的胞格,说明外壁面的压缩效应(或者波后高温燃气膨胀受限)增强了爆震波,提高了爆震波传播速度,而内壁面的膨胀效应则削弱了爆震波。

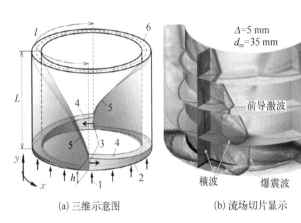

| (a) 三维示意图 | (b) 流场切片显示 | (c) 不同宽度的燃烧室内激波反射 |

图 2.28   旋转爆震波的三维结构[49]

(a) 胞格烟膜照片   (b) 计算胞格图片[53]

图 2.29   爆震波在弯曲管道中的传播

    近年来,考虑复杂化学反应、气体黏性、湍流和两相流等真实效应的三维数值计算结果不断出现,从采用无黏欧拉方程到湍流数值模拟,计算网格也越来越精细,得到的旋转爆震流场结构也越来越清晰,但是在模拟旋转爆震的起爆过程、爆震波传播等方面仍然面临很大的挑战。

2.6   本章小结

    本章介绍了爆震波的经典理论和模型,给出了爆震波传播速度计算公式;对爆震波的直接起爆和DDT起爆的机理进行了介绍,对爆震波的基本结构和自持机理进行了分析;介绍了螺旋爆震波的详细结构、传播机理和试验观测方法。最后,重点介绍了火箭型和冲压型燃烧室的爆震波结构,以及燃烧室结构参数和工作参数对旋转爆震波的传播特性影响。这些基础知识是从事旋转爆震发动机研究的必备知识。

参考文献

[1] 徐华舫.空气动力学基础(下册)[M].北京: 北京航空学院出版社,1987.

[2] Lee J H S. The detonation phenomenon[M].林志勇,吴海燕,林伟,译.北京: 国防工业出版社,2013.

[3] 姜宗林等.气体爆轰物理及其统一框架理论[M].北京: 科学出版社,2020.

[4] Lee J H S. Initiation of gaseous detonation[J]. Annual Review of Physical Chemistry, 1977, 28: 75 - 104.

[5] Bach G, Knystautas R, Lee J H S. Direct initiation of supercritical detonation in gaseous explosives[J]. Symposium (International) on Combustion, 1969, 12(1): 853 - 864.

[6] Zeldovich Y B, Librovich V B, Makhviladze G M, et al. On the development of detonation in a non-uniformly preheated gas[J]. Acta Astronautica, 1970, 15: 312 - 321.

[7] Mitrofanov V V. The diffraction of multifront detonation waves[J]. Soviet Physics-Doklady, 1965, 9(12): 1055 - 1058.

[8] Knystautas R, Lee J H S, Moen I O, et al. Direct initiation of spherical detonation by a hot turbulent jet[J]. Proceedings of the Combustion Institute, 1979, 17(1): 1235 - 1245.

[9] Inada M, Lee J H S, Knystautas R. Photographic study of the direct initiation of detonation by a turbulent jet[J]. Progress in Astronautics and Aeronautics, 1993, 153: 253.

[10] 严传俊,范玮.脉冲爆震发动机原理及关键技术[M].西安: 西北工业大学出版社,2005.

[11] Urtiew P A, Oppenheim A K. Experimental observation of the transition to detonation in an explosive gas [J]. Proceedings of the Royal Society of London. Series A. Mathematical and Physical Sciences, 1966, 295(1440): 13 - 28.

[12] Oppenheim A K, Soloukhin R I. Experiments in gas dynamics of explosions [J]. Annual Review of Fluid Mechanics, 1973, 5(1): 31 - 58.

[13] Hinkey J, Bussing T, Kaye L. Shock tube experiments for the development of a hydrogen-fueled pulse detonation engine [C]. 31st Joint Propulsion Conference and Exhibit, San Diego, 1995.

[14] Akbar R. Mach reflection of gaseous detonations[D]. Troy: Rensselaer Polytechnic Institute, 1997.

[15] Austin J M. The role of instability in gaseous detonation[D]. Pasadena: California Institute of Technology, 2003.

[16] Knystautas R, Guirao C, Lee J H S, et al. Dynamics of shock waves, explosions and detonation[M]. New York: American Institute of Aeronautics and Astronautics, 1985.

[17] Austin J M, Shepherd J E. Detonations in hydrocarbon fuel blends[J]. Combustion and flame, 2003, 132(1/2): 73 - 90.

[18] Shepherd J, Pintgen F, Austin J, et al. The structure of the detonation front in gases[C]. 40th AIAA Aerospace Sciences Meeting & Exhibit, Reno, 2002.

[19] Pintgen F. Detonation diffraction in mixtures with various degrees of regularity[D]. Pasadena: California Institute of Technology, 2004.

[20] Austin J M, Pintgen F, Shepherd J E. Reaction zones in highly unstable detonations[J]. Proceedings of the Combustion Institute, 2005, 30(2): 1849 - 1857.

[21] Shepherd J E. Detonation in gases[J]. Proceedings of the Combustion Institute, 2009, 32(1): 83 - 98.

[22] Gamezo V N, Desbordes D, Oran E S. Formation and evolution of two-dimensional cellular detonations[J]. Combustion and Flame, 1999, 116(1/2): 154 - 165.

[23] Gamezo V N, Desbordes D, Oran E S. Two-dimensional reactive flow dynamics in cellular detonation waves[J]. Shock Waves, 1999, 9: 11 - 17.

[24] Schwer D, Kailasanath K. Numerical investigation of the physics of rotating-detonation-engines[J]. Proceedings of the Combustion Institute, 2011, 33(2): 2195 - 2202.

[25] Trotsyuk A V, Kudryavtsev A N, Ivanov M S. Numerical investigations of detonation waves in supersonic steady flows[J]. Pulse and Continuous Detonation Propulsion, 2006: 125 - 138.

[26] Prakash S, Fiévet R, Raman V, et al. Analysis of the detonation wave structure in a linearized rotating detonation engine[J]. AIAA Journal, 2020, 58(12): 5063 - 5077.

[27] Sato T, Raman V. Detonation structure in ethylene/air-based non-premixed rotating detonation engine[J]. Journal of Propulsion and Power, 2020, 36(5): 752 - 762.

[28] Campbell C, Woodhead D W. The ignition of gases by an explosion-wave. Part I. Carbon monoxide and hydrogen mixtures[J]. Journal of the Chemical Society (Resumed), 1926, 129: 3010 - 3021.

[29] Voitsekhovskii B V. Stationary detonation[J]. Doklady Akademii Nauk SSSR, 1959, 129(6): 1254 - 1256.

[30] Anand V, Gutmark E. Rotating detonations and spinning detonations: Similarities and differences[J]. AIAA Journal, 2018, 56(5): 1717 - 1722.

[31] Topchiyan M E. Spinning detonation: History, phenomenon, possible applications[C]. 21st ICDERS, Poitiers, 2007.

[32] Manson N. Sur la structure des ondes explosives hélicoidaes (on the structure of helical explosion waves) [C]. Comptes-Rendus de l'Academy des Sciences, Paris, 1945.

[33] Voitsekhovskii B V, Mitrofanov V V, Topchiyan M Y. The structure of a detonation front in gases[R]. English Translation in Wright Patterson Air Force Base Report FTD-MT-64-527 AD-633, 821, 1966.

[34] Schott G L. Observations of the structure of spinning detonation[J]. The Physics of Fluids, 1965, 8(5): 850 – 865.

[35] Voitsekhovskii B V, Mitrofanov V V, Topchiyan M Y. Structure of the detonation front in gases (survey)[J]. Combustion, Explosion and Shock Waves, 1969, 5: 267 – 273.

[36] Voitsekhovskii B V, Mitrofanov V V, Topchiyan M Y. Investigation of the structure of detonation waves in gases[J]. Symposium (International) on Combustion, 1969: 829 – 837.

[37] Soloukhin R I. Detonation waves in gases[J]. Soviet Physics Uspekhi, 1964, 6(4): 525 – 551.

[38] Huang Z W, Van T P J. Experimental study of the fine structure in spin detonations[J]. Progress in Astronautics and Aeronautics, 1993, 153: 132.

[39] Lee J H S, Jesuthasan A, Ng H D. Near limit behavior of the detonation velocity[J]. Proceedings of the Combustion Institute, 2013, 34(2): 1957 – 1963.

[40] Tsuboi N, Eto K, Hayashi A K. Detailed structure of spinning detonation in a circular tube[J]. Combustion and Flame, 2007, 149(1/2): 144 – 161.

[41] Voitsekhovskii B V. Spinning maintained detonation[J]. Soviet Journal of Applied Mechanics and Technical Physics, 1964, 3: 157 – 164.

[42] Nlcholls J A, Cullen R E, Ragland K W. Feasibility studies of a rotating detonation wave rocket motor[J]. Journal of Spacecraft and Rockets, 1966, 3(6): 893 – 898.

[43] Bykovskii F A, Mitrofanov V V. Detonation combustion of a gas mixture in a cylindrical chamber[J]. Combustion, Explosion and Shock Waves, 1980, 16(5): 570 – 578.

[44] Zhdan S A, Bykovskii F A. Investigations of continuous spin detonations at Lavrentyev Institute of Hydrodynamics[M]. Moscow: Torus Press, 2006: 181 – 204.

[45] Bykovskii F A, Zhdan S A, Vedernikov E F. Continuous spin detonations[J]. Journal of Propulsion and Power, 2006, 22(6): 1204 – 1216.

[46] Bykovskii F A, Vedernikov E F. Continuous detonation of a subsonic flow of a propellant[J]. Combustion, Explosion and Shock Waves, 2003, 39: 323 – 334.

[47] Zhdan S A, Mardashev A M, Mitrofanov V V. Calculation of the flow of spin detonation in an annular chamber[J]. Combustion, Explosion and Shock Waves, 1990, 26:

210 – 214.

[48] Zhdan S A, Bykovskii F A, Vedernikov E F. Mathematical modeling of a rotating detonation wave in a hydrogen-oxygen mixture[J]. Combustion, Explosion, and Shock Waves, 2007, 43: 449 – 459.

[49] Schwer D, Kailasanath K. Numerical study of the effects of engine size n rotating detonation engines[C]. 49th AIAA Aerospace Sciences Meeting Including the New Horizons Forum and Aerospace Exposition, Orlando, 2011.

[50] Schwer D, Kailasanath K. Effect of inlet on fill region and performance of rotating detonation engines[C]. 47th AIAA/ASME/SAE/ASEE Joint Propulsion Conference & Exhibit, San Diego, 2011.

[51] Eude Y, Davidenko D, Falempin F, et al. Use of the adaptive mesh refinement for 3D simulations of a CDWRE (continuous detonation wave rocket engine) [C]. 17th AIAA International Space Planes and Hypersonic Systems and Technologies Conference, San Francisco, 2011.

[52] 姜孝海,范宝春,董刚.旋转爆轰流场的数值模拟[J].推进技术,2007, 28(4): 403 – 407.

[53] Pan Z, Fan B, Zhang X, et al. Wavelet pattern and self-sustained mechanism of gaseous detonation rotating in a coaxial cylinder[J]. Combustion and Flame, 2011, 158(11): 2220 – 2228.

第 3 章

火箭基旋转爆震自持传播特性

连续旋转爆震可以在火箭式和吸气式等多种情况下工作,且早期研究工作大都是针对火箭式[1-7]。火箭基连续旋转爆震最大的特点是,在燃烧室顶部存在喷注面板,且推进剂总温为常温;而吸气式旋转爆震的空气来流一般温度较高,且速度更快。旋转爆震燃烧会引起规律的高频压力振荡,峰值压力甚至会高于推进剂喷注压力,会对喷注过程产生影响。火箭基旋转爆震的喷注面板能够有效阻止爆震反压所引起扰动的逆流前传;而吸气式旋转爆震由于爆震室上游缺少几何约束,爆震扰动将逆流前传影响上游空气来流,情况更加复杂。

本章针对火箭基旋转爆震开展研究,以空气/氢气为推进剂组合,主要对传统环形燃烧室内旋转爆震波的自持传播特性进行分析。通过大量研究发现,旋转爆震波主要有两种传播模式:同向模式和对撞模式。在同向模式下,同一时刻流场内所有爆震波头的传播方向相同;而在双波对撞模式下,两个爆震波的传播方向相反,在传播过程中周期性地发生对撞。另外,本章还对旋转爆震的自适应特性进行了分析。

3.1 试验系统与方法介绍

所采用的火箭基旋转爆震试验系统如图 3.1 所示,共有两种模型发动机,分别采用不同的推进剂喷注方案,如图 3.2 所示,分别标记为 A 和 B,两者的试验时序和数据处理方法基本一致,但模型发动机 A 的试验结果主要是同向模式,而模型发动机 B 则为双波对撞模式。

3.1.1 试验系统介绍

本章旋转爆震试验的燃料为氢气,氧化剂为空气,分别单独进入燃烧室,在燃烧室内边混合边燃烧,其混合效果将会对燃烧模态和爆震波的传播过程产生很大的影响。模型发动机 A 采用了环缝-喷孔对撞式喷注,如图 3.2(a)所示。其中环缝采用收缩-扩张式设计,喉部尺寸为0.4 mm,空气通过环缝喷注,氢气则通过 90个均布在内圆柱上的喷孔倾斜喷注。环形燃烧室内径 90 mm,外径 100 mm,从环缝喉部至燃烧室出口的轴向距离为 75 mm。

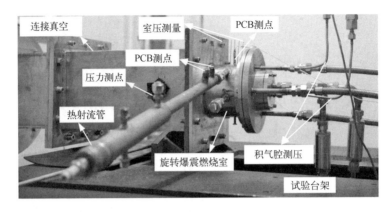

图 3.1　火箭基旋转爆震试验台

模型发动机 B 的推进剂喷注方案如图 3.2(b)所示,共有 60 对喷孔,沿圆周方向均匀布置,其中氧化剂喷孔的直径为 1.6 mm,喷注角度为 15°,燃料喷孔的直径为 0.8 mm,喷注角度为 45°。环形燃烧室的内直径 90 mm,外直径 100 mm,长度 150 mm。

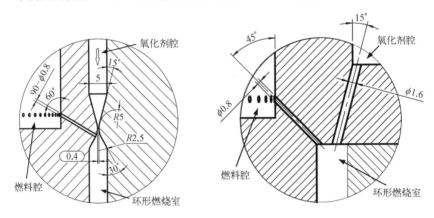

图 3.2　两种喷注方式对比(尺寸单位: mm)

两种模型发动机都采用热射流切向喷注的方式进行起爆,如图 3.3 所示。热射流由多级收缩的热管产生,采用活性更高的氢气/氧气(H₂/O₂)组合,它们通过对撞式喷注方式进入热管。采用普通火花塞直接点火,热管中的 Shchelkin 扰流及收缩型面引起的激波聚焦作用,可在极短的距离内促使产生强热射流,从而保证成功起爆。

采用了两套压力测量系统,其中普通压力测量系统主要用来采集推进剂供应管路压力、积气腔压力和燃烧室沿程压力,其测量精度为 0.5%FS,测量频率约为 1 000 Hz。高频压力采集系统主要由 NI 高频数采系统和 PCB 高频压力传感器组成,采样频率 2 MS/s。高频压力传感器的型号为 PCB 113B24,传感器的谐振频率≥500 kHz,上升时间≤1.0 μs。

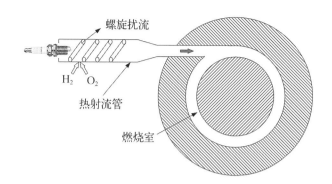

图 3.3　热射流切向喷注起爆示意图

3.1.2　试验时序

两种模型发动机的试验时序基本类似,典型的试验时序如图 3.4 所示,最先打开 PCB 冷却水和发动机空气喷注,再先后喷注热管氧气和热管氢气,一段时间后打开发动机氢气,此时热管内充满了 H_2/O_2 混合气,发动机内开始填充 $H_2/$空气混合气,一段时间后同时关闭热管的 H_2 和 O_2,Δt_1 时间后开始点火,Δt_2 即为连续旋转爆震的工作时间,根据需要来设定。发动机熄火通过向氢气内喷注吹除氮气以降低燃料活性来实现,然后再依次关闭各路供应。其中,Δt_1 的设置至关重要,若间隔时间太短,此时热管内的 H_2/O_2 混合气具有较大的流速,不易点着;若间隔时间太长,热管内残留的 H_2/O_2 混合气太少,活性降低,点火难度也很大,因此必须根据经验合理设置。另外点火之前,$H_2/$空气和 H_2/O_2 的喷注时间也不宜过长,否则在燃烧室内和出口处将累积较多的可燃混合气,点火后会引起较强的爆炸震动。

图 3.4　典型试验时序

3.1.3　自持工况范围

基于模型发动机 A 开展了大量研究[8, 9],本小节主要对旋转爆震的自持工况范围和传播模态分布规律进行简要分析。通过改变 $H_2/$空气混合气的总流量和当量比,在大工况范围内开展连续旋转爆震试验,得到爆震波能够维持连续旋转传播的工况边界。其中,氢气流量的变化范围为 2.4 ~8.0 g/s,空气为 103 ~790 g/s,总流量为 107 ~798 g/s,当量比为 0.33 ~1.40。以氢气、空气的流量为坐标,对所开展的试验进行统计,结果如图 3.5 所示,图中标注了不同当量比对应的斜线,当量比越小,其斜率越大。

$$\dot{m}_{\mathrm{air}} = \frac{34.32 \times \dot{m}_{\mathrm{H_2}}}{\mathrm{ER}} \tag{3.1}$$

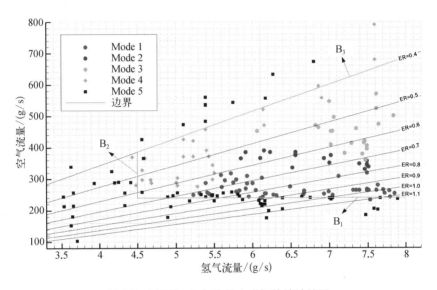

图 3.5 以氢气、空气流量为坐标的统计结果

图 3.6 为以当量比 ER 和总的比质量流量为坐标对所有试验结果的统计,其中,氢气和空气流量单位为 g/s,比质量流量为国际单位。对于一定的氢气流量,总的比质量流量和当量比间满足式(3.2),据此在图 3.6 中标注了不同氢气流量等值线,从左下到右上氢气流量逐渐增大。

$$G = \frac{1\,000 \times \left(1 + \dfrac{34.32}{\mathrm{ER}}\right) \times \dot{m}_{\mathrm{H_2}}}{95 \times 5 \times \pi} \tag{3.2}$$

根据高频测量结果,对旋转爆震的传播模态进行了分类,如图 3.5 和图 3.6 所示。其中,Mode 1 为单波传播模态,Mode 2 为混合单/双波模态,Mode 3 为双波模态,Mode 4 为不稳定旋转传播模态,Mode 5 为失败工况。

可见,连续旋转爆震仅在一定的工况范围内才能够实现自持传播。根据试验统计结果,在氢气流量变化范围为 2.4~8.0 g/s 时,得到了能够维持连续旋转爆震的工况边界 B_1、B_2 和 B_3,并标注于图 3.5 和图 3.6 中。其中,B_1 为空气流量 240 g/s 时,B_2 为氢气流量 4.5 g/s 时,B_3 为当量比 ER = 0.4 时。仅当试验工况位

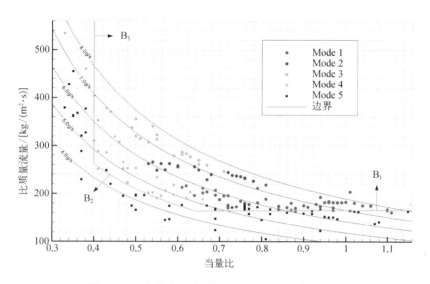

图 3.6　以当量比和比质量流量为坐标的统计结果

于 B_1、B_2 和 B_3 边界内时,才能够维持连续旋转爆震。可见,若要实现旋转爆震,推进剂的喷注压力、混合气的活性(当量比)都不能太低。

由图 3.5 和图 3.6 的爆震波传播模态分布可知,当氢气流量大于 5.5 g/s 时,空气流量从 240 g/s 开始,随着其逐渐增大(当量比逐渐降低),爆震波传播模态在 Mode 1、Mode 2、Mode 3、Mode 4 和 Mode 5 间依次转变,其中,混合单/双波模态(Mode 2)是单波模态(Mode 1)和双波模态(Mode 3)间的过渡传播状态,而 Mode 4 为双波模态(Mode 3)和连续爆震燃烧无法维持模态(Mode 5)间的过渡状态;而对于氢气流量为 4.5~5.5 g/s 的工况,除在当量比较高时存在少数单波模态(Mode 1)外,其余全部为 Mode 4。更详细的分析可查阅文献[3]。

3.2　同向模式

本节的同向模式试验都是在模型发动机 A 上开展的,具体的试验构型和工况如前所述。在燃烧室尺寸确定的情况下,爆震波头个数主要受试验工况的影响,随着总流量的增大而增加。当总流量为 240~345 g/s 时,只存在一个爆震波头连续旋转传播,将其记为单波模态;而当总流量为 368~553 g/s 时,燃烧室内会存在两个爆震波头沿相同的方向连续旋转传播,将其记为双波模态;在单波和双波传播模态之间,还存在一种过渡传播模态。当总流量范围为 337~396 g/s 时,在一次试验过程中,爆震波头个数会发生变化,同时存在单波和双波传播状态,将其记为混合单/双波模态[10-12]。本节将以不同传播模态下的试验结果为例,对同向模式下的爆震波传播过程进行分析,所采用试验的工况情况统计于表 3.1。

表 3.1　同向模式试验工况统计

编　　号	空气流量 /(g/s)	氢气流量 /(g/s)	当量比	传播频率/ kHz	备　　注
Test#3-1	265	7.7	1.0	5.615	单波
Test#3-2	263	6.49	0.85	5.61	单波
Test#3-3	264	7.39	0.96	5.65	单波
Test#3-4	413	7.29	0.61	9.764	双波
Test#3-5	330	7.46	0.78	×	混合单/双波
Test#3-6	375	6.56	0.60	×	混合单/双波
Test#3-7	249	5.23	0.72	5.21	单波,改变传播方向
Test#3-8	523	7.61	0.50	9.44	双波,改变传播方向

3.2.1　单波模态分析

1. 试验过程分析

以 Test #3-1 为例,对单波模态下的试验过程和爆震波传播过程进行分析。本次试验使用了两个 PCB 传感器,距空气环缝喉部 15 mm,夹角为 30°。Test #3-1 普通压力测量结果如图 3.7 所示,其中,$p_{\text{main\_air}}$、$p_{\text{main\_H}_2}$ 分别为空气和氢气的主管路压力,$p_{\text{\_air}}$、$p_{\text{\_H}_2}$ 分别为空气和氢气的喷前积气腔喷注压力,在整个试验过程中,主管路和喷前积气腔压力都比较稳定,保证了推进剂供应流量的稳定性。本次试验的空气流量为 265 g/s,氢气流量为 7.7 g/s,总流量为 272.7 g/s,当量比约为 1.0,发动机出口连接真空罐,出口压力约为 11 kPa。

由图 3.7(a)可知,氢气积气腔压力为 0.34 MPa,点火后随着燃烧室压力的升高,氢气的喷注过程受到了影响,其积气腔压力有所升高。而空气的积气腔压力较高,为 0.79 MPa。点火后,空气积气腔压力仅略有升高,其喷注过程受爆震燃烧的影响有限。试验在 1 644 ms 时开始喷注吹除氮气,引起氢气积气腔压力的大幅度上升,此时推进剂组合的活性大幅度下降,使得发动机迅速熄火,燃烧室压力也随之大幅度下降。图 3.7(b)为燃烧室沿程压力分布,标记了测压点距环缝喉部的距离,试验在 1 350 ms 开始点火,点火后燃烧室压力迅速升高,靠近头部的平均压力较大,最高值达 225 kPa,沿轴向燃烧室压力依次降低。

2. 高频测量结果滤波处理

时序在约 813 ms 时触发了高频测压系统,此即其时间零点,开始采集记录数据,其测量结果如图 3.8 所示,为便于区分两个 PCB 的测量结果,将 PCB$_2$ 的测量结果增

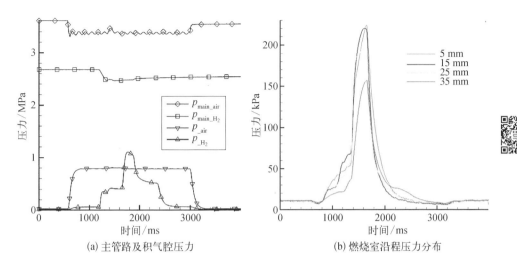

图 3.7　Test#3-1 的普通压力测量结果

加了 3 V。由图 3.8 可知,发动机在 538.4 ms 时起爆(相当于时序中的 1 351.4 ms),在 833.7 ms 时熄火(相当于时序中的 1 646.7 ms),所得的起爆和熄火时刻与上述分析结果吻合。说明本次试验连续旋转爆震波持续了约 295.3 ms,且连续旋转爆震燃烧是在喷注了吹除氮气之后熄灭,没有发生意外熄火。

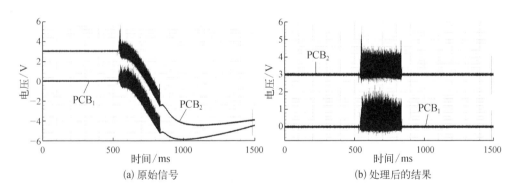

图 3.8　Test #3-1 的高频压力测量结果

受高温温漂效应的影响,PCB 原始信号在试验过程中具有下降的趋势,对原始信号进行了快速傅里叶变换(fast Fourier transform, FFT)操作,其结果如图 3.9 所示,由图可知,由旋转爆震波引起的压力振荡主频为 5.615 kHz。原始信号的下降趋势实际上算是一个低频的振荡,为了消除它,便于以后的分析,对原始信号进行了高通滤波,阈值为 1.0 kHz,滤波后的结果如图3.8 (b)所示。

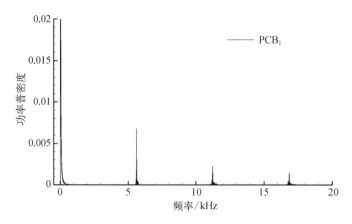

图 3.9　Test #3‑1 原始高频信号的 FFT 结果

图 3.10 为不同时刻的原始信号和处理后的高频信号的振荡过程对比,由于滤波的阈值远小于旋转爆震振荡主频,滤波操作对高频信号的振荡特性影响不大。高频信号的跃升是爆震波经过 PCB 传感器时引起的,后续的分析主要是基于信号上升的时间点,由图 3.10 可知,滤波前后信号的跃升时刻吻合良好,可见后续的分析可以根据滤波后的处理结果开展。利用原始信号减去滤波后的信号可得两信号的差值 dv,其分布如图 3.11 所示,由图可知,滤波操作对信号幅值的影响也不大,两者的误差在 0.1 V 之内。所采用 PCB 传感器的压力换算系数约为 0.73 MPa/V,即两者的误差在 0.14 MPa 之内。

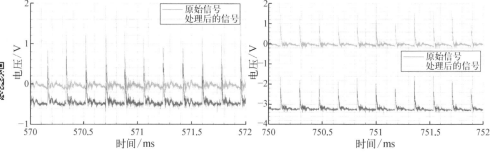

图 3.10　不同时刻的原始信号和处理后的高频信号的振荡过程对比

3. 高频信号时频特性分析

不同阶段的高频压力振荡过程如图 3.12、图 3.13 所示,其中,图 3.12(a)为连续旋转爆震波的建立过程,热射流进入燃烧室后引起了第一个压力峰值,之后高频压力开始无规律振荡,约 5.0 ms 后才形成了稳定传播的旋转爆震波。初始热射流的传播方向是从 PCB$_1$ 到 PCB$_2$,而爆震波的稳定传播方向与之相反。热

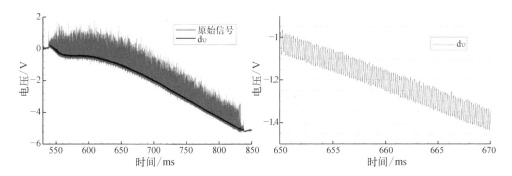

图 3.11　原始信号和处理后的高频信号的差值

射流切向喷射方式虽可以有效地起爆旋转爆震,但是还无法控制其最终传播方向,具有一定的随机性。图 3.12(b) 为旋转爆震的熄火过程,随着氮气的喷注,推进剂活性降低,氢气积气腔喷注压降升高,当旋转爆震波无法维持时,发动机迅速熄灭。旋转爆震稳定传播阶段的高频压力局部放大图见图 3.13,还标注了两种瞬时传播频率和速度的计算方法,将在后面详述。

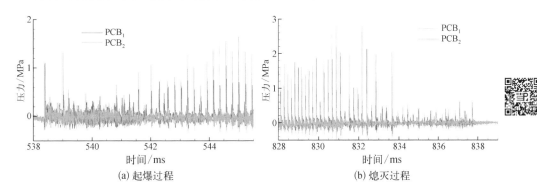

图 3.12　Test #3 - 1 起爆和熄火时的高频压力振荡过程

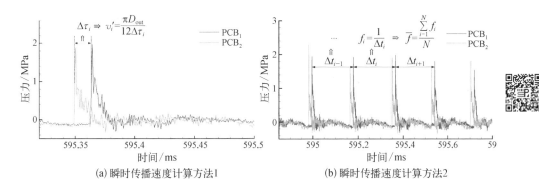

图 3.13　Test #3 - 1 稳定段的高频压力振荡过程

基于处理后高频信号的 FFT 结果如图 3.14 所示,振荡主频为 5.615 kHz,与图 3.9 相比,高通滤波仅改变了阈值以下的频谱特性,对旋转爆震波引起的频谱特性并没有影响。采用快速傅里叶变换虽然能得到信号的整体振荡主频,但无法反映信号的时频特性。

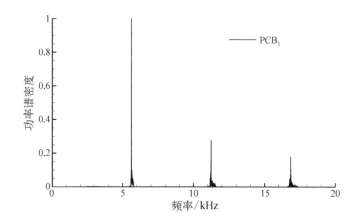

图 3.14　Test #3-1 处理后高频信号的 FFT 结果

短时傅里叶变换(short time Fourier transform, STFT)是一种广泛应用的信号时频分析方法,其基本思想是用一个窗函数乘时间信号,该窗函数的时宽足够窄,使取出的信号可以被看成平稳的,所进行的傅里叶变换可以反映该时宽中的频谱变化规律。窗函数沿时间轴移动,就可以得到信号频谱随时间的变化规律。但 STFT 的时间和频率分辨率不能同时任意提高,分辨率与窗函数的长度相关,当窗函数长度较小时,其时间分辨率较高,频率分辨率较低;而当窗函数长度较大时,其频率分辨率较高,时间分辨率较低。

取采样窗口宽度为 10 000 个采样点(5.0 ms),窗口的移动步长为 1 000 个采样点(0.5 ms),对高频压力信号进行了 STFT 分析,图 3.15 为各采样窗口内信号的 FFT 结果,为便于分辨,仅显示了所有结果的 1/4。根据各采样窗口的 FFT 结果,可以得到采样窗口内的振荡主频,不同时间段内振荡主频的分布如图 3.16 所示,该结果反映了高频压力信号在不同时刻的振荡特性。由图可知,稳定传播后,旋转爆震波的主频很稳定,约为 5.80 kHz,在 787 ms 时振荡频率有所增大,达到 6.0 kHz。

采用 STFT 方法虽能得到信号的时频特性,但是其时频分辨率有限。所得的振荡主频是整个采样窗口内的平均振荡频率,时间分辨率不高,另外,由于采样窗口内的采样点数有限,所得振荡主频的精度也有限。该高频采集系统的响应频率高,能够精确地捕捉爆震波面经过测压点的时刻,因此可以根据爆震波经过测压点的时间差来计算其瞬时传播速度,具体方法如图 3.13 所示。采用方法 1 可以得到爆

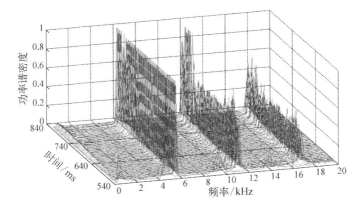

图 3.15　基于 STFT 得到的各采样窗口内的频谱特性

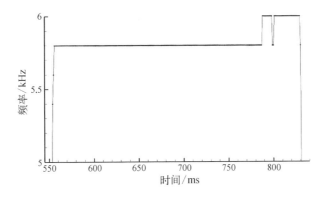

图 3.16　基于 STFT 得到的振荡频率随时间变化过程

震波在两个传感器之间的平均传播速度,另外,还可以判断爆震波的传播方向;而采用方法 2 则可以获得旋转爆震每周的传播速度。

采用方法 1 所得的旋转爆震波瞬时传播速度分布如图 3.17 所示,在整个试验过程中爆震波的传播方向都没有改变,其传播速度的变化范围为 1 600 ~ 1 960 m/s。由于两个传感器间距较小,旋转爆震波经过两个传感器的时间差很短,仅约 30 个采样周期,而在判断高频压力上升时刻时会存在一定的误差,因此较小的操作误差会带来较大的影响。

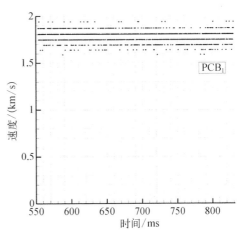

图 3.17　基于方法 1 所得的瞬时
传播速度分布

采用方法 2 所得的瞬时传播频率随时间的变化过程如图 3.18 所示,在试验过程中,爆震波的传播频率比较稳定,但从约 780 ms 时,传播频率缓慢增加。此变化趋势与 STFT 的处理结果吻合,但由于 STFT 方法的时频分辨率有限,其所得到的振荡频率偏大;在整个过程中,振荡频率的变化范围为 5.35~5.85 kHz,稳定传播期间的平均振荡频率为 5.61 kHz,此结果与 FFT 的处理结果吻合,以上结果都证实了此处理方法的可行性。另外,根据瞬时传播频率,还可以计算旋转爆震波的瞬时传播速度:

$$v_i = \pi D_{\text{out}} f_i / n \tag{3.3}$$

式中,v_i 为传播速度;f_i 为对应的瞬时频率;D_{out} 为燃烧室外径;n 为爆震波头个数,假设在此工况下只有一个爆震波头,即 $n = 1$。所得瞬时传播速度分布如图 3.18(b)所示,传播速度的变化范围为 1 680~1 840 m/s,与方法 1 结果吻合,说明在此工况下只存在一个爆震波头。在整个试验过程中爆震波的平均传播频率约为 5.61 kHz,不同径向位置处的爆震波具有相同的角速度,则由式(3.3)可知,燃烧室外壁处的爆震波传播速度为 1 762.4 m/s,而中径处则为 1 674.3 m/s。

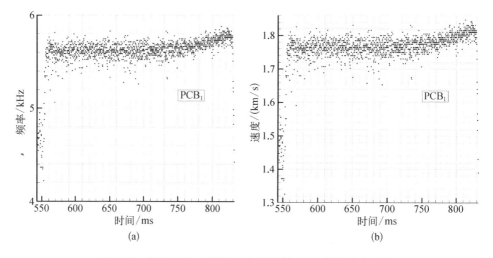

图 3.18 基于方法 2 所得的瞬时传播频率和传播速度分布

由上述分析可知,在 553.3~829.8 ms,旋转爆震波在环形燃烧室内共连续传播了 1 559 圈,传播方向均为从 PCB$_2$ 到 PCB$_1$。图 3.19 为 577~581 ms 内的高频压力振荡过程及瞬时传播速度分布,其中,v_1 是采用方法 1 得到的瞬时传播速度,表示爆震波在两个 PCB 之间的平均传播速度,其变化范围较大;v_2 是采用方法 2 得到的瞬时传播速度,表示爆震波在一周内的平均传播速度,其变化范围较小。由图 3.19 可知,旋转爆震波的传播过程并不稳定,不同周期内的平均传播速度略有差异。

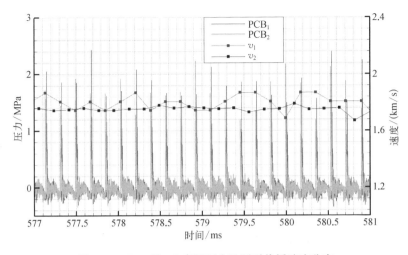

图 3.19　Test #3 - 1 高频压力及瞬时传播速度分布

4. 传播过程光学观测

为了进一步确定爆震波的个数和传播过程,采用高速摄影设备在燃烧室尾部正面观测了爆震波的传播过程,图 3.20 为 Test #3 - 2 的拍摄结果,本次的试验工况为:空气流量为 263 g/s,氢气流量为 6.49 g/s,当量比为 0.85,振荡主频为 5.61 kHz。图 3.21 为 Test #3 - 3 的拍摄结果,试验工况是空气流量为 264 g/s,氢气流量为 7.39 g/s,当量比为 0.96,振荡主频为 5.65 kHz。图 3.20 和图 3.21 中均为相邻时刻的 8 幅照片,顺序为从左至右、从上到下,由图可知,两次试验中都只有一个爆震波头。

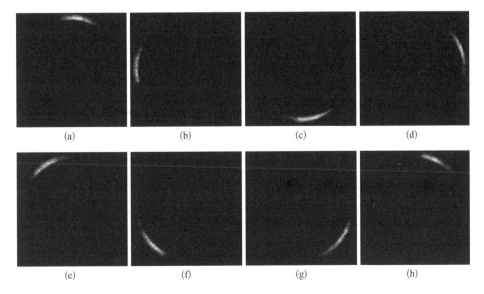

图 3.20　Test #3 - 2 的爆震波传播过程拍摄结果

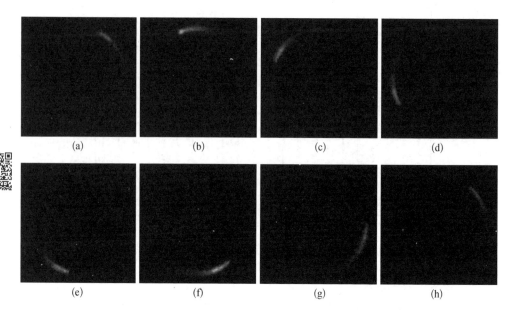

(a)　　　　　　(b)　　　　　　(c)　　　　　　(d)

(e)　　　　　　(f)　　　　　　(g)　　　　　　(h)

图 3.21　Test #3‑3 的爆震波传播过程拍摄结果

单波模态时的光学观测参数如表 3.2 所示。对于 Test #3‑2,拍摄间隔内爆震波的旋转角度约为 101°,可知爆震波沿逆时针方向传播。在所给的 8 幅图中,爆震波传播将近两周,可得爆震波的平均传播速度约为 1 705.4 m/s,与根据振荡主频所求得的传播速度吻合良好。对于 Test #3‑3,由于曝光时间较短,所拍摄的火焰长度较短、亮度较弱,在拍摄间隔内,爆震波的旋转角度约为 48°,可知其传播方向为沿逆时针方向。根据拍摄结果求得的爆震波传播速度约为 1 790.7 m/s,也与高频压力测量结果吻合良好。

表 3.2　单波模态时的光学观测参数

试验编号	拍摄频率/fps	曝光时间/s	爆震波速度/(m/s)	拍摄间隙传播距离/mm	拍摄间隙旋转角度/(°)
Test #3‑2	20 000	1/59 000	1 674.3	83.7	101
Test #3‑3	42 000	1/99 000	1 686.2	40.1	48

5. 数值分析

根据高频压力测量结果和尾部观测结果,只能够判断爆震波头个数、传播方向及时频传播特性,无法了解内部流场结构,而数值模拟可以弥补试验手段的不足。

本节主要通过三维数值模拟,对单波模态下的流场结构和爆震波传播过程进行分析[13]。所采用的计算区域为内直径 90 mm、外直径 100 mm、长度 75 mm 的三维圆环,与上述燃烧室构型一致,如图 3.22 所示,其中,上端面为入口,下端面为出口。数值模拟忽略了空气和氢气的混合过程,入口工质采用恰当量比的 H_2/空气混合气,总温为 300 K,与试验条件接近。混合气的总流量与其喷注总压相关,为了使数值模拟算例的流量与 Test #3 – 1 的结果相同,将 H_2/空气混合气的喷注总压(p_0)设置为 172.25 kPa。

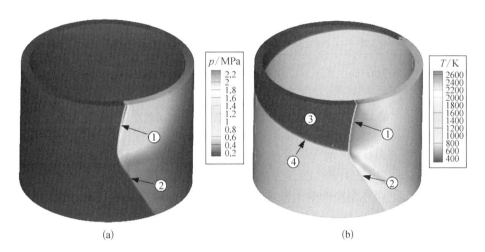

图 3.22 单波模态的三维流场分布

类似于试验,数值模拟也采用热射流进行起爆。旋转爆震稳定传播后,燃烧室入口流场参数随时间变化过程如图 3.23 所示,可见压力跃升后温度值紧跟着大幅上升,峰值高达 2 750 K,说明激波和燃烧面紧密耦合,在流场内发生了爆震燃烧。爆震波在环形燃烧室内连续旋转传播,引起了规律的压力振荡,平均传播频率约为 6.266 kHz,与试验的高频压力测量结果类似。爆震波在环形燃烧室内传播时,在不同径向位置处具有相同的角速度,但是其线速度则不同,半径越大,对应的线速度越大。燃烧室外壁处爆震波传播速度为 1 968.5 m/s,而中径处则为 1 870.1 m/s。

H_2/空气预混气从入口沿轴向持续喷注,爆震波沿环形燃烧室周向连续旋转传播,稳定后的流场结构如图 3.22 所示。其中,①为旋转爆震波,沿周向顺时针传播。爆震燃烧产生高温、高压的燃烧产物,当其沿轴向膨胀时,作用在上一轮的燃烧产物上,就形成了斜激波②。由图 3.23 可知,紧邻爆震波后燃烧产物的压力较高,远大于混合气的喷注总压,此时的入口边界相当于固壁边界,H_2/空气混合气无法进入流场,轴向喷注速度为零。随着远离爆震波,爆震产物进一步膨胀,当入口

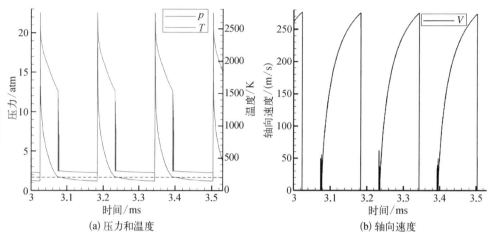

(a) 压力和温度　　　　　　　　　(b) 轴向速度

图 3.23　单波模态下入口处的状态参数随时间的变化过程

处压力低于喷注总压时,预混气开始喷注进入流场,此时入口处的温度大幅度下降,轴向喷注速度突然上升。统计发现,每个传播周期中,入口在 32.5% 的时间段处于堵塞状态。而在剩余的时间段内则可以连续喷注可燃混合气,由此便积累形成了可燃气体层区③,而④则是可燃气体层与上一轮燃烧产物的接触面。受上一轮高温燃烧产物的影响,接触面④上的部分预混气体将在旋转爆震波达到之前发生预燃,但是与爆震燃烧相比,该燃烧速度较慢。本算例中,爆震波传播一周的周期约为 0.16 ms,在该时间段内,在接触面④处消耗的可燃混合气非常有限。因此,在一个周期内总能够积累起一定高度的可燃气体层,从而保证了旋转爆震波的持续传播。

爆震波前中心截面上的流场状态参数沿轴向分布如图 3.24 所示。根据燃烧室平均环面上的二维流场分布,得到距入口不同位置处周向上的压力数据,对周向上相邻间隔计算节点间的压力比值进行了统计,得到了最大压力比值及其位置沿轴向的分布,如图 3.25 所示,其中,最大压升比值即为经过爆震波①和斜激波②波面的压升比,而最大压升比值的位置则为爆震波和斜激波组合的轮廓。由图 3.24 可知,波前混合气温度值在约 30 mm 处突然大幅度地提高;而由图3.25 可知,在距燃烧室顶部约 30 mm 处,压升比值开始大幅度地下降。这些说明此处正是爆震波①、斜激波②和接触面④的交接处,该算例中爆震波的高度约为 30 mm。

为与试验结果相比,记录了距入口 15 mm 处的压力随时间变化过程,并计算了每个周期的瞬时传播频率,结果如图 3.26 所示。由图可知,数值结果的爆震波传播过程非常稳定,在流场稳定后的 22 个传播周期内,爆震波的传播频率变化范围

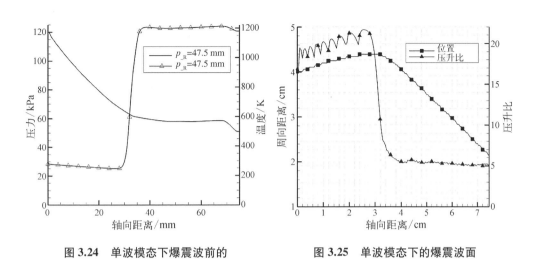

图 3.24　单波模态下爆震波前的
流场状态沿轴向的分布

图 3.25　单波模态下的爆震波面
位置及其压升比

为 6.262~6.27 kHz,平均传播频率为 6.266 kHz,并且所测量的压力峰值也很平稳。而在试验结果中,不同周期内的爆震波平均传播速度存在一定的差异,且所测量的压力峰值也有明显的波动。

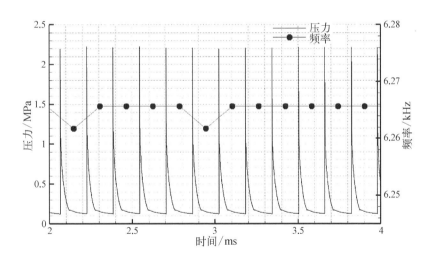

图 3.26　单波模态数值结果的压力振荡过程和瞬时传播频率分布

　　根据时间平均后的流场结果,可以得到燃烧室平均压力和平均轴向速度沿轴向的分布,如图 3.27 所示,并与室压进行了对比。可知,环形燃烧室顶部的平均压力最高,沿轴向逐渐降低,其变化趋势与试验结果吻合,但是具体的压力值之间还存在一定的差异。在轴向距离 0~45 mm,平均压力的变化范围为 116~253 kPa,下降幅度较大,并且轴向速度也大幅度提高。这些现象表明,这段区域为主要的放热区。本算例的爆震波高度约为 30 mm,则放热区的高度约为爆震波高度的 1.5 倍。从 45 mm 处到燃烧室出口这段距离内,平均压力和轴向速度的变化趋势都比较缓慢,出口附近的大变化趋势是由低出口反压引起的。

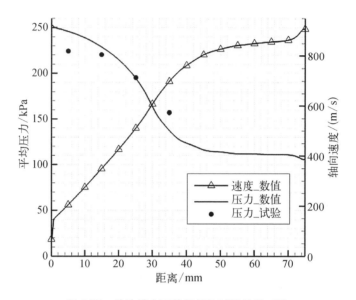

图 3.27 单波模态下的数值和试验结果对比

3.2.2 双波模态分析

下面结合试验和数值模拟结果,对双波模态下旋转爆震的传播特性和流场特征进行分析。其试验过程和高频压力信号处理方法与单波模态类似,此处不再赘述。

1. 试验结果

以 Test#3 - 4 为例,对双波模态下的爆震波传播过程进行分析。使用了两个 PCB 传感器,距空气环缝喉部的距离分别为 10 mm 和 25 mm。由于本次试验两个 PCB 分布在同一个轴线上,其测量结果的压力峰值上升时刻非常吻合。由 FFT 的分析结果可知,其振荡主频约为 9.764 kHz,远大于单波模态结果。

由于燃烧室内存在两个爆震波头,则由式(3.3)可知,本次试验的爆震波平均传播速度为 1 457.0 m/s。在双波模态下,相邻压力峰值间的时间间隔为爆震波传播半周所需的时间,则根据 PCB 结果可得爆震波在每个振荡周期内的平均传播速度,如图 3.28 所示,整个试验过程中瞬时传播速度的变化范围为 1 313~1 612 m/s,传播过程也比较平稳。

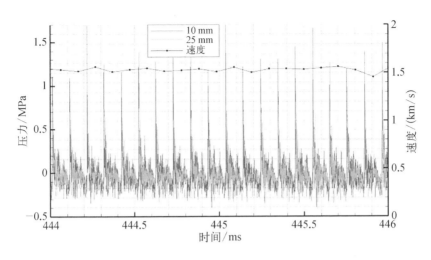

图 3.28　双波模态下的高频压力及瞬时传播速度分布

图 3.29 为 Test#3 – 4 的高速摄影观测结果,拍摄频率为 42 000 fps,曝光时间为 1/99 000 s。图中所示为相邻 8 个时刻的拍摄结果,顺序为从左至右、从上至下。可见,本次试验燃烧室内同时存在两个爆震波头,间隔约为 180°,都是沿逆时针方向连续旋转传播。且在传播过程中,两个爆震波的间距变化不大。在拍摄间隙内,爆震波约旋转传播了 42°,由此可得爆震波的传播速度约为 1 462.4 m/s,与高频压力的分析结果吻合良好。

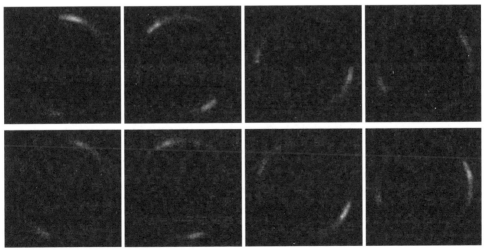

图 3.29　双波模态下的高速摄影观测结果

2. 数值结果

针对双波模态也开展了数值研究,为得到两个爆震波头,起爆时采用了两个切向热射流,它们的喷注方向一致但间隔180°。为避免在反方向上诱燃爆震波,在热射流尾部采用低温燃烧产物将其与可燃气体层隔离。数值模拟的入口设置与单波模态类似,预混气的喷注总压为 2.0 atm,总温为 300 K。下面若无特别说明,仿真图中显示的结果都是无量纲量,其中,密度、速度、温度和压力的参考值分别为 1.15 kg/m³、353.1 m/s、262.0 K 和 1.41 atm。

传播稳定后的流场结构如图 3.30 所示,其中,①为旋转爆震波,②为斜激波,③为爆震波前的可燃气体区,④为可燃气与上一轮燃烧产物的接触面。双波模态下的流场特征与单波模态类似,只是此时燃烧室内具有两个爆震波,间隔180°,且沿相同的方向连续旋转传播。对燃烧室入口处的压力振荡过程进行了统计,其爆震波传播主频为 12.32 kHz,平均传播速度约为 1 838.5 m/s。

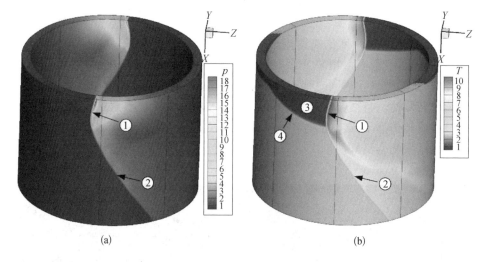

图3.30　双波传播模态的三维流场分布

图 3.31 为双波模态下入口处不同径向位置的压力沿周向分布,由于此时流场内存在两个爆震波头,压力分布具有两个峰值。受曲率的影响,燃烧室外径处的压力峰值明显偏高,且内、外径之间的压力差在峰值后引起了压力波动。将入口处的压力与混合气喷注总压进行比较,发现约 33.8% 的入口段处于堵塞状态,与单波算例的统计值接近。

图 3.32 为爆震波前的压力和温度沿轴向的分布,由图可知,本算例的爆震波高度为 15 mm,传播主频约为 12.32 kHz,而上述单波时的传播主频为 6.266 kHz。可见,双波模态下的爆震波传播周期远小于单波模态,而两者的入口堵塞比又比较

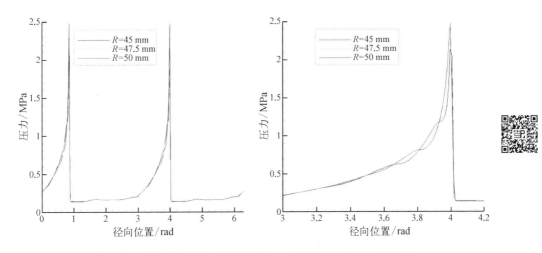

图 3.31　双波模态下入口处不同径向位置的压力沿周向的分布

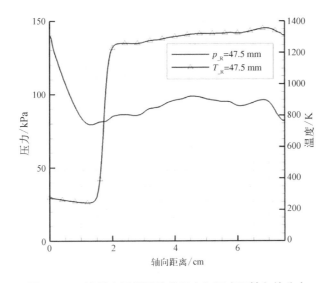

图 3.32　双波模态下爆震波前压力和温度沿轴向的分布

接近。因此,在一个传播周期内双波模态下的混合气喷注时间较短。而单波和双波传播模态下的混合气轴向喷注速度差别不大,因此双波模态下在一个传播周期内所累积的可燃气高度较小,对应的爆震波高度较低。

由图 3.32 可知,波前可燃气的压力变化范围为 $80 \sim 140$ kPa,温度变化范围为 $244 \sim 276$ K,该工况范围的恰化学当量比的 H_2/空气混合气对应的 C-J 速度约为 1 974.9 m/s。所统计的爆震波前可燃气轴向流动速度变化范围为 $430 \sim 280$ m/s,爆震波相对于波前可燃气的合速度为 $1\,859.7 \sim 1\,888.1$ m/s。与理论值相比,速度亏损为 4.4% ~ 5.8%。由于双波模态下的爆震波高度较小,受侧向膨胀的影响较大,与单波模态相比,其速度亏损值更大。

在本模型发动机的所有试验结果中,单波模态下高频压力振荡主频的变化范围为 5.05 ~ 5.8 kHz,平均传播速度的变化范围为 1 510 ~ 1 735 m/s。而双波模态下高频压力振荡主频的变化范围为 8.6 ~ 9.9 kHz,平均传播速度变化范围为 1 280 ~ 1 480 m/s。可见,双波模态爆震波传播频率远大于单波模态,但其传播速度普遍低于单波模态。

3.2.3 混合单/双波模态介绍

在混合单/双波模态下,当 H_2/空气混合气总流量较小时,试验过程中大多仅存在一次模态转变过程,且爆震波在单波和双波传播模态下的传播过程都比较稳定。而当混合气总流量较大时,在一次试验过程中,单波和双波传播模态都难以长时间维持,传播模态在两者之间频繁转变。

以 Test#3-5 为例,对仅存在一次模态转变的传播过程进行分析,图 3.33 为本次试验的高频压力及瞬时传播频率分布,在 550 ~ 594 ms,其瞬时传播频率变化范围为 8.8 ~ 10.4 kHz,平均传播频率为 9.56 kHz,平均传播速度为 1 426.6 m/s;而在 594 ~ 830 ms,其瞬时传播频率变化范围为 5.4 ~ 6.0 kHz,平均传播频率为 5.79 kHz,平均传播速度为 1 728.0 m/s。可见,在试验过程中存在两种爆震波传播模态,从起爆至 594 ms,燃烧室内存在两个爆震波头;但从 594 ms 以后,燃烧室内仅存在一个爆震波头。单波模态时的爆震波传播速度更大,且所形成的压力峰值也更高。

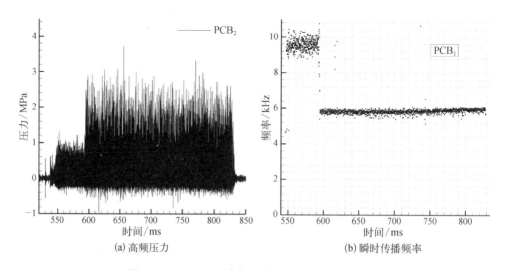

(a) 高频压力   (b) 瞬时传播频率

图 3.33 Test#3-5 高频压力和瞬时传播频率分布

以 Test#3-6 为例,对存在多次模态转变的混合单/双波模态下的爆震波传播过程进行分析,其高频压力的短时傅里叶变换分析结果如图 3.34 所示。由图可知,其高频压力主要有两个振荡频率,较低的振荡主频与单波模态时的振荡主频吻合,而较高的振荡主频与双波模态时吻合。可见,在本次试验过程中同时存在单波和双波传播模态,且出现了多次模态转变过程。Test#3-6 的高速摄影观测结果如图 3.35 所示,由图可知在本次试验过程中同时存在单波和双波传播模态,与依据高频压力的分析结果吻合。

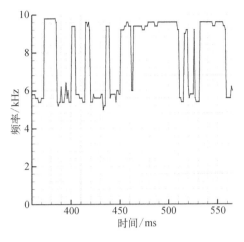

图 3.34　Test#3-6 的短时傅里叶变换结果分布

3.2.4　旋转爆震波改变传播方向现象

同向传播模式是指在同一时刻,流场内的爆震波传播方向相同。但是在整个试验过程中,爆震波的传播方向可能会发生改变。由上述分析可知,单波、双波模态都具有一定的工况范围。当试验工况位于工况范围的中间时,爆震波传播过程非常稳定,不会改变传播方向。但当试验工况位于工况范围的边界时,所对应的爆震波传播过程不太稳定,可能会出现转变传播方向的现象。分别通过 Test#3-7、Test#3-8,对单、双波模态下的传播方向转变现象进行介绍。

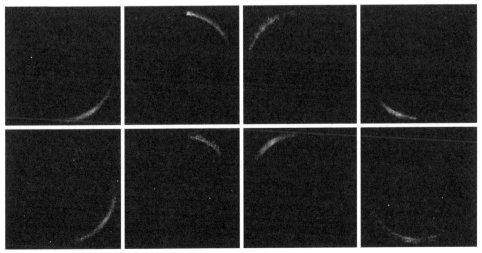

(a) 单波模态

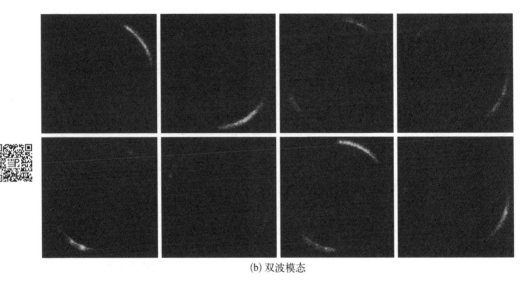

(b) 双波模态

图 3.35 Test#3‑6 的高速摄影观测结果

Test#3‑7 采用了两个 PCB 传感器,与环缝喉部的距离分别为 10 mm、35 mm,间隔为 90°,分别标记为 PCB_1、PCB_2。本次试验的爆震波传播主频为 5.21 kHz,说明在燃烧室内仅存在一个爆震波头,属于单波模态。图 3.36 为不同时刻的高频压力分布,由图可知,在 439~441 ms,爆震波传播方向为从 PCB_1 到 PCB_2;但在 453~455 ms,其传播方向为从 PCB_2 到 PCB_1,说明在试验过程中旋转爆震波改变了传播方向。

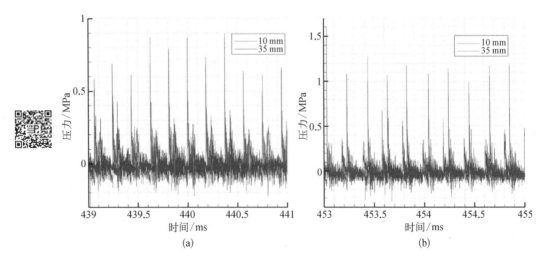

图 3.36 Test#3‑7 的高频压力分布

Test#3 – 8 的两个 PCB 传感器间隔为 30°,与环缝喉部距离为 15 mm。本次试验的振荡主频为 9.44 kHz,说明在燃烧室内存在两个爆震波头,属于双波模态。图 3.37 为不同时刻的高频压力分布,可见爆震波在试验过程中改变了传播方向。

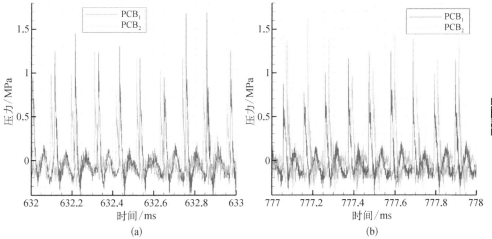

图 3.37　Test#3 – 8 的高频压力分布

3.3　双波对撞模式

同向模式是旋转爆震最常见的传播形式,但是在特殊情况下,旋转爆震也会以对撞模式进行传播,本节主要介绍该模式下的爆震波传播特性和流场特征[14],典型的试验工况见表 3.3,对撞模式的试验过程和数据处理方法与上述类似。

表 3.3　双波对撞试验工况统计

编　号	空气流量 /(g/s)	氢气流量 /(g/s)	当量比	传播频率	备　注
Test#3 – 9	273	5.74	0.72	3.62	双波对撞
Test#3 – 10	385	9.87	0.88	4.14	双波对撞

3.3.1　试验结果分析

Test#3 – 9 不同时刻的高频压力振荡过程如图 3.38 所示,其高频压力的振荡规律与同向模式明显不同。图 3.39 为高速摄影观测结果,拍摄频率为 20 000 fps,曝光时间为 1/72 000 s。可见在该传播模式下,燃烧室内存在两个爆震波头,但它们的传播方向相反,在传播过程中周期性地发生对撞,其中 C_1、C_2 分别为两个对撞点的位置,间隔约为 180°。

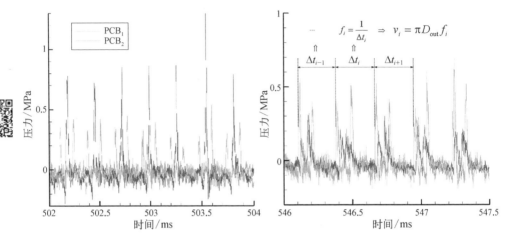

图 3.38　Test#3‒9 不同时刻的高频压力振荡过程

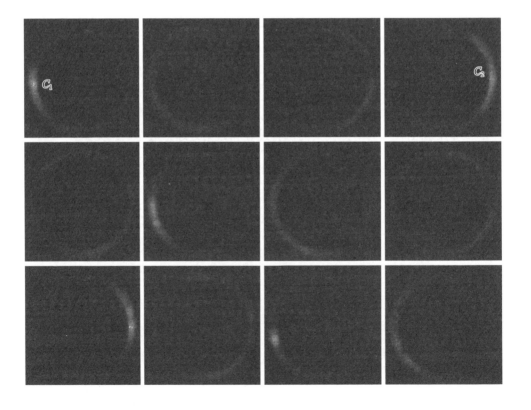

图 3.39　双波对撞模式高速摄影观测结果

图 3.40 为双波对撞传播模式下的爆震波传播过程示意图,如图 3.40(a)所示,燃烧室内存在两个爆震波,但是其传播方向相反。在图 3.40(b)时刻,两爆震波在 C 点发生对撞,在对撞点形成高压区,对撞后的透射激波沿原爆震波的传播方向继续传播,当其传播到可燃混合气区时,再逐渐诱发并形成爆震波。至图 3.40(c)时刻,两个新的爆震波在相对于 C 点的位置 D 处再次发生对撞,继而重复上述传播过程。

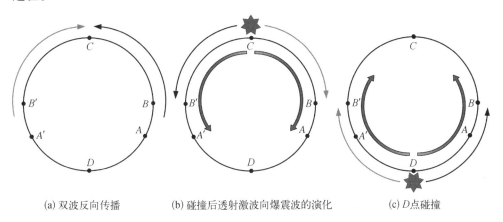

(a) 双波反向传播　　(b) 碰撞后透射激波向爆震波的演化　　(c) D 点碰撞

图 3.40　两波碰撞传播过程示意图

在双波对撞传播模式下,爆震波传播一周的平均传播速度可以按照图3.38(b)所示的方法进行计算,其中,D_{out} 为燃烧室外径。图 3.41 为爆震波传播一周的平均速度随时间的分布,变化范围为 1 050~1 238 m/s,平均值为 1 132.8 m/s,约为理论值的 62.7%。在双波对撞传播模式下,爆震波传播一周要经过爆震波传播、爆震波对撞、透射激波传播、透射激波增强为爆震波等不同的过程,因此其平均传播速度较低,速度亏损较大。

由于爆震波旋转传播的方式不同,与同向传播模式相比,双波对撞传播模态下的高频压力振荡特点更加复杂。在双波对撞传播模式下,PCB 测量的压力峰值是由两个爆震波相继经过测压点时引起的,相邻压力峰值间的时间间隔与测压点距

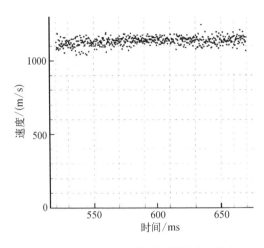

图 3.41　Test#3 - 9 的瞬时传播速度分布

对撞点的相位相关。而在试验过程中,对撞点的位置并不固定,会产生一定的偏移,致使测压点距对撞点的相位发生变化,因此在一次试验过程中,高频压力分布可能会表现出多种振荡规律。对于 Test#3 - 9,如图 3.38 所示,高频压力分布表现出两种不同的振荡特性。而在 Test#3 - 10 中,高频压力分布共表现出了三种明显不同的振荡规律,不同时刻的压力振荡过程及对应的瞬时振荡频率如图 3.42 所示,其中瞬时振荡频率由相邻压力峰值时间间隔的倒数求得。

双波对撞传播过程如图 3.40 所示,C、D 分别为两个对撞点,假设两个爆震波的传播过程相对于直线 CD 完全对称。当测压点位于 B 点时,以 CD 为对称轴,B' 为其对称点,当一个爆震波经过 B 点形成压力峰值时,另一个则刚好位于 B' 处。若经过 B 点的爆震波的传播方向为从 B 到 C,则 B 点形成下一个压力峰值所需的时间间隔,为 B' 处的爆震波通过 $B'CB$ 所需的时间。此时 B 处的爆震波传播方向为从 B 到 D,而其再形成一个压力峰值所需的时间间隔为 B' 处的爆震波通过 $B'DB$ 所需的时间,后续的传播过程以此类推。由于 B 点位于两个对撞点的正中间,因此相邻压力峰值的时间间隔比较接近,其高频压力将表现出如图 3.42(b)所示的振荡特性,其振荡频率比较平稳,平均值约为 8.2 kHz。当测压点位于 A 点附近时,由于 A 距对撞点 D 较近,则爆震波沿 $A'CA$ 传播所需的时间明显地大于沿 $A'DA$ 传播所需的时间,此时的高频压力将表现出图 3.42(a)所示的振荡特性,相邻的传播频率有较大的差别。当测压点位于对撞点附近时,爆震波对撞将诱发高幅值的压力振荡,将表现出图 3.42(c)所示的振荡特性,其相邻压力峰值的时间间隔为爆震波沿圆环传播一周所需的时间,平均传播频率为 4.2 kHz,约为图 3.42(b)所示情况下传播频率的 1/2。

3.3.2　数值结果分析

为进一步了解双波对撞传播过程,对其开展了三维数值模拟,计算区域为内直径 90 mm、外直径 100 mm、长 75 mm 的三维圆环。入口是恰当量比的 H_2/空气混合气,喷注总压为 2.0 atm、总温为 300 K,采用了单步化学反应模型[8]。将距燃烧室顶部 5 mm 的区域设置为可燃气体层后,对双波对撞过程进行了数值模拟。初始时,在流场内诱导产生两个传播方向相反的爆震波,它们对撞后的透射激波沿原方

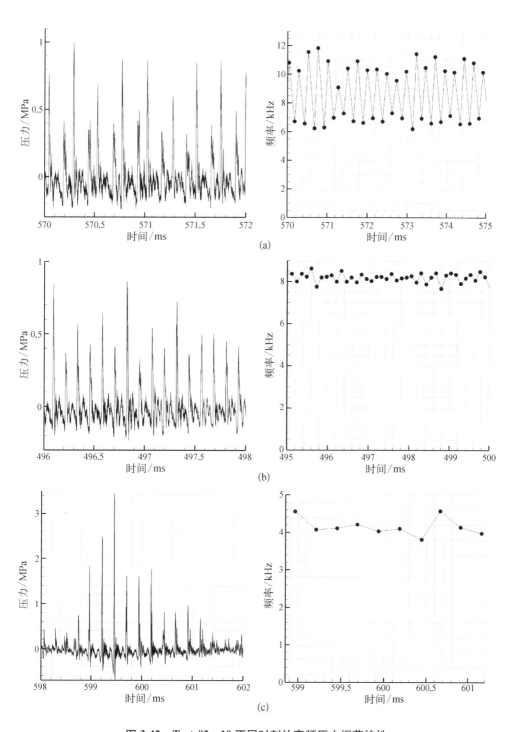

图 3.42　Test #3 - 10 不同时刻的高频压力振荡特性

向继续传播,由于在透射激波顶部存在可燃气体层,在燃烧产物区内传播时,透射激波没有被严重削弱。当其传播到可燃气体区后,可以诱燃新的爆震波。随后,两爆震波再次发生对撞,最终以这种周期性对撞的模式持续传播。

图 3.43 为双波对撞传播过程的三维流场分布。图 3.44 为各时刻平均燃烧室环面(直径为 95 mm 环面)上的二维流场分布,计算区域的上端面为入口,轴向沿-y 轴方向;图 3.45 为各时刻在距入口 5 mm 截面上的压力和温度沿周向分布,它们共同展示了爆震波从一个对撞点到另一个对撞点的传播过程。在 7.450 4 ms 时,两爆震波发生对撞,形成很高的压力区,对撞后的透射激波沿原方向继续传播。由图 3.45 可知,至 7.468 0 ms 时,透射激波强度已被削弱。但由图 3.44 可知,此时在透射激波前方已存在可燃混合气区,且与燃烧产物接触面上的可燃混合气具有较高的温度,微小的激波扰动促使其温度的上升,都可以达到着火条件。

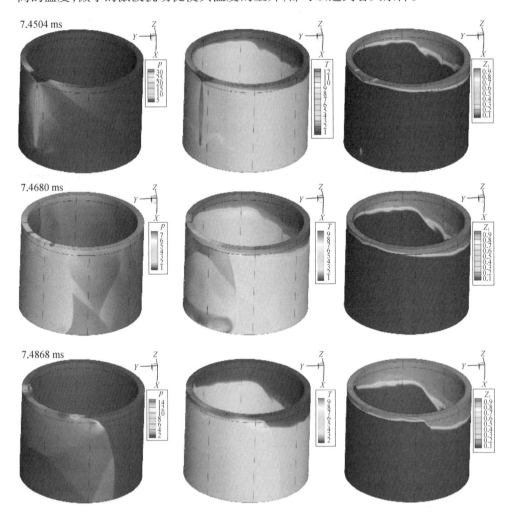

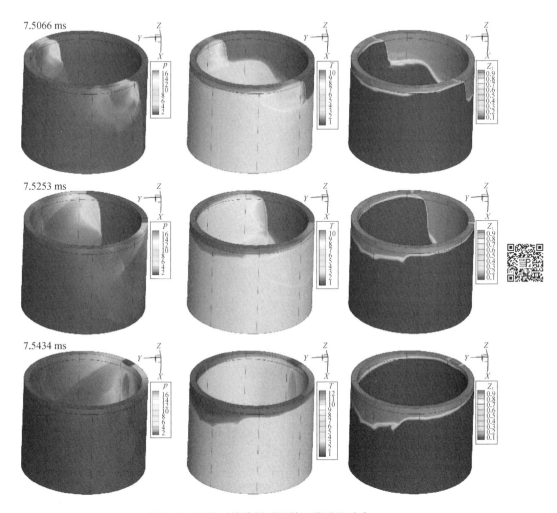

图 3.43　双波对撞传播过程的三维流场分布

　　由图 3.43 可知,在 7.468 0~7.486 8 ms,透射激波强度逐渐增强,至 7.486 8 ms 时,可燃混合气经过透射激波后快速发生反应,温度大幅度地上升,温度间断与压力间断基本重合,说明已生成了新的爆震波。随着透射爆震波的继续传播,其高度逐渐增大,强度也逐渐增大。但由于燃烧室顶部 5 mm 内的可燃混合气的爆震燃烧受到限制,不能被旋转爆震波完全诱燃,因此爆震波面无法达到燃烧室顶部,在此区域内形成了斜激波,爆震波在靠近入口侧也具有侧向膨胀的性质。至 7.543 4 ms 时,两爆震波已在另一个对撞点发生了对撞,由图 3.45 (a)可知,此时的压力沿周向分布具有两个尖峰,呈 M 形,这两个压力尖峰正是刚对撞后的透射激波。这两个透射激波随后按照上述的传播过程继续传播,使得连续爆震燃烧得以维持。

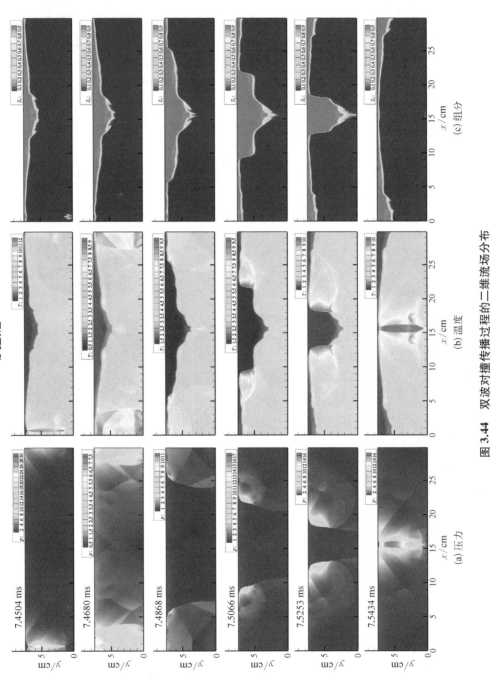

图 3.44 双波对撞传播过程的二维流场分布

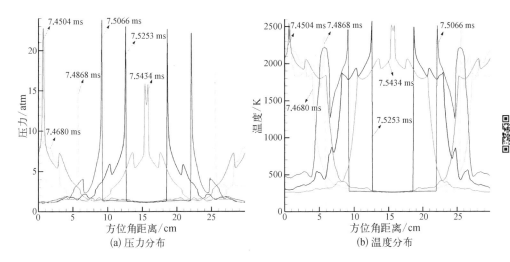

图 3.45　双波对撞传播过程中不同时刻的压力和温度沿周向分布

　　同向模式下的爆震波旋转传播时,爆震波前具有三角形的可燃气混合区,但是波面处的混合区高度最大,随着远离爆震波面混合区高度逐渐降低。而在双波对撞传播模式下,在透射激波诱燃的新爆震波传播时,其前方的混合区高度逐渐增大,爆震波高度也逐渐增大。由图 3.44 可知,此时的爆震波面有一定的倾斜,远离入口的爆震波面位置更加靠前。

　　由前面的分析可知,对于双波对撞传播模态,根据测压点距对撞点相位的不同,压力振荡过程将表现出不同的特征。图 3.46 为数值结果中不同相位处的压力振荡过程和瞬时频率分布,其振荡频率的计算方法与图 3.42 相同。图 3.46(a)的测压点距一个对撞点 60°,距另一个 120°,其压力峰值由对撞点处的透射激波经过不同的发展距离后所引起,当透射激波从距测压点较近的对撞点传来时,所引起的压力峰值较低;而当透射激波从距测压点较远的对撞点传来时,所引起的压力峰值较高。并且相邻的压力振荡频率也不同,该数值结果与图 3.42(a)的试验结果定性吻合。图 3.46(b)中的测压点位于两个对撞点的正中间,因此所得的相邻压力峰值差别不大,且相邻压力峰值间的时间间隔也很接近,此为爆震波传播半个圆周所需的时间,其振荡频率约为 11 kHz。图 3.46(c)的测压点恰好位于对撞点处,两爆震波对撞将产生高压区,因此其压力峰值远大于其他位置处的结果。其相邻压力峰值时间间隔为爆震波传播一周所需的时间,振荡频率约为 5.5 kHz,恰为图 3.46(b)振荡频率的 1/2。可见本数值模拟的爆震波平均传播速度约为 1 641.5 m/s,与试验结果相比传播速度偏大。

　　在同向传播模式下,不同时刻的流场结构类似,因此平均流场参数沿周向分布均匀。而由图 3.43 和图 3.44 可知,在双波对撞传播模式下,处于不同传播位置的

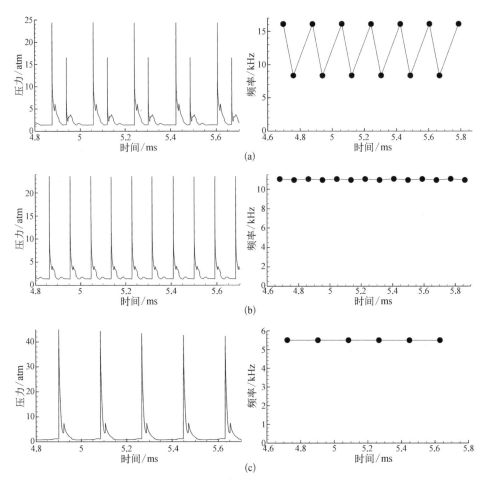

图 3.46　双波对撞数值模拟中不同相位处的压力及瞬时频率分布

爆震波强度不同,其有可能对平均流场分布带来影响,因此有必要对其平均流场特性进行分析。

在六个传播周期内对流场参数进行了时间平均,结果如图 3.47 所示。由于不同相位处的爆震波强度不同,所得的平均流场结果沿燃烧室周向分布不均,与同向模式下的平均流场分布特点明显不同。由于双波对撞能够形成高压力区,因此在对撞点处形成了较高的平均压力;由于对撞点处的可燃气混合层高度较大,因此对撞点处的平均可燃气分布区高度也较大。而在实际试验中,双波对撞的对撞点并不固定,会发生漂移,可在一定程度上消除其周向不均匀特性。

基于空气/氢气试验结果,本节重点分析了双波对撞模式的基本流场特征、传播过程和压力振荡特性。在实际试验中,同向模式下也经常会发生短暂或长时的双波对撞过程,然后爆震波头个数或传播方向可能发生变化。

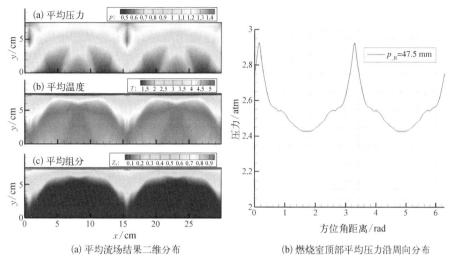

(a) 平均流场结果二维分布　　　　(b) 燃烧室顶部平均压力沿周向分布

图 3.47　双波对撞模态下的平均流场结果

3.4　旋转爆震自适应特性

在连续旋转爆震发动机内,推进剂沿轴向喷注,爆震波沿周向传播,两者方向垂直。爆震波的高度和强度并不是固定不变的,受到混合物活性、燃烧室构型、质量流量等因素的影响。对于给定的燃烧室构型,若是改变局部的推进剂喷注特性,此处的可燃混合气状态将发生改变,爆震波强度也随之改变。Falempin 等[15]在由 190 个三元喷嘴组成喷注系统的旋转爆震发动机上,通过增加其中半周喷注系统的当量比或者喷嘴直径,维持了连续爆震燃烧,且燃烧室一边的平均压力高于另一边。这个自适应能力说明,连续旋转爆震发动机可以通过改变局部推进剂喷注工况来实现推力矢量调节。本节将通过数值模拟的手段对旋转爆震的自适应特性进行分析。

3.4.1　基准工况

本节采用的计算区域长 12 cm、高 28.27 cm,其中,左边界为入口,右边界为出口,上、下两个边界互连,使得爆震波能够在计算区域内旋转传播。化学反应采用单步简化的反应模型。首先模拟了均匀喷注系统下的流场结构,此时入口各处的喷注状况一致,喷注总压为 2.0 atm,总温为 300 K,并以此作为基准工况。然后保持上半部分流场区域的喷注条件不变,不同程度地增大下半部分区域的喷注总压,对比研究旋转爆震的自适应能力[16]。

基准工况下的流场分布如图 3.48 所示,爆震波从下向上周期性地连续传播,传播频率约为 6.69 kHz,传播速度约为 1 891.7 m/s,其流场特征与前面的数值模拟结果类似。爆震波的高度和强度受喷注条件和发动机尺寸的影响,假设计算区域的高度为l,爆震波高度为h,爆震波的平均传播速度为D_a,混合气的平均喷注速度为$\bar{v}_a$,则爆震波高度应满足式(3.4):

$$h \propto \bar{v}_a l / D_a \qquad (3.4)$$

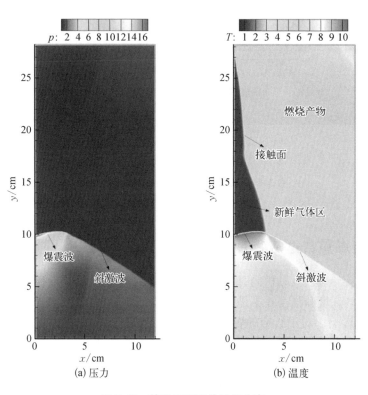

图 3.48　基准工况下的流场分布

不同时刻的爆震波前预混区轮廓如图 3.49 所示,基准工况下,由于入口边界上各处的喷注条件相同,因此各时刻的预混区轮廓差别不大。在六个传播周期内对各计算节点的流场参数进行了时间平均,入口处的平均压力沿周向分布均匀,平均值约为 2.94 atm。

3.4.2　调节工况

在基准工况的基础上,将下半部分计算区域的喷注压力增加到原来的 2 倍,所得流场结构如图 3.50 所示,此工况标记为 $p_j = 2.0$,其他调节工况也采用类似的标记方法。

图 3.50(a)、(b)分别为爆震波在高喷注压力区传播时的压力和温度分布,而(c)、(d)为在低喷注压力区的分布,流场主要特征与基准工况的类似,但局部喷注

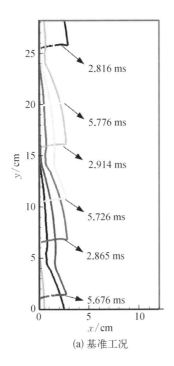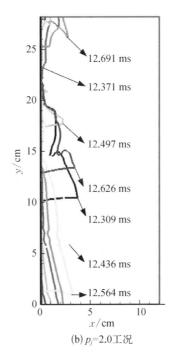

(a) 基准工况　　　　　　　　(b) p_j=2.0 工况

图 3.49　不同时刻的爆震波前预混区轮廓分布

条件的差异,使流场结构发生了一定的变化。在高喷注压力区,爆震波前混合气的初始压力为 1.26~2.84 atm,温度 237~278 K;而在低喷注压力区,初始压力为 1.38~1.60 atm,温度为 285~276 K。

图 3.51 所示为高、低喷注压力区入口处的压力和轴向速度随时间的变化过程,爆震产物的峰值压力对波前混合气的初始状态非常敏感,由于高喷注压力区爆震波前初始压力较高,因此其爆震峰值压力更大。由图 3.51 可知,高喷注压力区入口处的轴向喷注速度更大,因此形成的混合气体层高度大,爆震波高度较高。而由于低喷注压力区的轴向速度小,所形成的预混区高度也较小。

图 3.52 为爆震波从低喷注压力区进入高喷注压力区的传播过程中的密度分布。爆震波高度的增大,在远离入口处形成了高压力区,高压力区形成的扰动激波向四周传播,扰动激波传至入口边界处与入口壁面对撞,对撞后的反射激波继续传播,但是其在入口处形成了高压区,特别不利于低喷注压力区混合气的喷注。而在高、低喷注压力区交接处,高喷注压力区的混合气能够流入低喷注压力区,因此低喷注压力区的可燃气体层,在与高喷注压力区交接处的高度大,而中间的高度则非常小。对 14 个传播周期内的流场参数进行了时间平均,结果如图 3.53 所示,可见高喷注压力区的预混层高度大,而低喷注压力区的预混层两头高、中间低,与上述分析结果吻合。

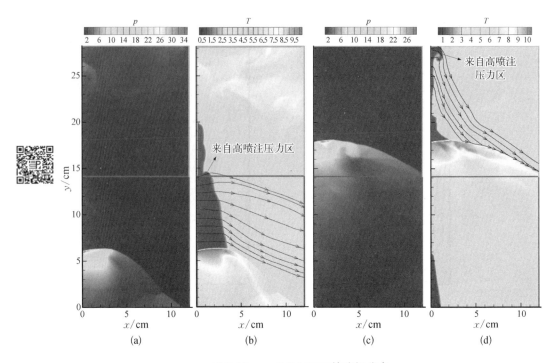

图 3.50　$p_j = 2.0$ 工况下的流场分布

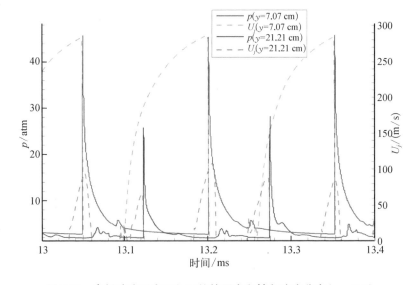

图 3.51　高低喷注压力区入口处的压力和轴向速度分布（$p_j = 2.0$）

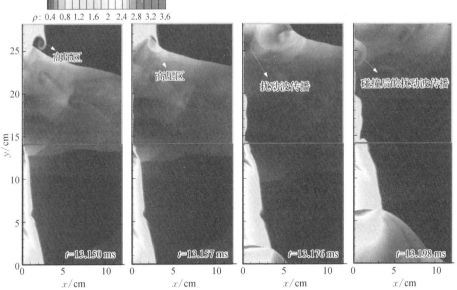

图 3.52　爆震波从低喷注压力区向高喷注压力区的传播过程($p_j = 2.0$)

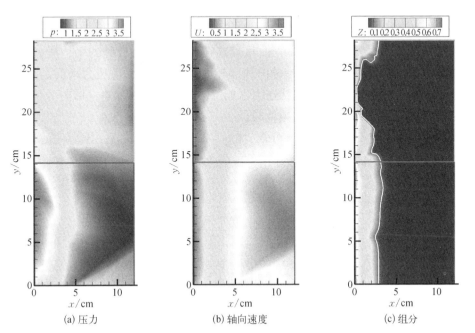

(a) 压力　　　　　　　(b) 轴向速度　　　　　　　(c) 组分

图 3.53　$p_j = 2.0$ 工况下的平均流场分布

在这 14 个传播周期内,每隔 240 个计算步长,记录了爆震波的传播位置和对应的时刻,从而得到了爆震波在周向不同位置处的瞬时传播速度,如图 3.54 所示。爆震波的传播过程受波后边界条件的影响,当爆震波从高喷注压力区传播至低喷注压力区时,由于波前混合气初压降低,爆震波峰值压力有所降低,但是波后却是高喷注压力区的强度较大的爆震产物,使得传播速度有所增大。但由图 3.53(c)可知,由于低喷注压力区中间处的预混层高度较低,此处的爆震波传播速度有所下降。当爆震波穿过低喷注压力区,再次传播进入高喷注压力区时,爆震波前为初始压力较高的可燃气体层,但波后为低喷注压力区内的低压燃烧产物,受波后边界条件影响,爆震波传播速度仍然较低。在高喷注压力区传播了一段距离后,传播速度才逐渐得到恢复。在这整个过程中,爆震波的平均传播速度约为 1 870.3 m/s,略低于基准工况下的传播速度。

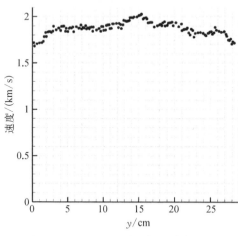

图 3.54 $p_j = 2.0$ 工况下爆震波在周向各点的瞬时传播速度

在调节工况下,流场参数沿周向分布不均匀,使得高低喷注压力区之间也存在相互作用。由图 3.53(a)和(b)可知,虽然高喷注压力区入口处的平均压力较高,但至出口处,压力反而较低,但是轴向速度较大,这说明高喷注压力区的高压燃烧产物在周向也存在扩张,而低喷注压力区的气体流动则会受到来自周向的挤压,膨胀程度有限,致使出口处的轴向速度较低。

根据时间平均后的流场结果可知,在 $p_j = 2.0$ 工况下,高喷注压力区的比质量流量为 458.46 kg/(s·m²),低喷注压力区为 136.34 kg/(s·m²),若定义质量流量的调节程度如式(3.5)所示:

$$G_v = \frac{G_h}{G_l} - 1 \tag{3.5}$$

则 $p_j = 2.0$ 工况下的质量流量调节程度为 236.3%。该工况下燃烧室入口处的平均压力沿周向分布如图 3.55 所示,高喷注压力区的平均压力为 5.10 atm,低喷注压力区的平均压力为 3.34 atm,若压力的调节程度定义为

$$\bar{p}_v = \frac{\bar{p}_h}{\bar{p}_l} - 1 \tag{3.6}$$

则 $p_j=2.0$ 工况下的压力调节程度为 52.7%。

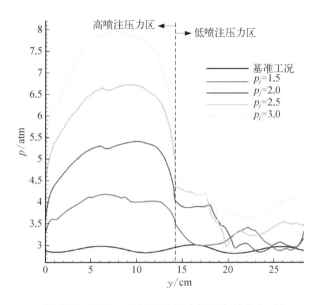

图 3.55　不同工况下平均压力沿周向的分布对比

除 $p_j=2.0$ 调节工况,还对比研究了 $p_j=1.5$、2.5、3.0 这三个调节工况,图 3.55 为所有工况下的入口平均压力沿周向分布,表 3.4 为各工况下的平均参数统计结果,进一步验证了连续旋转爆震波对不均匀喷注系统的自适应能力。

表 3.4　不同调节工况下的统计结果

工况	传播速度 $/(\mathrm{m/s})$	G_h/kg $/(\mathrm{s}\cdot\mathrm{m}^2)$	G_l/kg $/(\mathrm{s}\cdot\mathrm{m}^2)$	G_v	$\bar{p}_h$ /atm	$\bar{p}_l$ /atm	$\bar{p}_v$
基准	1 891.7	214.5	214.5	—	2.94	2.94	—
$p_j=1.5$	1 891.6	339.8	175.3	93.8%	4.00	3.13	27.7%
$p_j=2.0$	1 870.3	458.5	136.3	236.3%	5.10	3.34	52.7%
$p_j=2.5$	1 829.1	587.5	98.5	496.6%	6.19	3.59	72.4%
$p_j=3.0$	1 797.9	720.7	66.5	983.9%	7.25	3.94	84.0%

数值模拟所采用的燃烧室构型为等直形,其顶部的平均压力在一定程度上可以反映所能产生推力的大小。可见,在连续旋转爆震发动机上,可通过改变局部喷注压降来实现推力矢量调节。随着光学观测和数值模拟研究的深入,发现在真实发动机中,旋转爆震具有许多非理想特性[17],值得后续特别关注。

3.5 本章小结

　　针对传统的环形燃烧室,本章对氢气/空气火箭基旋转爆震的传播特性和自适应能力进行了分析,所得主要结论总结如下。

　　(1) 同向模式下同一时刻流场内所有爆震波头的传播方向相同。对于给定的燃烧室构型,只有在一定的工况范围内才能维持旋转爆震连续工作,且爆震波头个数随推进剂流量的增大而增多。结合试验和数值模拟,重点分析了单波、双波、混合单双波等模态下的流场特征和爆震波传播特性,另外,还介绍了试验过程中旋转爆震改变传播方向的现象。

　　(2) 在双波对撞传播模式下,燃烧室内存在两个爆震波头,但传播方向相反,发生周期性对撞。与同向传播模式相比,该模式下的爆震波平均传播速度较小,速度亏损更大。对撞传播模式下,高频压力的振荡特性与测压点距对撞点的相位有关,主要有三种分布特征。

　　(3) 分析了推进剂周向不均匀喷注对旋转爆震波流场结构和传播过程的影响,旋转爆震对不均匀喷注具有一定的自适应调节能力,提高局部喷注压力可以增加局部的爆震波高度和峰值压力,可为旋转爆震发动机的推力矢量调节提供参考。

参考文献

[1] Wolanski P. Detonative propulsion [J]. Proceedings of the Combustion Institute, 2013, 34(1): 125 – 158.

[2] Bykovskii F A, Mitrofanov V V. Detonation combustion of a gas mixture in a cylindrical chamber[J]. Combustion, Explosion, and Shock Waves, 1980, 16(5): 570 – 578.

[3] Bykovskii F A, Zhdan S A, Vedernikov E F. Continuous spin detonations[J]. Journal of Propulsion and Power, 2006, 22(6): 1204 – 1216.

[4] Hishida M, Fujiwara T, Wolanski P. Fundamentals of rotating detonations[J]. Shock Waves, 2009, 19: 1 – 10.

[5] Shao Y T, Liu M, Wang J P, et al. Numerical investigation of rotating detonation engine propulsive performance[J]. Combustion science and technology, 2010, 182: 1586 – 1597.

[6] Schwer D, Kailasanath K. Numerical investigation of the physics of rotating-detonation-engines[J]. Proceedings of the combustion institute, 2011, 33: 2195 – 2202.

[7] Kindracki J, Wolanski P, Gut Z. Experimental research on the rotating detonation in gaseous fuels-oxygen mixtures[J]. Shock waves, 2011, 21, 75 – 84.

[8] 刘世杰.连续旋转爆震波结构、传播模态及自持机理研究[D].长沙:国防科学技

术大学,2012.

[9] Liu S, Liu W, Lin Z, et al. Experimental research on the propagation characteristics of continuous rotating detonation wave near the operating boundary [J]. Combustion Science and Technology, 2015, 187(11): 1790 - 1804.

[10] Liu S, Lin Z, Liu W, et al. Experimental realization of H_2/air continuous rotating detonation in a cylindrical combustor[J]. Combustion Science and Technology, 2012, 184(9): 1302 - 1317.

[11] 刘世杰,林志勇,林伟,等.H_2/air 连续旋转爆震波的起爆及传播过程试验[J].推进技术,2012,33(3): 483 - 489.

[12] 刘世杰,林志勇,刘卫东,等.连续旋转爆震波传播过程研究(I):同向传播模式[J].推进技术,2014,35 (1): 138 - 144.

[13] Liu S, Lin Z, Liu W, et al. Experimental and three-dimensional investigations on H_2/air continuous rotating detonation wave [J]. Proceedings of the Institution of Mechanical Engineers, Part G: Journal of Aerospace Engineering, 227(2): 326 - 341, 2013.

[14] 刘世杰,林志勇,刘卫东,等.连续旋转爆震波传播过程研究(II):双波对撞传播模式[J].推进技术,2014,35 (2): 269 - 275.

[15] Falempin F, Daniau E. A contribution to the development of actual continuous detonation wave engine[R]. AIAA 2008 - 2679, 2008.

[16] Liu S, Lin Z, Sun M, et al. Thrust vectoring of a continuous rotating detonation engine by changing the local injection pressure [J]. Chinese Physics Letters, 2011, 28 (9): 094704.

[17] Raman V, Prakash S, Gamba M. Nonidealities in rotating detonation engines [J]. Annual Review of Fluid Mechanics, 2023, 55: 639 - 674.

第 4 章

冲压旋转爆震波传播特性及其对来流的影响

旋转爆震燃烧组织技术可用于多种类型的发动机,如在冲压模态下组织燃烧,则形成冲压旋转爆震发动机这种新型动力,其主要由进气道、隔离段、爆震室和尾喷管组成,工作原理与传统的冲压发动机类似,只是燃烧组织方式不同。本章基于试验和数值模拟,重点对冲压旋转爆震的流场结构、传播模态规律,以及其对空气来流的影响模态和影响规律进行分析,并开展了原理样机的自由射流试验,对该新型动力的可行性和性能优势进行了验证,为其工程应用奠定了坚实基础。

4.1 试验系统介绍

冲压旋转爆震发动机通过进气道吸入空气,高速空气来流经过进气道压缩后速度降低,压力和温度升高,与喷入的燃料快速掺混后,再以旋转爆震模式组织燃烧,高温燃烧产物经尾喷管加速排出,从而产生推力[1]。直连式试验是冲压发动机的一种常用研究手段,一般采用空气加热装置模拟进气道出口的气流状态,重点研究隔离段和燃烧室内的燃烧流动过程。

本章采用的冲压旋转爆震直连式试验系统如图 4.1 所示,主要由空气加热器、隔离段、爆震燃烧室、排气管和热射流起爆管等组成。空气加热器采用氧气、酒精和空气三种推进剂组元,酒精经喷嘴喷注雾化后和氧气燃烧,将常温空气加热至所需温度。加热器的设计值为: 总压 0.86 MPa、总温 860 K、总流量约为 600 g/s,加热空气中氧气质量分数为 23.2%,氧气含量与大气保持一致。

图 4.2 为冲压旋转爆震燃烧室构型示意图,其为轴对称圆环形,由等直隔离段、面积扩张段和环形爆震燃烧室组成。其中,环形爆震燃烧室内径 D_i 为 80 mm,外径 D_o 包括三种尺寸: 92 mm、100 mm、108 mm。氢气采用 90 个直径为 0.6 mm 的喷孔喷注,喷孔位于环形爆震燃烧室内锥的外表面,并沿圆周方向均匀分布,其轴向位置可调[2-5]。

冲压旋转爆震直连式试验时序如图 4.3 所示,试验过程可分为如下阶段: 加热器三组元推进剂填充、加热器稳定工作、连续旋转爆震和加热器吹除。连续旋转爆

图 4.1　冲压旋转爆震直连式试验系统

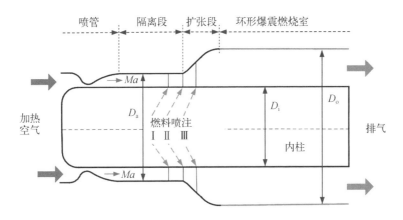

图 4.2　冲压旋转爆震燃烧室构型示意图

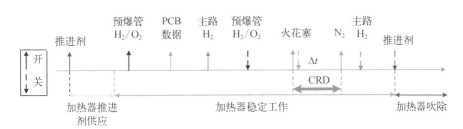

图 4.3　冲压旋转爆震直连式试验时序

震包括起爆、稳定工作、熄爆等,均在加热器稳定工作阶段进行;连续旋转爆震的起爆采用与爆震燃烧室切向安装的热射流管,工质为 H_2/O_2,并通过普通火花塞点燃。详细试验过程如下:首先开启加热器三组元供应,随后加热器点火、稳定工作;开启热射流管 H_2/O_2 阀门,触发高频采集系统;开启连续旋转爆震燃料 H_2;关闭热射流管 H_2/O_2 阀门,开启火花塞点燃热射流管中的预混 H_2/O_2,以实现连续旋转爆震起爆;经过 Δt 后向氢气积气腔中喷注吹除氮气并关闭燃料 H_2 供应,以实现旋转爆震的熄火;然后再关闭加热器推进剂供应并开启加热器吹除,最终试验结束。其中,旋转爆震持续时间主要由 Δt 决定。

4.2 冲压旋转爆震传播特性

基于上述时序,本章开展了系列冲压旋转爆震试验,其中,空气流量为 610~645 g/s,当量比 ER 为 0.3~1.1。典型的试验工况及试验条件如表 4.1 所示,据此对不同模态下的冲压旋转爆震传播特性进行分析。

表 4.1 试验工况及试验条件

编号	喷注	D_a/mm	D_o/mm	ER	传播模式	波头个数
#4 - 1	Ⅲ	86.61	108	0.935	同向	1
#4 - 2	Ⅰ	84.72	100	0.899	同向	2
#4 - 3	Ⅱ	86.61	108	0.424	对撞	2

4.2.1 单波模态

图 4.4(a)为 Test#4 - 1 空气加热器推进剂主管路压力和加热器燃烧室压力,可见加热器在 2 500~4 700 ms 稳定工作,室压约为 826 kPa,与设计值基本吻合。图 4.4(b)为等直隔离段和爆震燃烧室的壁面压力随时间的分布,爆震室的壁面压力 $p_3 \sim p_4$ 从 $t_{a1} = 3\,878$ ms 时刻开始迅速升高,最大值约为 186 kPa,并从 $t_{b1} = 4\,242$ ms 开始下降,此即为旋转爆震燃烧的持续时间。

图 4.5(a)为 Test#4 - 1 的高频压力原始测量信号,电压信号的降低趋势是由温度漂移效应引起的。根据高频压力结果,连续旋转爆震的持续时间为从 $t'_{a1} = 3\,819.2$ ms 到 $t'_{b1} = 4\,179$ ms,这与基于壁面压力的判断结果基本一致。两者的差异是因为壁面压力传感器工作频率低、响应慢,且从旋转爆震起爆至建立稳定室压也需经历一定的发展过程。高频压力对旋转爆震的响应更为灵敏,由此判定的起爆和息爆时刻更为准确。

对原始高频电压信号进行高通滤波和单位转换(0.725 mV/kPa),所得稳定工作阶段的高频压力局部视图如图 4.5(b)所示。可见,爆震室中形成了规则压力振荡,如 PCB₁ 中的 $a_1 - a_2 - a_3$ 和 PCB₃ 中的 $b_1 - b_2 - b_3$,可知本次试验中形成了从 PCB₁ 向 PCB₃ 传播的连续旋转爆震波。根据高频压力相邻波峰的时间差,可计算

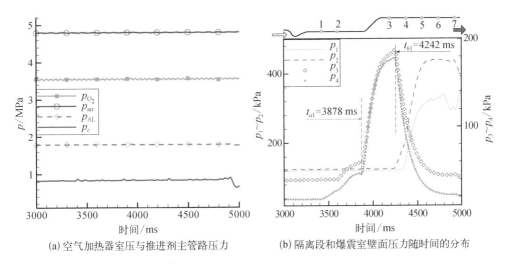

(a) 空气加热器室压与推进剂主管路压力　　　(b) 隔离段和爆震室壁面压力随时间的分布

图 4.4　Test#4‑1 的压力结果分布

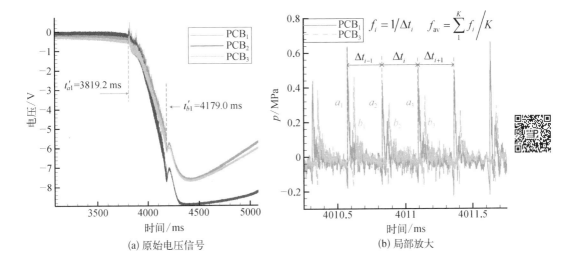

(a) 原始电压信号　　　　　　　　　(b) 局部放大

图 4.5　Test#4‑1 的高频压力结果

旋转爆震波的瞬时传播频率,结果如图 4.6(a)所示,其变化范围为 3.48~4.07 kHz,平均值为 3.77 kHz。针对高频信号的 FFT 处理结果如图 4.6(b)所示,主频为 3.80 kHz,与瞬时频率的平均值吻合较好。本次试验的燃烧室外径是 108 mm,可知外壁处的爆震波传播速度约为 1 280 m/s。

为进一步了解冲压旋转爆震的流场特征,开展了高速摄影侧窗光学观测。由于氢气火焰亮度较弱,向氢气燃料中添加了少量甲烷以提高火焰亮度,其中,氢气/甲烷的质量比为 8∶2。拍摄频率为 60 000 fps,曝光时间为1/63 905 s,分

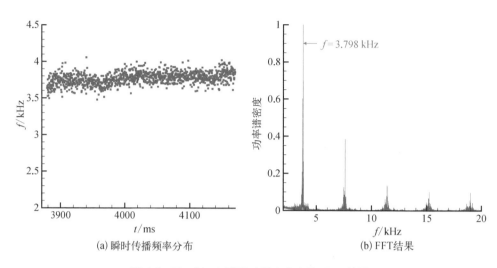

(a) 瞬时传播频率分布　　　　　(b) FFT结果

图 4.6　Test#4‑1 的瞬时频率分布和 FFT 结果

辨率为 640 像素×256 像素。所得可见光高速摄影结果如图 4.7 所示(后处理过程中统一增加亮度和对比度),其中,x 代表轴向流动方向,y 代表圆周方向的投影。由图可知,燃烧区域从上向下移动,冲压旋转爆震的主要流场特征为① 爆震波前的可燃混合气;② 爆震波面;③ 爆震燃烧产物;④ 爆震波下游斜激波。图 4.7 中爆震波面有较大角度的弯曲,这与冲压工况下的流道构型有关,下面会分析具体原因。

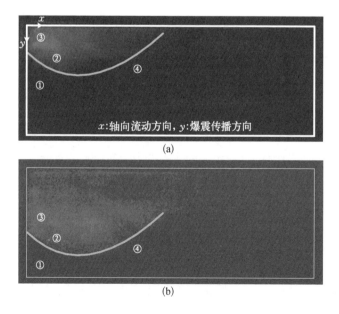

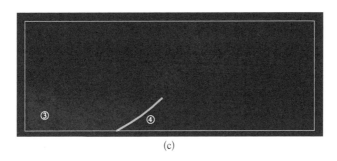

(c)

图 4.7　冲压旋转爆震可见光高速摄影结果

为进一步明晰冲压旋转爆震的流场结构,开展了相应的三维数值模拟。图 4.8(a)为爆震燃烧室入口处外壁面的压力、温度分布,根据压力和温度的升高时刻可知,燃烧放热区和激波紧密耦合。另外,爆震峰值压力与温度分别达到了 1.1 MPa 和 3 200 K,激波前后压力升高比为 8。图 4.8(b)与(c)分别为流场的压力和温度云图,流场中的高温高压区域相互吻合,故可判断形成了连续旋转爆震波,且仅有一个爆震波头。

为便于分析,将中径处的流场展开成二维,如图 4.9 所示,其中①为爆震波前方的三角形可燃混合气;②为爆震波面;③为爆震燃烧产物;④为爆震波下游斜激波及剪切层;⑤为爆震波上游斜激波。可燃混合气与上一轮燃烧产物的交界面处由于两侧物理性质的差异产生了 K-H 波,交界面上的皱褶和涡旋结构沿爆震波的起始位置开始发展,并沿交界面逐步增长,部分可燃混合气因侧向膨胀导致的压力降低而未完全燃烧,并跟随剪切层向下游发展。总的来说,冲压旋转爆震的基本

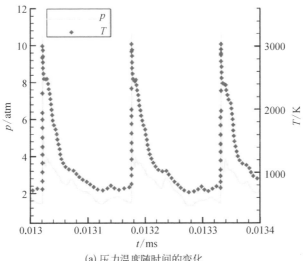

(a) 压力温度随时间的变化

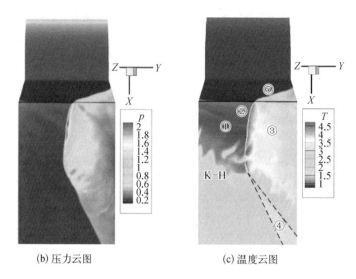

(b) 压力云图　　　　　　　　　(c) 温度云图

图 4.8　冲压旋转爆震单波模态数值模拟结果

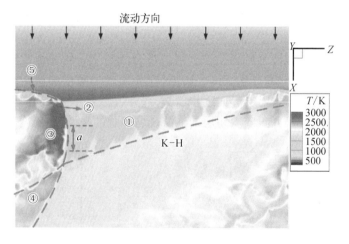

图 4.9　单波模态温度云图二维展开分布

流场特征与第 3 章所述的类似,但由于在爆震室上游缺乏几何约束,高压爆震燃烧产物会逆流膨胀,在高速空气来流中形成了复杂的波系结构,其具体影响机制将在下面进行分析。

由前述分析可知,冲压旋转爆震波面沿圆周方向发生了弯曲,形成图中的反 C 形爆震波面。根据其传播方向,爆震波面最靠前区域为 C 形的前锋 a 部分,当传感器轴向位置位于该区域内,其测量的高频压力上升时刻将领先于其他位置,这导致了不同轴向位置处压力上升时刻的差异。

4.2.2　双波模态

图 4.10 为 Test#4‑2 高频压力的局部放大,本次试验的两个 PCB 传感器间隔为 60°,旋转爆震沿逆时针连续传播。基于第 3 章的分析结果,由高频压力振荡特征可知,本次试验燃烧室内存在两个爆震波头,且以同向双波模态进行传播。其振荡主频为 7.127 kHz,平均传播速度约为 1 108.5 m/s。

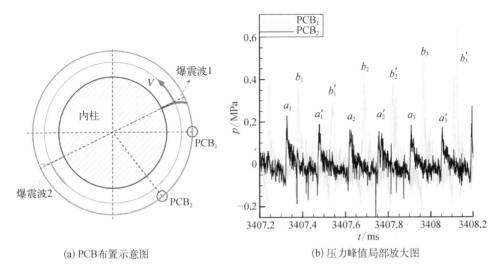

(a) PCB布置示意图　　　　　　(b) 压力峰值局部放大图

图 4.10　Test#4‑2 高频压力测试结果

图 4.11 为数值计算所得的同向双波模态下的流场,其中图 4.11(c)为爆震燃烧室入口处外壁面的压力和温度随时间变化过程,可见高温高压区紧密贴合,峰值压力和温度分别达到了 0.9 MPa、3 200 K,其中,爆震峰值压力低于同向单波模态。本算例的爆震波传播频率为 13.0 kHz,约为同向单波模态 6.5 kHz 的 2 倍。

同样将流场展开为二维,如图 4.12 所示。爆震燃烧室中存在两个爆震波头,流场总体特征与单波时类似:①为爆震波前可燃混合气;②为爆震波面;③为爆震燃烧产物;④为爆震波下游斜激波及剪切层;⑤为爆震波上游的斜激波。其爆震波面与单波模态类似,也呈反"C"形,但与单波模态相比,同向双波流场下的爆震波头高度较小。

图 4.13 所示为爆震室入口下游 5 mm 处的化学反应变量分布和外壁面压力随时间的分布,两个压力测点圆周方向间隔 π/3。由图可知,两个测点的压力升高过程、压力峰值基本相同,但具有一定的时间差。同向双波模态时的流场结构与单波模态类似,但爆震波头高度更小、爆震峰值压力稍低,而传播频率则增加为 2 倍。

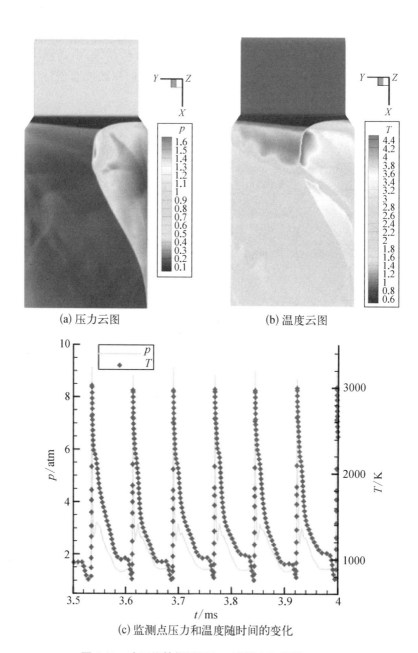

(a) 压力云图　　　　　　(b) 温度云图

(c) 监测点压力和温度随时间的变化

图 4.11 冲压旋转爆震同向双波模态数值模拟结果

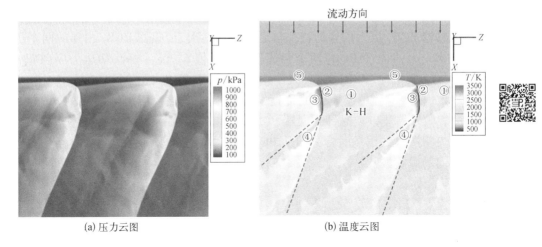

(a) 压力云图   (b) 温度云图

图 4.12   同向双波模态压力和温度云图二维展开分布

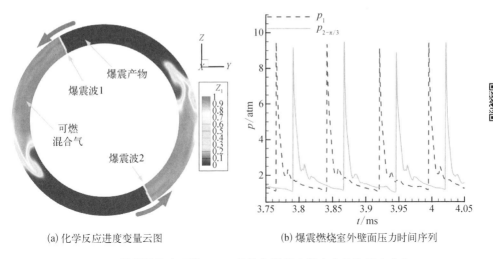

(a) 化学反应进度变量云图   (b) 爆震燃烧室外壁面压力时间序列

图 4.13   爆震燃烧室下游 5 mm 处的化学反应进度变量和压力分布

4.2.3   双波对撞

与同向模式不同,对撞模式下,有一对或多对传播方向相反的爆震波在燃烧室中周期性地对撞传播。在冲压旋转爆震试验中发现了双波和四波对撞模态,其中图4.14 为 Test#4 - 3 的高频压力局部放大图和瞬时频率分布,由图可知,其高频压力的振荡特征明显不同于同向模式。首先,高频压力可以分为两组压力峰值明显不同的序列,以 PCB_1 为例,压力序列可分别记为 a_1、a_2、a_3 和 a_1'、a_2'、

a_3'。同一序列的压力峰值时间间隔一致,但两组序列之间的时间间隔则明显不同。传感器 PCB_2 压力信号的特征与之类似。其次,传感器 PCB_1 相邻的两个压力峰值 $a_2 - a_2'$ 存在于 PCB_2 两个相邻的压力峰值 $b_1' - b_2$ 之间,如压力序列 $b_1' - a_2 - a_2' - b_2$;类似地,PCB_2 的压力峰 $b_2 - b_2'$ 存在于 PCB_1 的两个压力峰 $a_2' - a_3$ 之间。再次,传播过程中爆震波的传播方向周期性变化。压力峰值序列 $a_1' - b_1$、$a_2' - b_2$ 表明爆震波以逆时针方向从 PCB_1 向 PCB_2 传播,而压力峰值序列 $b_1' - a_2$、$b_2' - a_3$ 表明爆震波以顺时针方向从 PCB_2 向 PCB_1 传播,可见燃烧室内存在不同传播方向的爆震波。

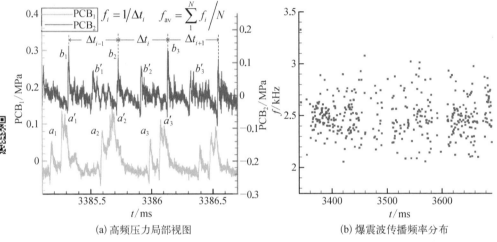

(a) 高频压力局部视图　　　　　(b) 爆震波传播频率分布

图 4.14　Test#4‑3 试验结果

对 $3\,430 \sim 3\,630$ ms 内的爆震波瞬时传播频率进行计算,结果如图 4.14(b)所示,其变化为 $2.21 \sim 3.29$ kHz,平均传播频率为 2.84 kHz,与 FFT 所得的主频 2.82 kHz 较为吻合,由此可知其在燃烧室外径处的平均传播速度约为 844 m/s。

图 4.15(a)、(b)分别为双波对撞模态下的流场压力、温度云图。爆震燃烧室中存在两个反向传播的爆震波,爆震波面类似于同向模式下的反 C 形。图4.15(c)为爆震燃烧室入口不同相位处的高频压力分布,其中,两者圆周方向的夹角为 $\pi/3$。

图 4.16 是爆震燃烧室入口下游 5 mm 处横截面的化学反应进度和压力分布云图(初始时刻记为 t_0),其中,$Z_1 = 1$ 为预混气,$Z_1 = 0$ 为燃烧产物。由图 4.16 可知,两个爆震相对传播,由于爆震波后的燃烧产物区温度和压力较高,可燃混合气不能累积,这类似于同向模式;而在爆震波后较远距离的流场,重新累积形成新鲜可燃混合气,这明显地有别于同向模式,也必然导致不同的传播过程。根据对应的压力云图,可见外壁面的压力明显地高于内壁面处。

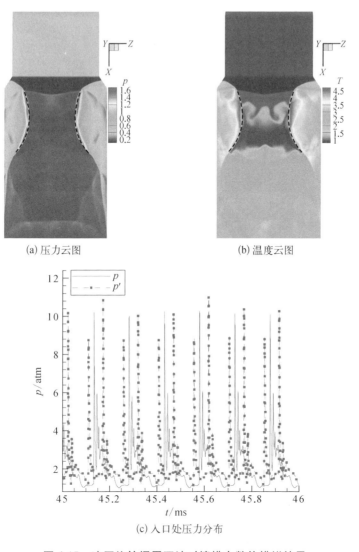

(a) 压力云图　　　　　　　　(b) 温度云图

(c) 入口处压力分布

图 4.15　冲压旋转爆震双波对撞模态数值模拟结果

由图 4.16 对双波对撞传播模态的传播过程进行分析，$t_1 \sim t_{10}$ 时刻依次增加 78 μs。t_1 时刻，两个反向传播的爆震波按照 t_0 时刻的方向继续传播，至 t_2 时刻已发生对撞并形成透射激波，受混合气轴向累积的高度限制，在 t_2 时刻，$\Delta x = 5$ 横截面尚未发展成为爆震波。至 t_3 时刻，混合气高度累积至 $\Delta x = 5$ 横截面，在透射激波的诱导下发展成为爆震燃烧。随后，爆震波头高度继续升高。至 t_6 时刻，随着爆震波继续前传，上个对撞点处的压力逐渐下降，新鲜可燃气开始逐步累积；至 t_{10} 时刻，爆震波即将再次对撞，其后续传播类似于 $t_1 \sim t_5$ 的发展过程。

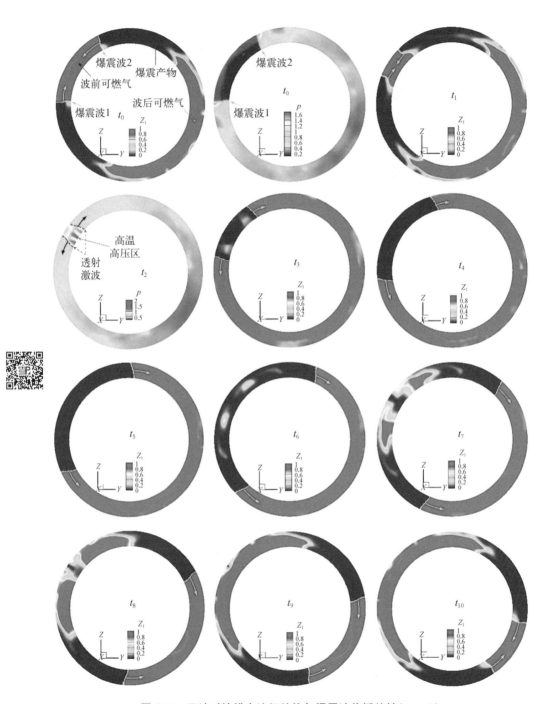

图 4.16 双波对撞模态流场结构与爆震波传播特性($\Delta x = 5$)

4.3　冲压旋转爆震对来流的影响

　　冲压旋转爆震具有局部自增压效果,压力峰值远高于爆震室平均压力,而爆震室上游又缺少几何约束,因此高压爆震产物必将对空气来流产生影响。若是爆震燃烧引起的高压影响到了进气道的正常工作,将导致发动机工作失效。因此,必须对冲压旋转爆震与空气来流的相互作用开展研究。

　　针对此问题,综合利用隔离段和爆震室的沿程壁面压力、高频压力及三维数值模拟结果,分析了旋转爆震波对燃烧室入口来流的影响,发现了爆震波与来流的三种相互作用模态,分析了不同作用模态下爆震燃烧室上游的流场结构和爆震波压力影响边界[6, 7]。表 4.2 为三种作用模态下的典型试验结果,其中 T_t 表示总温,Φ 为 H_2/空气当量比,CRD 表示旋转爆震,p_c 为来流空气总压,f 为等直隔离段中高频压力振荡频率,f_{DW} 为连续旋转爆震波的传播频率。

表 4.2　冲压旋转爆震对来流影响的试验工况

编号	喷注	T_t/K	D_o/mm	Φ	类型	爆震的影响		模　态
						p_c	f	
#4 - 4	Ⅲ	860	108	0.977	CRD	不变	—	超声速入流
#4 - 5	Ⅲ	860	108	0.962	长程	常数	—	超声速入流
#4 - 6	Ⅱ	860	100	0.640	CRD	常数	—	亚声速入流
#4 - 7	Ⅱ	860	100	1.034	CRD	常数	$f = f_{DW}$	进气道受影响
#4 - 8	Ⅱ	860	92	0.972	CRD	增长	$f = f_{DW}$	进气道受影响

4.3.1　超声速入流模态

　　Test#4 - 4 的 H_2/空气当量比为 0.977,工况、传感器布置和文献[2]类似,但在隔离段增加了高频压力测量。图 4.17(a)为隔离段(p_1、p_2)和爆震燃烧室(p_3、p_4)壁面压力分布,根据 p_3、p_4 的突变时刻,连续旋转爆震波从 3 889 ms 持续至 4 365 ms,共 476 ms,且连续旋转爆震持续期间,隔离段壁面压力保持不变。图 4.17(b)为等直隔离段和爆震室高频压力局部放大图,可见爆震室中存在规律的高频压力振荡,且主频约为 3.8 kHz,但隔离段中的高频压力并没有明显的规律,点火起爆前后的高频压力信号无明显的区别。

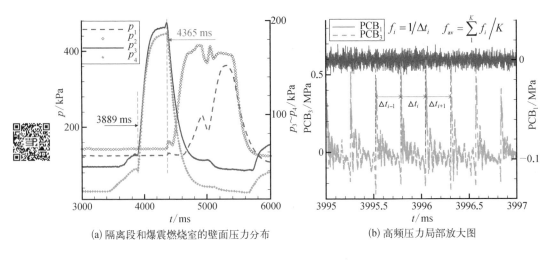

(a) 隔离段和爆震燃烧室的壁面压力分布　　　　(b) 高频压力局部放大图

图 4.17　Test#4 – 4 压力分布

Test#4 – 4 中,隔离段入口的马赫数约为 1.94。由于隔离段的壁面压力(p_1、p_2)在连续旋转爆震期间保持不变,可知连续旋转爆震未影响加热器的工作,隔离段中的超声速来流未受连续旋转爆震波的影响。

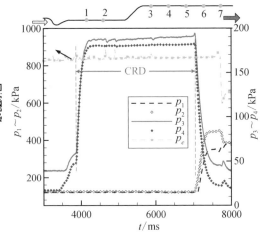

图 4.18　Test#4 – 5 长程试验结果

Test#4 – 5 为与 Test#4 – 4 工况相同的长程试验,但未在爆震室外壁面布置高频压力传感器,只在等直隔离段内布置多个高频传感器。图4.18为加热空气总压、隔离段与爆震室的沿程压力分布,连续旋转爆震持续约3 s,按照 Test#4 – 4 的传播频率,连续旋转爆震波在燃烧室内传播了约11 400 个周期。在该段时间内,加热空气总压 p_c 和隔离段壁面压力均保持不变,而爆震燃烧室沿程压力则大幅度地升高。隔离段不同位置的高频压力在一定范围内脉动,但幅值均很小,且无明显的规律。

综合两次试验结果可知,在等直隔离段内的空气来流不受影响的情况下,冲压旋转爆震可以在高总温、超声速空气来流下长时间稳定自持传播。这类似于双模态超燃冲压发动机的超燃模态,因此将该类冲压旋转爆震称为超声速入流(supersonic inflow)模态。

　　由于试验结果所得的流场信息有限,开展了相应的数值模拟,并将流场沿圆周方向展开成二维,所得马赫数分布如图 4.19 所示,图中虚线表示冲压旋转爆震波的影响上边界,其位于面积扩张段内,而该边界上游的等直隔离段和面积扩张段内均为超声速流动状态。

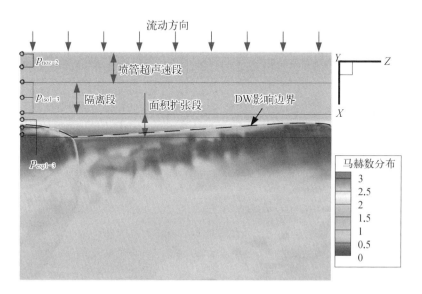

图 4.19　超声速入流模态下冲压旋转爆震马赫数分布二维展开

　　图 4.20(a) 为超声速喷管喉部下游至等直隔离段出口外壁面处的压力分布(p_{noz1}-p_{noz2}, p_{isolo}-p_{iso3o},其轴向位置如图 4.19 所示),由图可知各位置压力保持平稳。图 4.20(b) 为面积扩张段内 p_{exp1o}-p_{exp3o} 外壁面的压力分布,测点 p_{exp2o} 和 p_{exp3o} 均存在规律的高频压力振荡,且与爆震燃烧室中的主频相同。测点 p_{exp2o} 的压力峰值略低于测点 p_{exp3o},且上升时刻也稍滞后,这表明随着与爆震燃烧室距离的增加,连续旋转爆震波对来流的影响时刻和强度均发生了改变。测点 p_{exp1o} 处的压力振荡不太规律,这与其处于旋转爆震的影响边界附近有关。

　　图 4.20(c) 为面积扩张段压力测点 2 处内外壁面的压力对比(p_{exp2i}, p_{exp2o}),两处压力均呈现出周期性振荡,内壁面处的压力峰值(p_{exp2i})更低。另外,测点 2 处的压力变化可以分为两个阶段:在阶段 1,压力升高,表明此时测点 2 位于爆震波的影响区内;而在阶段 2,压力恢复平稳,说明爆震波的影响区域未达到测点 2。可见,爆震波的影响边界也存在周期性变化。

　　图 4.21(a) 为爆震燃烧室上游流场中的超声速流动区域(马赫数>1)分布,可见不同圆周相位超声速区域轴向下边界的位置不同,此即冲压旋转爆震对来流的影响边界。各相位处的边界位置,受其与冲压旋转爆震波相对位置的影响,该边界

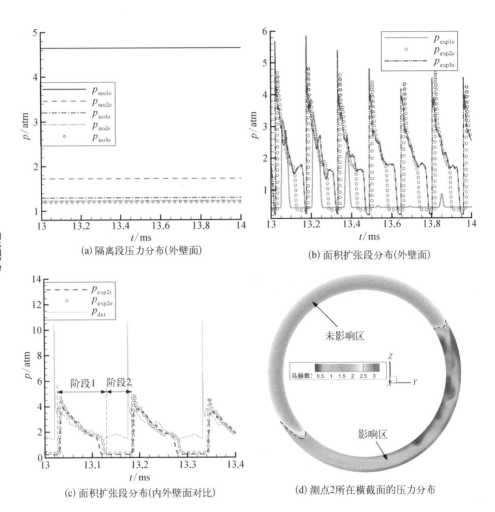

(a) 隔离段压力分布(外壁面)

(b) 面积扩张段分布(外壁面)

(c) 面积扩张段分布(内外壁面对比)

(d) 测点2所在横截面的压力分布

图 4.20　超声速入流模态下隔离段和扩张段结果分布

随着爆震波的旋转传播而周期性变化。图 4.21(b) 为轴向速度的分布云图,由图可知,在连续旋转爆震波的轴向起始位置 A 处,爆震燃烧产物中存在两种回流区(中空区),一个区域位于面积扩张段内的斜激波后,另一个区域位于爆震波面后方的燃烧产物内,两个区域均从爆震波面最上游位置 A 点沿爆震波传播的反方向延伸,随着与爆震波面距离的增加,回流现象消失。

　　在超声速入流模态下,连续旋转爆震波的影响边界位于面积扩张段内。该边界为曲面,在该曲面上游,气流不受连续旋转爆震波影响,保持超声速流动状态,且不存在高频压力振荡;在该曲面下游,来流减速为亚声速,流场中存在与爆震波传播频率相同的高频压力振荡。

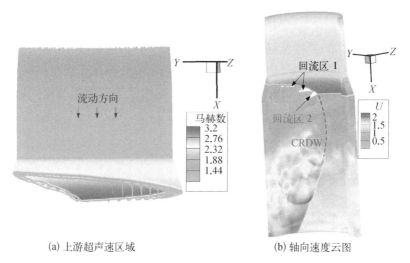

(a) 上游超声速区域　　　　(b) 轴向速度云图

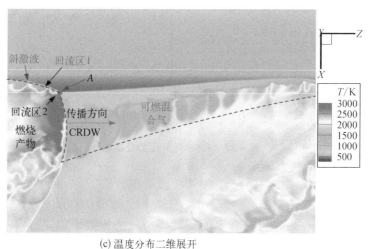

(c) 温度分布二维展开

图 4.21 超声速入流模态下速度/温度分布云图

4.3.2 亚声速入流模态

Test#4-6 在爆震燃烧室出口增加了 Laval 喷管,其收缩比(爆震室与喷管喉部的面积比)为 1.22。喷管喉部面积减小,导致燃烧室压力升高,对空气来流的影响程度将更高。图 4.22(a)是隔离段和爆震室壁面压力分布,可知连续旋转爆震持续时间为 3 824~4 343 ms,在此期间爆震室壁面压力最大值约为 236 kPa,与起爆前相比约升高了 11.8 倍;隔离段壁面压力(p_1、p_2)也大幅升高,测点 p_1 位于隔离段入口下游 15 mm 处,测点 p_2 在隔离段出口上游 40 mm 处,两处的压力分别升高约 2.5

倍、3.3 倍,可知隔离段测点 p_2 处的马赫数 Ma_2 约为 0.98,而测点 p_1 处的 Ma_1 约为 1.25。另外,加热器尾喷管面积扩张段处 p_{noz} 在连续旋转爆震期间保持不变,其对应的马赫数为 1.56,即 p_{noz} 处流场未受影响。图 4.22(b) 为隔离段(PCB$_1$,距离隔离段出口 30 mm)与爆震燃烧室(PCB$_2$)高频压力分布,两处都存在规律的高频压力振荡,频率约为 5.824 kHz,以同向双波模态传播;隔离段压力振荡峰值较低,而爆震室的峰值压力较高。

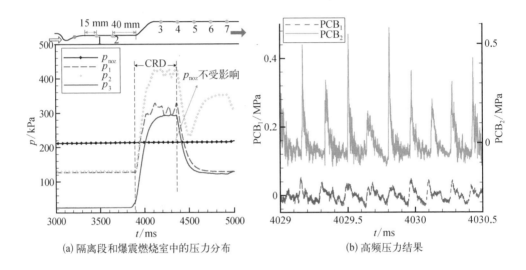

(a) 隔离段和爆震燃烧室中的压力分布　　　　　　(b) 高频压力结果

图 4.22　Test#4-6 压力分布

　　开展了相应的三维数值模拟,图 4.23(a) 为展开为二维后的马赫数分布,图中虚线为声速马赫数边界。图 4.23(b) 为隔离段截面的压力、马赫数分布,图 4.23(c) 为轴向速度分布,可见在连续旋转爆震波的影响下,等直隔离段中形成了激波串,旋转爆震对来流的影响边界即为激波串的上游边界。隔离段出口处的气流减速至亚声速,类似于双模态超燃冲压发动机的亚燃模态。不同的是,在面积扩张段存在局部超声速可燃混合气区 A,呈现为三角形,而在 A 区下游气流又减速至亚声速。另外在旋转爆震后方,存在两个回流区,其分布类似于超声速入流模态。

　　图 4.24 为隔离段的压力-时间分布,压力测点位置如图 4.23(a) 所示,p_{noz}、p_{iso1} 和 p_{iso2} 处的压力较低并保持平稳,p_{iso3} 和 p_{exp} 均存在与爆震燃烧室同频的压力振荡。p_{iso3} 处的高频振荡不规则,这是由于其处于爆震影响边界附近。

　　由于隔离段出口气流为亚声速,将这种工况称为亚声速入流(subsonic inflow)模态。在该模态下,隔离段入口为超声速,连续旋转爆震波的影响边界位于等直隔离段内。在影响边界下游,气流减速至亚声速,其中存在高频压力振荡;在边界上

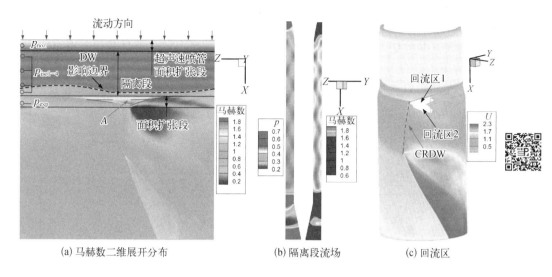

(a) 马赫数二维展开分布　　(b) 隔离段流场　　(c) 回流区

图 4.23　亚声速入流模态冲压旋转爆震数值模拟结果

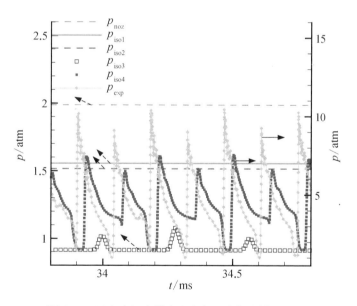

图 4.24　亚声速入流模态隔离段压力数值模拟结果

游,来流仍保持为超声速且不受爆震波的影响。隔离段中形成了激波串,这也说明其具有一定的抗反压能力。

4.3.3　进气道受影响模态

Test#4-7 当量比为 1.03,其他条件均与 Test#4-6 相同,其沿程壁面压力结果如图 4.25 所示,连续旋转爆震期间隔离段压力(p_1、p_2)上升约 4 倍,p_1、p_2 处的流动速度约为马赫数 0.95,隔离段入口、出口均为亚声速。加热器尾喷管面积扩张段 p_{noz} 处的压力略有上升,但加热器室压保持不变,这说明转爆震的影响边界在加热器喷管喉部和测点 p_{noz} 之间,即位于加热器喷管的面积扩张段,但已位于等直隔离段的上游。对于飞行器而言,此时旋转爆震燃烧将会影响到进气道的出口上游,因此将这种工况称为进气道受影响模态。

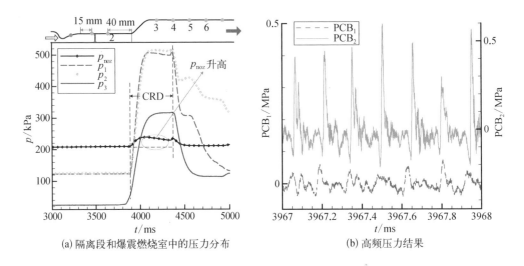

(a) 隔离段和爆震燃烧室中的压力分布 (b) 高频压力结果

图 4.25 Test#4‑7 压力分布

图 4.26(a)为数值计算所得的爆震室上游流场截面马赫数分布,可知隔离段入口气流速度为亚声速。图 4.27(b)为不同轴向位置的压力随时间分布,可见加热器喷管的扩张段 p_{noz}、等直隔离段($p_{iso1} \sim p_{iso3}$)、隔离段/爆震室之间的面积扩张段 p_{exp} 均存在高频压力振荡,且其振荡主频一致。

随着爆震强度的增加,旋转爆震对来流的影响将增强,其影响边界也向上游移动。Test#4‑8 当量比为 0.972,但爆震室直径较小,图 4.27(a)为推进剂主管路压力和加热器室压,在连续旋转爆震期间,推进剂主管路压力保持平稳,但加热器室压由 830 kPa 升高至 953 kPa。图 4.27(b)为隔离段和爆震室壁面压力分布,可知在连续旋转爆震期间,加热空气总压 p_c、隔离段压力和爆震室压力同时大幅度上升,且在熄爆后同时下降,这表明加热空气总压 p_c 的变化是由连续旋转爆震引起的。

图 4.28 所示为隔离段(PCB_3)与爆震燃烧室(PCB_4)中的高频压力分布,均存在规律振荡且主频一致,均为 4.75 kHz。隔离段高频压力峰值在 0.78~1.05 MPa 变化,部分峰值会高于加热器室压。因此,下游压力扰动的影响可以前传至喷管喉部上游,从而使得加热器室压 p_c 上升。

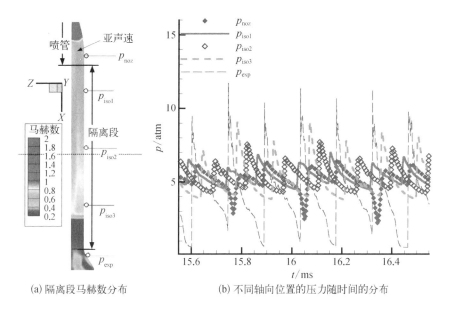

(a) 隔离段马赫数分布　　　　(b) 不同轴向位置的压力随时间的分布

图 4.26　进气道受影响模态冲压旋转爆震数值模拟结果

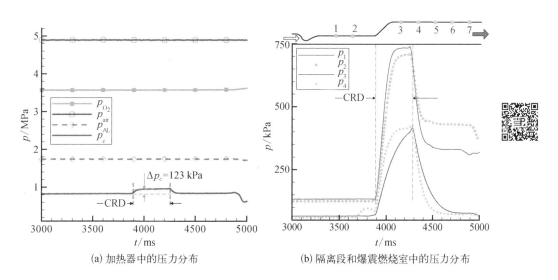

(a) 加热器中的压力分布　　　　(b) 隔离段和爆震燃烧室中的压力分布

图 4.27　Test#4-8 压力分布

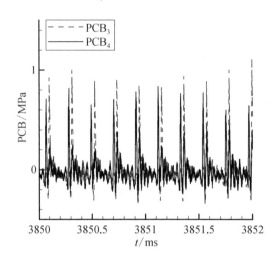

图 4.28 Test#4－8 隔离段和爆震燃烧室高频压力结果

4.3.4 对来流影响的模态变化规律

图 4.29 为冲压旋转爆震燃烧流场结构示意图,由于无几何约束,冲压旋转爆震在下游侧向膨胀,形成斜激波 2 和波后的剪切层;不同于第 3 章所述的火箭基旋转爆震,冲压旋转爆震在轴向上游也侧向膨胀,从而形成斜激波 1。斜激波 1 和斜激波 2 都随着旋转爆震连续旋转传播,其中,斜激波 1 螺旋前传,最终形成结尾正激波,即是冲压旋转爆震对来流的影响边界。

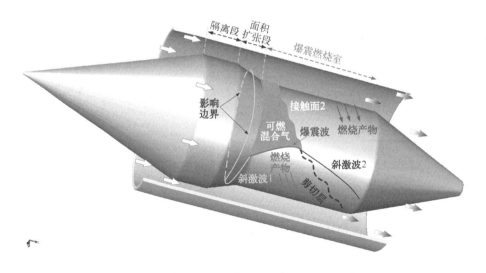

图 4.29 吸气式连续旋转爆震燃烧流场结构示意图

根据上述分析,将冲压旋转爆震对来流的影响分为超声速入流、亚声速入流和进气道受影响三种模态,各种模态下的影响边界如图 4.30 所示。在超声速入流模态下,隔离段入口、出口均为超声速,爆震影响边界位于扩张段 Zone 4 区域中。在亚声速入流模态下,加热器喷管扩张段不受爆震反压的影响,隔离段入口仍为超声速,影响边界位于隔离段 Zone 3 区域内,隔离段出口为亚声速。在进气道受影响模态下,影响边界位于隔离段入口上游,此时隔离段入口一般为亚声速。对于本节试验,当旋转爆震反压较弱时,影响边界位于空气加热器尾喷管的扩张段 Zone 2 区域内;而当反压较强时,影响边界位于尾喷管的喉部上游 Zone 1 区域内,加热器室压随之升高。

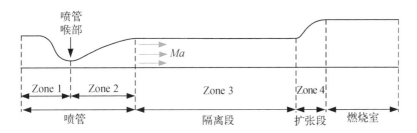

图 4.30　冲压旋转爆震波对来流影响的规律示意图

由上述分析可知,随着爆震室压力的增加,旋转爆震对来流的影响模态以超声速入流、亚声速入流、进气道受影响等顺序依次转变,影响边界逐渐从面积扩张段前移至空气加热器的尾喷管,最后甚至前传至喷管喉道上游,从而影响加热器的正常工作,这类似于背压增加时拉瓦尔(Lavel)喷管中的波系位置变化规律,下面将据此来建立影响边界的理论预测模型。

4.4　冲压旋转爆震对来流的影响因素分析

在上述试验中,靠壁面压力和高频压力测量结果来判定旋转爆震对来流的影响模态和影响边界位置,但受试验条件限制,难以获得影响边界的准确位置。实际试验中,等直隔离段上游的加热器喷管和下游的过渡段内均存在面积扩张,本节将两处的面积扩张进行合并,在简化后的流道构型上开展数值研究,以分析各因素的影响规律。图 4.31 为计算模型示意图,为三维轴对称结构,其中 δ_T 为入口宽度,D_m 为爆震室平均直径,δ_D 为爆震室宽度,δ_N 为尾喷管出口径向宽度,L_T、L_D、L_N 分别为面积扩张段、爆震室和尾喷管的轴向长度。

基于数值模拟开展了多种参数的影响:来流总温、总压、尾喷管、爆震室宽度、反应区起始位置、面积扩张角度等。具体设置详见表 4.3,其中,Case 4.0 为基准算

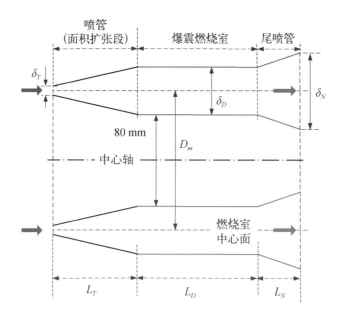

图 4.31 冲压旋转爆震对来流影响分析的数值模拟示意图

例,化学反应起始于爆震室入口截面,p_t、T_t分别为来流的总压和总温,Δx表示与基准算例相比反应区起始位置的变化。

表 4.3 算 例 设 置

Case	T'_t/T_t	p'_t/p_t	Δx_{reac}	δ_T	δ_D	δ_N	L_T	L_D	L_N
4.0	1	1	0	2 mm	10 mm	10 mm	80 mm	80 mm	40 mm
4.1	**0.35**	1	0	2 mm	10 mm	10 mm	80 mm	80 mm	40 mm
4.2	1	**1.25**	0	2 mm	10 mm	10 mm	80 mm	80 mm	40 mm
4.3	1	1	0	2 mm	10 mm	**20 mm**	80 mm	80 mm	40 mm
4.4.1	1	1	**+9.3 mm**	2 mm	10 mm	10 mm	80 mm	80 mm	40 mm
4.4.2	1	1	**−10.0 mm**	2 mm	10 mm	10 mm	80 mm	80 mm	40 mm
4.5.1	1	1	0	2 mm	**6 mm**	**6 mm**	80 mm	80 mm	40 mm
4.5.2	1	1	0	2 mm	**14 mm**	**14 mm**	80 mm	80 mm	40 mm
4.6.1	1	1	0	2 mm	10 mm	10 mm	**60 mm**	80 mm	40 mm
4.6.2	1	1	0	2 mm	10 mm	10 mm	**100 mm**	80 mm	40 mm
4.6.3	1	1	0	2 mm	10 mm	10 mm	**120 mm**	80 mm	40 mm

4.4.1　来流总温的影响

图 4.32(a)、(b)为两种来流总温下的流场压力分布,其来流总温分别为 860 K 和 300 K,图 4.32(c)为爆震室压力和温度对比分布,可见低总温来流下旋转爆震峰值压力更高、峰值温度更低,且爆震波的高度更小。由于低总温时旋转爆震波强度更大,因此其对来流的影响更强烈,影响边界 X_{bou}(如无特殊标注,单位均为 mm)更靠近上游,这与试验结果定性吻合。

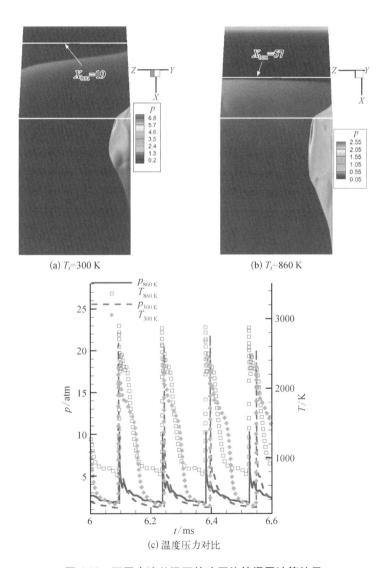

图 4.32　不同来流总温下的冲压旋转爆震计算结果

4.4.2 来流总压的影响

保持来流总温不变、增加来流总压(流量),所得流场压力分布如图4.33(a)、(b)所示,可见两者的影响边界位置基本一致。图4.33(c)为爆震室压力和温度随时间分布,高、低总压时的压力峰值分别为14 atm、10.5 atm,提高了约30%;温度峰值分别为3 100 K、3 000 K,提高了约4%,影响不大。上述分析表明,在不考虑黏性、混合过程的条件下,冲压旋转爆震对来流的影响程度基本不受来流总压的影响。

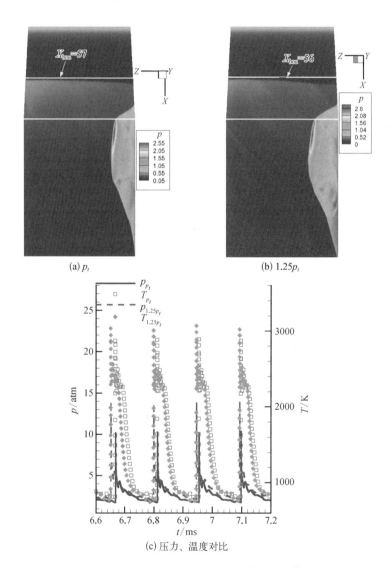

(a) p_t (b) $1.25p_t$

(c) 压力、温度对比

图 4.33 不同来流总压下的冲压旋转爆震计算结果

4.4.3　尾喷管的影响

在实际工作过程中,爆震燃烧室下游通常为扩张型尾喷管。图 4.34(a)、(b) 分别为有/无尾喷管的流场马赫数云图,可见两者的基本流场特征类似,增加尾喷管后旋转爆震上游的螺旋斜激波形状受到影响,但对来流影响边界的轴向位置基

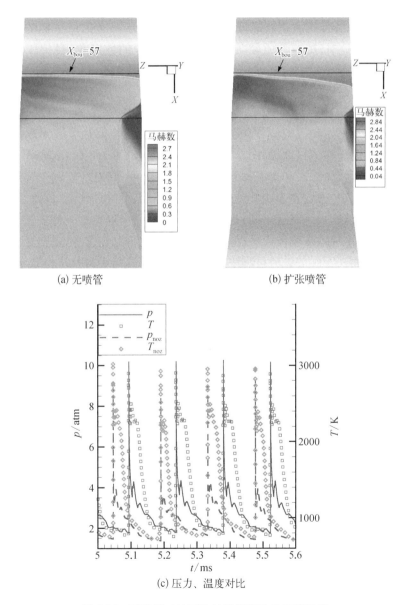

(a) 无喷管　　　　　　　　　　　(b) 扩张喷管

(c) 压力、温度对比

图 4.34　尾喷管对冲压旋转爆震影响的计算结果

本不变。另外,爆震波面形状也略有不同,这是由于增加尾喷管能使得出口气流在等直燃烧室出口处加速至超声速,但无喷管时的等直燃烧室出口处仍存在亚声速区域,增加尾喷管后爆震波上游的超声速区域更大,故尾喷管上游的爆震波的传播也受到影响。

图 4.34(c)为有无尾喷管时爆震燃烧室的温度、压力对比,由图可知,增加尾喷管后爆震波的传播频率基本一致,但爆震峰值压力偏低而温度偏高,这与试验中增加尾喷管后沿程压力稍有降低的趋势一致。由于未考虑推进剂的喷注混合过程,在实际试验中,尾喷管还会对爆震波传播过程的稳定性、自持工况范围等产生影响。

4.4.4 反应区位置的影响

由于入口采用了预混气,本节模拟中人为限定了燃烧放热区域,Case 4.0 中燃烧放热起始于爆震室入口处,即图 4.35(b)中的 $\Delta x = 0$ 处,而图 4.35(a)、(c)中燃烧分别起始于面积扩张段和爆震室等直段内。由图可知,三个算例中连续旋转爆震的影响边界基本一致,这表明其受爆震燃烧起始位置影响不大。此外,三者的爆震波面形状、峰值压力等略有不同,这是由于不同的反应区位置下爆震波上游的面积变化不同,这也导致爆震波前可燃混合气的流动过程存在差异,进而影响爆震波的传播过程。而在实际的试验过程中,反应区起始位置与燃料喷注位置密切相关,燃料喷注位置直接影响混合效果,进而影响着爆震波传播频率和传播过程的稳定性。

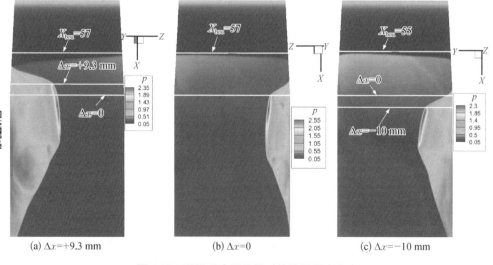

(a) $\Delta x = +9.3\,\text{mm}$ (b) $\Delta x = 0$ (c) $\Delta x = -10\,\text{mm}$

图 4.35 不同反应区位置时的流场压力分布

4.4.5　燃烧室宽度

不同燃烧室宽度下的流场压力分布云图如图 4.36 所示,可知连续旋转爆震波均以同向单波模态传播,随着爆震燃烧室宽度减小,连续旋转爆震波的影响边界逐渐前移,且爆震峰值压力逐渐升高。三个算例的入口状态一致,即混合气的入口流量相等。燃烧室宽度越小,燃烧室的横截面积越小。忽略三者燃烧放热量的细微差异,在流量相等的情况下,燃烧室截面积越小,燃烧室的压力将越高,对来流的影响程度会越大,因此影响边界越靠近上游。

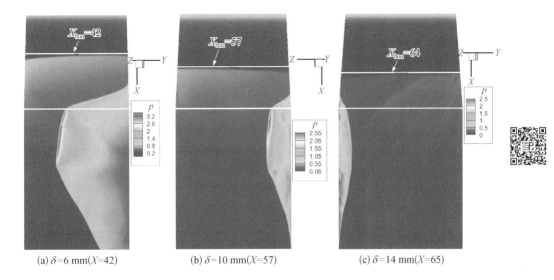

(a) δ=6 mm(X=42)　　　(b) δ=10 mm(X=57)　　　(c) δ=14 mm(X=65)

图 4.36　不同燃烧室尺寸下的流场压力分布云图

4.4.6　冲压旋转爆震对来流影响边界的理论分析

由上述分析可知,随着当量比的增加、爆震室尺寸的减小、来流总温的降低,爆震波的强度增加,燃烧室压力升高,对空气来流的影响程度增大。Bykovskii[9]总结了旋转爆震燃烧室的平均压力估算公式:

$$p_b = \frac{m_{in} D_{C\text{-}J}}{\gamma_{ac} A_c} \tag{4.1}$$

式中,m_{in} 为推进剂总质量流量;$D_{C\text{-}J}$ 为连续旋转爆震波平均传播速度;γ_{ac} 为爆震燃烧产物比热比;A_c 为爆震燃烧室横截面积。

将爆震燃烧室平均压力 p_b 类比拉瓦尔喷管的出口背压,而将空气来流总压 p_t 类比为入口总压:

$$p_t = m_{in}/A_{th}/\sqrt{\frac{\gamma}{RT_t}\left(\frac{2}{\gamma+1}\right)^{\frac{\gamma+1}{\gamma-1}}} \qquad (4.2)$$

式中，A_{th}为喷管喉部面积；R为气体常数。则两者的压力比为

$$p_R = \frac{p_b}{p_t} = \frac{D_{C\text{-}J}A_{th}}{\gamma_{ac}A_c}\sqrt{\frac{\gamma}{RT_t}\left(\frac{2}{\gamma+1}\right)^{\frac{\gamma+1}{\gamma-1}}} \qquad (4.3)$$

式(4.3)表明，爆震室平均压力与来流总压的比值p_R与来流总温、爆震波平均传播速度、爆震室截面积、入口喉部面积等参数有关，因此这些参数可影响旋转爆震对空气来流的作用强度，而来流总压、面积扩张段角度等因素则对作用强度基本上没有影响。

在拉瓦尔喷管理论中，根据压比和喷管面积变化规律可以确定反压影响的波系类型及位置。而旋转爆震波对上游的影响边界沿圆周方向分布不均匀，本节将爆震波影响区域最上游轴向位置作为影响边界。假设在爆震波影响边界所在轴向位置形成正激波，下游的亚声速气流继续在面积扩张型流道内减速，直至爆震波的轴向起始截面。根据上述压比公式，再参照拉瓦尔喷管理论，即可理论求解扩张型隔离段中正激波（影响边界）的驻定位置。

为验证理论模型的预测精度，设计了图4.37所示的对比算例，即保持面积扩张段的入口、出口径向宽度一致，通过调节扩张角度来调整扩张段的轴向长度。其中，图4.37(d)中，X_{model}为理论预测的影响边界轴向位置，X_{bou}为数值模拟结果，以两个轴向位置的横截面积差表示预测精度，如式(4.4)所示。图4.38为各算例的

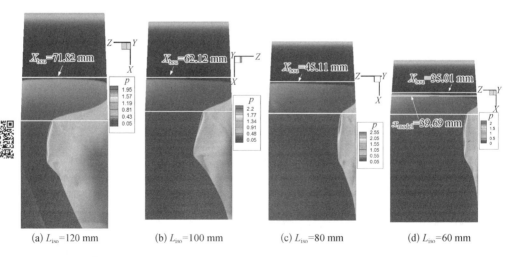

(a) L_{iso}=120 mm (b) L_{iso}=100 mm (c) L_{iso}=80 mm (d) L_{iso}=60 mm

图4.37 不同扩张段下的流场压力分布

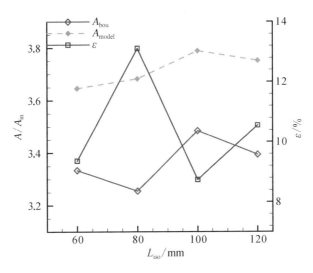

图 4.38　爆震波影响边界分析模型验证

预测与数值模拟影响边界处的横截面积,以及两者的误差,可见误差在 10% 左右,基本验证了理论分析的正确性。

$$\varepsilon = (A_{bou} - A_{model})/A_{bou} \tag{4.4}$$

式中,A_{bou} 为数值模拟影响边界处的截面积;A_{model} 为理论预测边界处的截面积;ε 为预测误差。

　　本节数值模拟采用的是预混气,忽略了推进剂喷注混合过程的影响;另外,采用的是欧拉控制方程,也忽略了湍流、黏性和边界层的影响。而在实际试验中,燃料喷注也会引起一定的总压损失。另外,旋转爆震引起的上游螺旋斜激波,也会对燃料的混合过程产生影响,从而再影响燃烧效果,多个过程相互作用,实际情况更加复杂。与数值计算相比,实际试验的影响边界位置更靠近上游。

4.5　氢气燃料冲压旋转爆震原理样机

　　上述研究主要集中于燃烧室及隔离段内的燃烧和流动过程,为验证冲压旋转爆震与进气道之间的匹配特性,需进一步开展自由射流研究[8-10]。针对此,研制了连续旋转爆震冲压发动机原理样机,并开展了自由射流试验验证。

4.5.1　自由射流试验过程介绍

　　针对马赫数为 4.5、高度为 18.5 km 的飞行状态,在国防科技大学 LF - 1000 试验台上开展了自由射流试验,图4.39为原理样机在风洞内的安装照片。模型发动机总长660 mm,进气道和隔离段总长300 mm,爆震室和尾喷管总长360 mm。环形爆震室内直径为80 mm、外直径为120 mm,氢气通过爆震室外壁上的90个直径为0.8 mm的均布式喷孔喷注。为提高推力性能,采用了收缩-扩张构型的尾喷管,喷管外壁面为等直构型,通过改变内壁型面来实现收缩-扩张构型。喷管喉部面积可调,喷管出口内柱直径为20 mm[8, 9]。

图4.39 氢气燃料冲压旋转爆震发动机原理样机

针对模型发动机进气道分别开展了试验和三维数值模拟,进气道捕获流量为1.67 kg/s,出口平均马赫数为1.92,平均静压为133 kPa。通过调节尾喷管喉部面积,开展了三次对比试验,具体如表4.4所示,都实现了成功起爆和旋转爆震稳定工作,且进气道工作正常,不受旋转爆震的影响。本节将分别对自由射流试验的工作过程、爆震波传播特性、模型发动机推力性能等进行分析。

表4.4 氢气原理样机试验工况及结果统计表

试验编号	当量比	喷管收缩比	传播频率/kHz	爆震室压/kPa	推力增益/N	燃料比冲/s
#4 – 9	0.63	1.20	8.35	246	610	2 008
#4 – 10	0.63	1.35	8.47	286	665	2 189
#4 – 11	0.68	1.54	13.42	360	824	2 510

　　以 Test#4‐9 为例,对自由射流试验过程进行详细介绍。自由射流系统主要由空气加热器生成高焓、高速空气来流,由引射系统对加热器的空气流进行引射,并在试验舱内形成高空低压环境。图 4.40 为 Test#4‐9 的试验测量结果,图4.40(a)为试验系统压力分布,其中,p_{cabin} 为自由射流系统的试验舱压,$p_{airheater}$ 为加热器室压,p_{inject} 为模型发动机氢气积气腔压力,$p_{hotshot}$ 为用于点火起爆的热射流管压力。图 4.40(b)为模型发动机的进气道和爆震室压力分布,其中,p_{inlet} 为进气道压力,p_{det} 为爆震室压力。

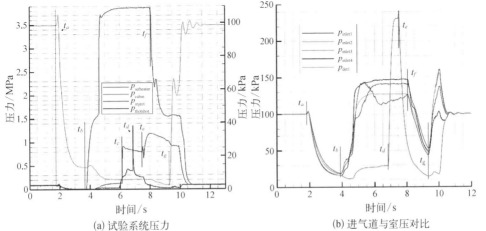

(a) 试验系统压力　　　　　　　　　(b) 进气道与室压对比

图 4.40　Test#4‐9 系统及沿程压力分布

　　由图 4.40(a)可知,t_a 时刻,引射系统开始工作,试验舱压和模型发动机内流道压力都快速下降;t_b 时刻,加热器开始工作,自由射流系统逐渐启动,随后模型发动机的进气道也将启动工作,进气道压力快速上升,最终达到设计状态;t_c 时刻,燃料积气腔压力迅速增加,模型发动机开始氢气燃料喷注;t_d 时刻,热射流管压力迅速增加,模型发动机开始点火起爆,点火成功后在爆震室内形成了稳定的旋转爆震燃烧,爆震室压也迅速增大并维持高压力平台;t_e 时刻,开始开启燃料吹除,燃料积气腔压力迅速升高,燃料吹除导致发动机熄火,爆震室压力大幅度地下降;t_f 时刻,自由射流系统的加热器开始熄火,加热器室压和进气道压力都迅速下降;t_g 时刻,引射系统关闭,试验舱压迅速升高,试验结束。

　　综合上述分析可知,点火起爆和爆震室压上升时刻吻合,燃料吹除和爆震室压下降时刻吻合,说明模型发动机的点火和熄火都受试验时序控制,没有发生意外。另外,由图 4.40(b)可知,点火起爆后进气道压力仍保持不变,说明旋转爆震燃烧没有影响到进气道的工作过程。由于本轮试验没对爆震室进行冷却,旋转爆震燃烧持续时间较短。

图 4.41 为 Test#4‐11 的进气道与爆震室压力分布，其试验过程与 Test#4‐9 基本一致，但对比图 4.40(b)与图 4.41 可知，两者在进气道启动后、点火起爆前的爆震室压差别较大，Test#4‐11 的室压明显偏高。由图 4.40(b)可知，点火起爆前空气来流经进气道进入爆震室后，压力进一步大幅度地下降，说明空气来流进一步加速，点火起爆时爆震室内为超声速气流。由于 Test#4‐11 的喷管喉部面积更小，流道收缩对空气来流产生了影响，从而使得点火起爆前的室压偏高。另外，虽然起爆后 Test#4‐11 的爆震室平台压力更高，但是进气道仍然没有受到影响。

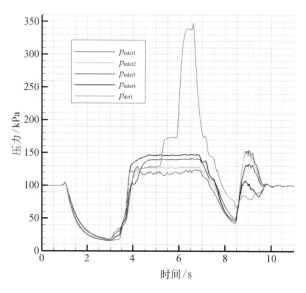

图 4.41　Test#4‐11 进气道与爆震室压力对比

4.5.2　高频压力结果分析

以 Test#4‐9 的高频压力测量结果为例，对冲压模态下旋转爆震波的传播特性进行详细分析。图 4.42(a)为 Test#4‐9 的 PCB_2 整体分布，温漂效应使得电压信号逐渐降低，由图可知，旋转爆震燃烧的持续时间约为 713 ms。图4.42(b)为两个压力信号的局部放大，由图可知，爆震室内存在规律的压力扰动，由于 PCB_2 位于爆震室上游，压力扰动幅值明显地偏大。本次试验来流空气温度较高，与空气总温为室温的试验结果相比，压力扰动幅值大幅下降。图 4.43 为高频压力的 FFT 结果，振荡主频为 8.35 kHz，说明爆震室内存在两个爆震波头，沿 PCB_2 到 PCB_1 的方向旋转传播，外壁面处的传播速度约为 1 574 m/s，平均直径处的传播速度为 1 312 m/s。初始压力 1 atm、温度 300 K、当量比 0.63 的氢气/空气混合气所对应的 C - J 速度理论值为 1 734 m/s,可见外壁处的传播速度达到了理论值的 90.8%。

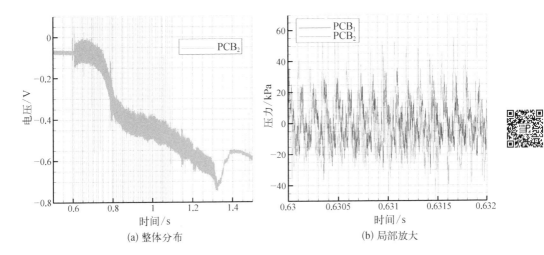

(a) 整体分布　　　　　　　　(b) 局部放大

图 4.42　自由射流 Test#4 - 9 高频压力分布

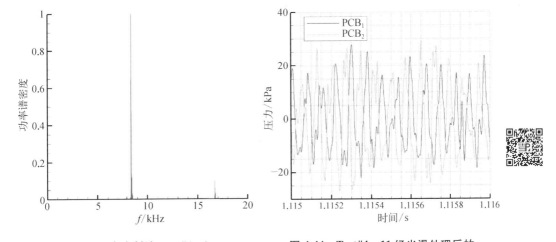

图 4.43　自由射流 Test#4 - 9
高频压力 FFT 结果

图 4.44　Test#4 - 11 经光滑处理后的
高频压力局部放大

　　Test#4 - 10 的爆震波传播频率与 Test#4 - 9 接近,但由于 Test#4 - 11 的喉部面积较小,其爆震波传播频率高达 13.42 kHz,图 4.44 为经过光滑处理后的高频压力局部放大。此时爆震室内存在三个波头,外壁处的传播速度约为 1 686 m/s,平均直径处的传播速度为 1 405 m/s。初始压力为 1 atm、温度为 300 K、当量比为 0.68 的氢气/空气混合气所对应的 C - J 速度理论值为 1 776 m/s,可见外壁处的传播速度达到了理论值的 94.9%。

4.5.3 推力性能分析

图 4.45 为两次自由射流试验的爆震室沿程压力分布对比,由图可知,点火起爆后爆震室内形成了压力平台,p_{det1}、p_{det2}、p_{det4} 位于爆震室尾喷管喉部上游,具有较高的平台压力。由于 Test#11 尾喷管喉部面积较小,因此其爆震室平台峰值压力更高。$p_{det5} \sim p_{det9}$ 位于尾喷管喉部下游的扩展段,沿程压力逐渐降低。p_{det9} 距发动机出口仅 20 mm,本轮试验此处的压力为 33 ~38 kPa,远高于试验舱内 5.8 kPa 的环境压力,可见喷管处于欠膨胀状态。

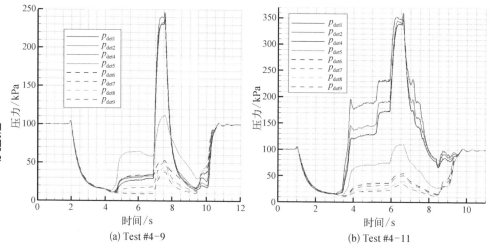

(a) Test #4-9 (b) Test #4-11

图 4.45　两次自由射流试验的爆震室沿程压力分布对比

图 4.46 为两次试验的推力测量结果,点火起爆后形成了一定的推力平台,且推力平台的持续时间也与上述旋转爆震燃烧持续时间吻合。两次试验所产生的推力增益分别为 610 N、824 N,对应的燃料比冲分别为 2 008 s、2 510 s。Test#4 - 11 的喷管喉部面积较小,这导致爆震室平台压力更高,做功能力更强,所产生的推力也更大。

4.6　液体煤油冲压旋转爆震原理样机

在氢气燃料冲压旋转爆震研究成果的基础上,又相继开展了大量冲压旋转爆震的试验和数值研究[11-16],初步突破了液体煤油冲压旋转爆震起爆和高效燃烧组织关键技术。

近期,研制成功液体煤油旋转爆震冲压发动机原理样机[17],并针对宽来流马

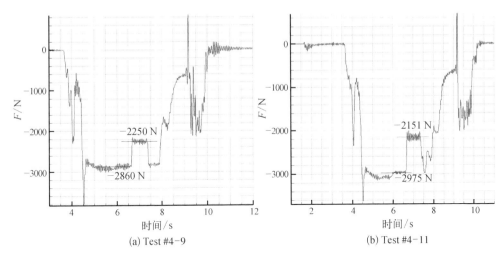

图 4.46　自由射流试验推力增益对比

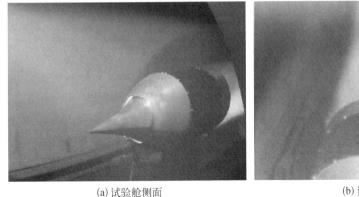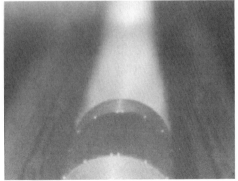

(a) 试验舱侧面　　　　　　　　　　　　　(b) 试验舱正面

图 4.47　液体煤油旋转爆震冲压发动机原理样机自由射流试验照片

赫数条件进行了地面自由射流试验,基于高频压力、沿程压力、天平推力测量结果对旋转爆震传播特性和发动机推力性能进行了分析,见图 4.47。结果表明,该原理样机可在宽来流条件和宽煤油当量比范围内实现冲压旋转爆震稳定工作,且推力性能相比同等条件下的传统等压燃烧冲压发动机有较大幅度提升。该项研究成果为冲压旋转爆震这种新型动力的工程应用奠定了坚实的基础。

4.7　本章小结

本章重点针对冲压旋转爆震开展研究,基于试验和数值模拟,首先对冲压旋转爆震波的流场特征和传播特性进行了分析,然后分析了冲压旋转爆震对空气来流的影响模态和影响规律,基于上述成果研制了氢气和液体煤油燃料冲压旋转爆震原理样机,并成功开展了自由射流地面试验,所得主要结论总结如下。

(1) 设计、建立了冲压旋转爆震直连式试验系统,以空气加热器来模拟进气道出口的气流状态,成功实现冲压旋转爆震的起爆和连续稳定工作。类似于火箭基旋转爆震,冲压旋转爆震也存在单波、双波、双波对撞等传播模态。由于空气来流速度快,燃料高效混合的难度较大,冲压旋转爆震的传播速度亏损较大;另外,由于来流温度高,爆震波峰值压力较低。

(2) 由于爆震增压燃烧且缺少几何约束,高压爆震产物向上游膨胀,形成了螺旋上传的斜激波,从而对高速空气来流产生影响。根据冲压旋转爆震对来流的影响边界位置,可以分为超声速入流、亚声速入流、进气道受影响等模态。影响边界的轴向位置主要由爆震室压和空气来流总压的比值决定,参照拉瓦尔喷管受反压影响的波系理论,建立了冲压旋转爆震对来流的影响边界预测模型,并基于数值模拟进行了验证,预测的位置误差在10%左右。

(3) 成功研制了氢气和液体煤油冲压旋转爆震原理样机,其中,氢气样机直径约为120 mm、长度为660 mm,而煤油样机直径为500 mm、长度为1 600 mm,完成了自由射流地面试验,推力性能较传统等压燃烧冲压发动机有较大幅度提升,为冲压旋转爆震这种新型动力的工程应用奠定了坚实的基础。

参考文献

[1] Braun E M, Lu F K, Wilson D R, et al. Airbreathing rotating detonation wave engine cycle analysis [J]. Aerospace Science and Technology, 2012, 27: 201 – 208.

[2] 刘世杰,王超,蒋露欣,等.连续旋转爆震冲压发动机直连式试验[C].第十六届全国激波与激波管学术会议,洛阳,2014.

[3] 王超.吸气式连续旋转爆震波自持传播机制研究[D].长沙:国防科学技术大学,2017.

[4] Wang C, Liu W, Liu S, et al. Experimental verification of air-breathing continuous rotating detonation fueled by hydrogen [J]. International Journal of Hydrogen Energy, 2015, 40: 9530 – 9538.

[5] Wang C, Liu W D, Liu S J, et al. Experimental investigation on detonation combustion patterns of hydrogen/vitiated air within annular combustor [J]. Experimental Thermal and Fluid Science, 2015, 66: 269 – 278.

[6] 王超,刘卫东,刘世杰,等.吸气式连续旋转爆震与来流相互作用[J].航空学报,2016, 37(5): 1411 – 1418.

[7] Cai J, Zhou J, Liu S, et al. Effects of dynamic backpressure on shock train motions in

straight isolator[J]. Acta Astronautica, 2017, 141：237－247.

［8］ 刘世杰,刘卫东,王翼,等.氢燃料连续旋转爆震冲压发动机试验[C].第九届高超声速科技学术会议,西安,2016.

［9］ Liu S J, Liu W D, Wang Y, et al. Free jet test of continuous rotating detonation ramjet engine[C]. 21st AIAA International Space Planes and Hypersonics Technologies Conference, Xiamen,2017.

［10］ Frolov S M, Zvegintsev V I, Ivanov V S, et al. Tests of the hydrogen-fueled detonation ramjet model in a wind tunnel with thrust measurements[J]. AIP Conference Proceedings, 2017, 1893(1)：020003.

［11］ Wang G, Liu W, Liu S, et al. Experimental verification of cylindrical air-breathing continuous rotating detonation engine fueled by non-premixed ethylene[J]. Acta Astronautica, 2021, 189：722－732.

［12］ Meng H, Xiao Q, Feng W, et al. Air-breathing rotating detonation fueled by liquid kerosene in cavity-based annular combustor[J]. Aerospace Science and Technology, 2022, 122：107407.

［13］ Smirnov N N, Nikitin V F, Stamov L I, et al. Three-dimensional modeling of rotating detonation in a ramjet engine[J]. Acta Astronautica, 2019, 163：168－176.

［14］ Wu K, Zhang S, Luan M, et al. Effects of flow-field structures on the stability of rotating detonation ramjet engine[J]. Acta Astronautica, 2020, 168：174－181.

［15］ Yan C, Lin W, Shu C, et al. Numerical study of air-breathing two-phase rotating detonation engine under *Ma* 6 flight conditions[J]. Journal of Physics：Conference Series, 2022, 2364：012063.

［16］ Wu Q, Lin Z, Huang X, et al. Flow characteristics and stability of induced shock waves in the isolator of rotating detonation ramjet under flight Mach number 2.5 conditions[J]. Aerospace Science and Technology, 2023, 133：108092.

［17］ 刘卫东,彭皓阳,刘世杰,等.旋转爆震燃烧及应用研究进展[J].航空学报,2023, 44(15)：97－126.

第 5 章

燃烧室构型对旋转爆震
传播特性的影响

　　旋转爆震燃烧室使爆震波在特定流道构型和来流条件下连续旋转自持燃烧，涉及喷注混合、燃烧反应、传热传质等相互耦合的众多过程，极其复杂。旋转爆震燃烧室构型多变，根据结构可以分为圆盘形燃烧室、环形燃烧室和无内柱（圆柱形）燃烧室等，其中，圆盘形及其延伸变化的扇形、直线形燃烧室不能产生有效的推力，主要用于流场光学观测研究等，因而本章重点关注能产生有效推力的环形燃烧室和无内柱燃烧室。

　　旋转爆震波只有在合适的燃烧室构型及适宜的工况条件下才能稳定自持传播。受发动机工程应用牵引，煤油、甲烷、乙烯等低活性碳氢燃料旋转爆震研究逐渐成为热点。但随着燃料化学反应活性降低，爆震波的胞格尺寸大幅度增加，燃烧室和爆震胞格的尺寸匹配矛盾凸显，低活性碳氢旋转爆震的高效燃烧组织难度很大。近年来，国内外学者尝试通过改进燃烧室结构来优化旋转爆震燃烧组织，以期实现低活性燃料高效旋转爆震燃烧。本章主要探讨燃烧室构型及其特征参数对旋转爆震传播特性与燃烧组织的影响，为后续旋转爆震发动机设计提供借鉴与参考。

5.1　环形燃烧室

　　同轴的环形燃烧室是旋转爆震发动机最常见、研究最为深入的燃烧室构型，该构型最早由美国的 Nicholls 等[1] 提出并进行了可行性验证。俄罗斯的 Bykovskii 等[2] 在等直或渐扩的环形燃烧室开展了大量试验研究，获得了较为丰富的成果。环形燃烧室的燃烧室宽度（内外径之差）是环形燃烧室最重要的特征参数，本节通过改变燃烧室宽度及内柱长度来探讨该特征参数对旋转爆震的影响。

5.1.1　燃烧室宽度

　　对于限制空间内的爆震波，d/λ（d 为直径，λ 为胞格尺寸）[3] 或 h^*/λ（h^* 为狭缝宽度）[4] 是爆震波自持传播的敏感临界参数。Bykovskii 等[2] 通过大量试验提出经验准则,即环形燃烧室的宽度应大于对应可燃混合气胞格尺寸的 1/2。下面主要针对燃烧室宽度开展研究。

1. 对流场结构的影响

环形燃烧室基本流场结构如图 5.1 所示,燃烧室外径、长度分别为 100 mm 和 80 mm。可燃混合物在顶部不断注入,在燃烧室入口处形成爆震波(①),在环形燃烧室内沿圆周向旋转传播;爆震波前形成可燃气体混合区(②);爆震燃烧产生的高温高压燃烧产物沿轴向膨胀形成斜激波(③);④是燃烧产物的间断面;⑤是新鲜混合物和燃烧产物的间断面。受燃烧室内外壁的曲率影响,内外壁之间形成多道反射波(爆震波 1 后存在多道反射激波 2、3、4),包含规则反射和马赫反射。图 5.1 中圆形区域 A、B 内均为马赫反射形成的马赫杆,但马赫杆高度较低。外壁面由于流动具有收缩的趋势,爆震波增强,传播速度增大,内壁由于构型扩张,爆震波减弱,速度降低,但爆震波的角速度相同。爆震波面沿径向方面有着一定的弯曲,内壁面的波面领先于外壁面,造成波面畸变。

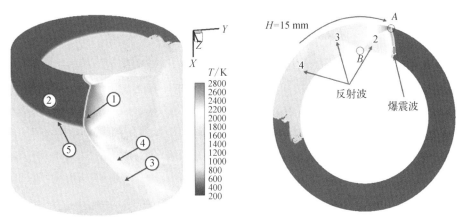

图 5.1　环形燃烧室基本流场结构(燃烧室宽度 H = 15 mm)

图 5.2 给出了不同燃烧室宽度下稳定传播爆震波的压力云图。随着燃烧室宽度的增大,内外壁面的速度差增加,外壁面处的波面滞后于内壁面处的现象更加明显,直观地表现为爆震波面沿径向上的弯曲程度也随之增加。当宽度增大到 H = 30 mm 时,在内壁面处因为马赫反射形成的马赫杆越发明显。当 H = 40 mm 时,在内壁处爆震波传播方向与切向夹角基本成 90°,以杆状在内径处沿圆周切向传播。同时,内外壁的压力分布趋于不均匀,外壁压力明显地高于内壁压力。随着燃烧室宽度的增大,反射波单次从外壁传播到内壁处的传播距离延长,横波效应的影响在减弱,并且在若干次反射后消失,头部截面位置爆震波面与圆心形成的角度也明显地增大。

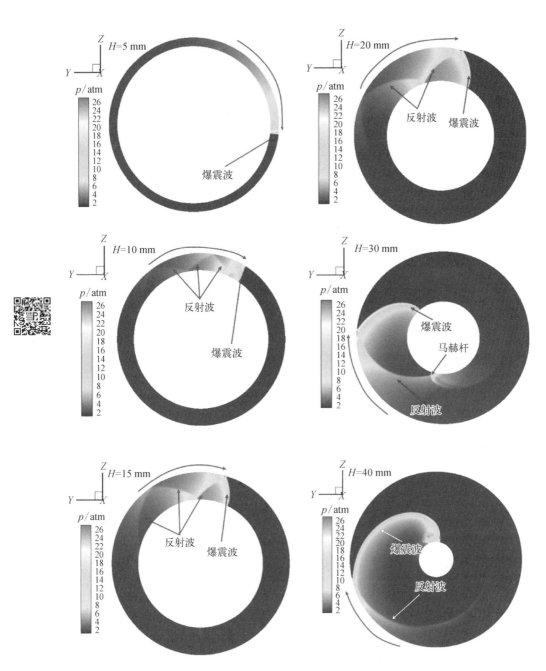

图 5.2 不同燃烧室宽度下稳定传播爆震波的压力云图

2. 对工况范围的影响

高活性推进剂组合的爆震胞格尺寸小,其旋转爆震波可在宽度为 10 mm,甚至 5 mm(Kindracki 等[5]:甲烷、乙烷或丙烷搭配氧气;Liu 等[6]:氢气搭配空气)的环形燃烧室稳定自持。增加燃烧室宽度对于这类高活性推进剂旋转爆震的工况范围有一定的促进作用,但促进作用相对有限。

随着燃料或氧化剂化学反应活性降低,爆震胞格尺寸大幅度增加,爆震起爆能量需求大幅度提高,燃烧室和爆震胞格的尺寸匹配矛盾突显,此时燃烧室宽度对旋转爆震燃烧组织的影响很大。图 5.3 展示了试验中燃烧室宽度对乙烯-空气旋转爆震传播模态和工况范围的影响,当前燃烧室外径为 130 mm,空气流量控制在 (750±15) g/s。在常温常压状态下,乙烯-空气爆震的胞格尺寸约为 26 mm,根据前面提及的半胞格经验准则,乙烯-空气旋转爆震被认为能在 15 mm 宽燃烧室内实现自持,但此时燃烧室中没有突扩台阶且未安装尾喷管,流动速度较快,混合不充分使得胞格尺寸进一步增加,因此旋转爆震在 15 mm 宽燃烧室未能实现。

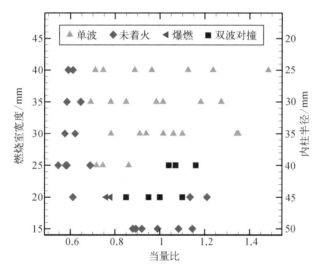

图 5.3　燃烧室宽度/内柱半径对传播模态和
工况范围的影响(乙烯-空气)

随着燃烧室宽度增加,可爆震的当量比下限逐渐增加,这表明宽度更大的燃烧室拥有更宽的工况范围。研究表明,胞格尺寸对当量比变化敏感,在恰当当量比附近最小,且在贫燃范围内随着当量比下降而上升。当燃烧室宽度为 15 mm 时,旋转爆震无法实现。当宽度增加至 20 mm 时,爆燃模态和双波对撞模态开始出现,可以认为当前燃烧室构型下爆震波实现的临界燃烧室宽度为 20 mm。当燃烧室宽度增加至 25 mm 时,单波模态开始出现,在高当量比时则依然会出现双波对撞模态。而当燃烧室宽度增加至 30 mm 及以上时,所实现的爆震波模态均为单波模态。综上,可以认为当前试验方案和工况下单波模态实现的临界燃烧室宽度为 25 mm。

5.1.2 内柱长度

本节主要基于内柱长度可变燃烧室开展内柱长度对旋转爆震影响的研究,其构型如图 5.4 所示。该变内柱长度燃烧室包含环形段和无内柱段,环形段燃烧室外径、内径分别为 50 mm 和 45 mm,内柱长度分别为 0、20 mm、40 mm 和 60 mm,当内柱长度为 0 时即为无内柱燃烧室。为了清晰地同时观测到环形段和无内柱段,侧壁开窗尺寸为 68 mm × 36 mm,如图 5.4 所示。本节详细讨论的典型工况如表5.1所示,空气流量控制在 (550 ± 10) g/s。

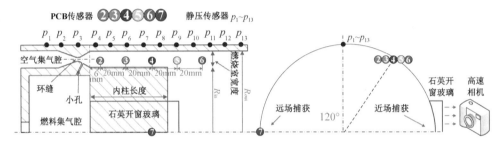

图 5.4 内柱长度可变燃烧室构型及观测传感器的位置

表 5.1 试验工况及结果介绍(内柱长度可变燃烧室)

工 况	燃料	内柱长度	空气流量 /(g/s)	当量比	传播模态	f/kHz
Test#5 – 1	乙烯	20 mm	560	1.06	单波	5.53
Test#5 – 2	氢气	20 mm	553	0.84	单波	5.90

1. 对爆震波自持位置的影响

这里主要基于内柱长度为 20 mm 构型的乙烯-空气、氢气-空气旋转爆震试验结果进行对比分析。图 5.5 为 Test#5 – 1 单波模态的高频压力信号,其中,高频压力传感器 PCB_2 布置在环形段,传感器 $PCB_3 \sim PCB_6$ 均布置在无内柱段。从图 5.5(a) 中可以发现,点火时刻大约在 925 ms,起爆后由于温漂效应,压力信号迅速下降。但在试验初始阶段信号振荡的幅值很小(以 PCB_6 最为明显),这是因为此时的传播模态为轴向脉冲爆燃模态,该模态的详细分析可参考文献[7]。在此之后,起爆成功形成规律的单波模态,如图 5.5(b) 所示,但出现了下游 PCB(PCB_4、PCB_7)的峰值压力反而比上游 PCB 的峰值压力更高的异常现象。

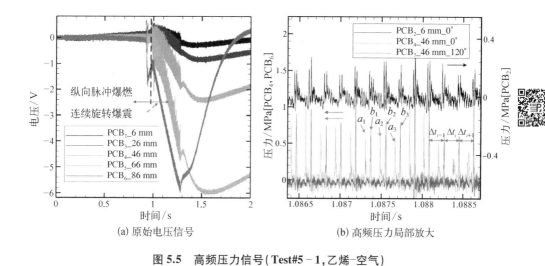

(a) 原始电压信号　　　　　(b) 高频压力局部放大

图 5.5　高频压力信号(Test#5‑1,乙烯‑空气)

图 5.6 为 Test#5‑1 的瞬时传播频率分布。由于点火后并没有迅速地形成旋转爆震波,因此在统计瞬时传播频率时难以捕获到有效数据。在形成稳定的爆震波后,平均传播频率与速度分别为 5.54 kHz 和 1 739.6 m/s,速度亏损为 5.4%。该模态转换过程在沿程压力中也有体现,如图 5.7 所示,其中,静压传感器 p_3 位于环形段,p_4、p_5 位于无内柱段。点火位置位于空气环缝下游 40 mm,即燃烧室入口下游 35 mm 处,属于无内柱段。点火时射流管形成的爆震进入燃烧室形成瞬间的高压,但并未直接起爆,而是以轴向脉冲爆燃的模态自持,形成小尖峰。随后自发起爆形成稳定的单波,表现为稳定的压力平台。

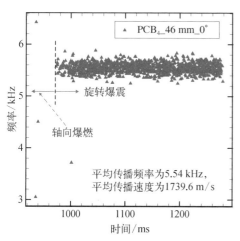

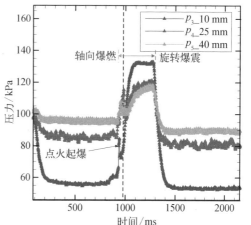

图 5.6　瞬时传播频率分布(Test#5‑1,　　　图 5.7　沿程压力分布(Test#5‑1,
　　　　乙烯‑空气)　　　　　　　　　　　　　　乙烯‑空气)

20 mm 长内柱燃烧室中乙烯-空气旋转爆震的自发光高速摄影图片如图 5.8 所示。主流方向和爆震波传播方向已在图上标明,内柱的末端用红色虚线标注。图中虚线位置附近的黑色阴影凸起为位于燃烧室中心线附近的内柱安装螺杆,其对燃烧室流场的影响较小。从图 5.8 可以直观地发现,在远场捕获图像中螺杆清晰可见,而在近场捕获图像中螺杆则被爆震波火焰掩盖。从近场捕获的图像(周期 Ⅰ、Ⅱ、Ⅲ)中可以发现爆震波火焰集中于无内柱段,意味着爆震波自持在无内柱段,而不是上游的环形段,因而在远场捕获中也表现为轴向距离较长的火焰。在上游 5 mm 宽的环形段中,仅仅在末端存在着逆传的爆燃火焰,此时环形段主要起促进混合的作用。于是可以明确图 5.5(b)中 PCB_2 所探测的压力信号为上游斜激波信号,PCB_4、PCB_6 所探测的压力信号为爆震波信号。PCB_2 信号中存在着峰值压力相当的双峰结构,可能是斜激波在内外壁面反射引起的,理由在于若是斜激波轴向逆压力梯度传播至燃烧室入口并反射至 PCB_2,这会使得两峰值压力存在着较为明显的差值,形成高低双峰现象。

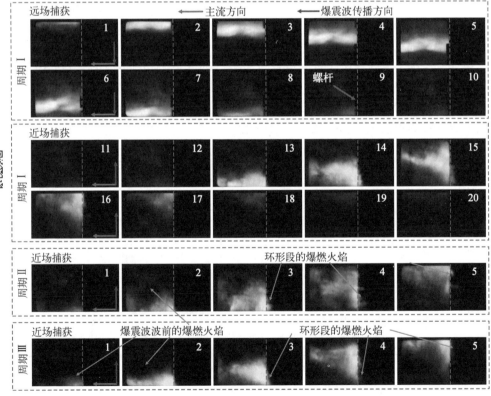

图 5.8　高速摄影图像(Test#5‑1,乙烯-空气)

在旋转爆震高压的作用下,少量高温燃烧产物进入环形段,诱导充分混合的可燃混合物形成逆传的爆燃火焰。随后,逆传火焰的燃烧产物和可燃混合气一起进入无内柱段,共同形成下一周期爆震波波前的可燃混合气累积层。经过一段距离与时间的混合,环形段中燃料与空气混合效果好,且出口为 5 mm 宽圆环,可视为均匀预混来流夹杂部分燃烧产物,容易在爆震波波前诱导出较为明显的预混爆燃火焰,造成爆震波火焰锋面扭曲。这与在燃烧室入口位置形成的波前预着火存在明显的区别,在入口位置处推进剂还来不及充分地混合,形成的是条带状的扩散爆燃火焰。因无内柱段爆震波波前的爆燃火焰与环形段的逆传火焰都消耗了可燃混合物,故而将其统一定义为预燃火焰,其对应燃烧视为轴向预反应。

为了定量地分析火焰的传播特性,在此针对高速摄影图像进行亮度积分处理[7],如图 5.9 所示。可以发现,亮度积分呈现出迥异的两种振荡形式,即在 0.92~0.97 s 呈现的大尺度振荡为轴向脉冲爆燃模态,在 0.97 s 之后因变化频率极高而呈现出的相对稳定状态为旋转爆震模态,由于一个周期内旋转爆震火焰在无内柱段会被捕获两次,因此一个周期包含两个尖峰,分别对应远场捕获和近场捕获。在局部放大图中,可以发现峰值相对较低的为近场捕获,普遍包含 3 张图片,而峰值相对较高的为远场捕获,其包含的图片数量远远多于 3 张,远场捕获与近场捕获交替出现清晰地表明火焰在旋转传播。

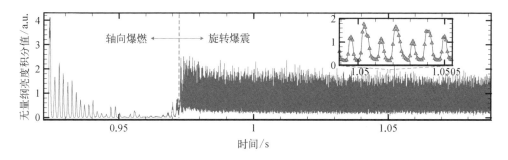

图 5.9　高速摄影图像亮度积分(Test#5 - 1,乙烯-空气)

对亮度积分进行 FFT 处理,得到无量纲功率谱密度分布,如图 5.10 所示。在无内柱燃烧室中侧窗观测能对旋转爆震波火焰进行两次捕获,因此半主频为火焰的真实传播频率。由于远近捕获之间的时间间隔接近且亮度积分峰值差异不明显,因此此次试验中亮度积分主频为 11.1 kHz,半主频为 5.54 kHz。半主频与高频压力数据的 FFT 主频(5.53 kHz)极其接近,相对误差仅为 0.18%,表明火焰的传播频率与压力波的传播频率接近,火焰与压力波耦合,定量验证了爆震波的特征。此外,还得到了轴向脉冲爆燃的振荡主频,为 624 Hz。

此外,在 20 mm 内柱的内柱长度可变燃烧室中还开展了氢气-空气旋转爆震试验研究,得到的高频压力数据如图 5.11 所示。通过高频压力传感器 PCB₄、PCB₇ 依然可以清晰地判断传播模态为单波,此高频压力数据为常见的峰值压力分布,上游 PCB(PCB₂,环形段)的峰值压力明显地高于下游 PCB(PCB₄、PCB₇,无内柱段)的峰值压力,与 Test#5-1 存在显著的区别。图 5.12 为 Test#5-2 的高速摄影的图片,在近场捕获图像中可以发现高亮度的集中火焰既分布在环形段也分布在无内柱段。此时氢气-空气旋转爆震波可自持在燃烧室入口,但爆震波无法完整自持在环形段,割裂成两部分。在远场捕获中,火焰的轴向长度明显地小于 Test#5-1,这缘于氢气-空气旋转爆震波高度本身就偏小,且爆震波的起点已经上移至环形段并被内柱遮挡。综上所述,火焰分布和高频压力相对应,位于环形段的 PCB₂ 处于爆震波波头区域,因而峰值压力较高,而 PCB₄、PCB₇ 已经位于爆震波末端,峰值压力自然相对较低。

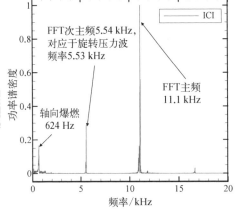

图 5.10　亮度积分的 FFT 结果(Test#5-1,乙烯-空气)　　图 5.11　高频压力局部视图(Test#5-2,氢气-空气)

2. 对工况范围的影响

图 5.13 展示了不同内柱长度对乙烯-空气、氢气-空气旋转爆震工况范围的影响。对于乙烯-空气而言,共包含四种模态,分别是失败、单波、锯齿波和轴向脉冲爆燃模态,在图中分别对应于"◆""▲""■"和"◀"。对于任意包含内柱的燃烧室(即内柱长度≥10 mm),均有当量比的上限与下限。大部分自持模态均为单波模态,锯齿波与轴向脉冲爆燃模态均为出现在工况范围边界处的临界模态。可从图中清晰地发现,随着内柱长度增加,当量比下限逐渐增加,当量比上限逐渐下降,即稳定爆震的工况范围随着内柱长度增加而显著地减小。与无内柱燃烧室相比,10 mm 长内柱已使得工况范围大幅度地减小;60 mm 长内柱更使得当量比上限接

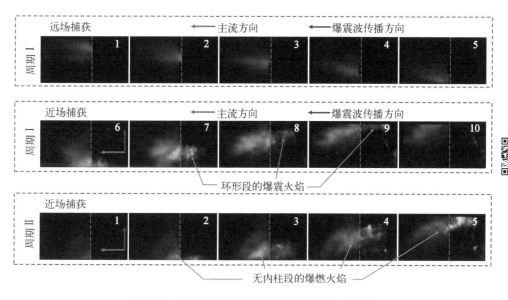

图 5.12　高速摄影图像(Test#5‑2,氢气‑空气)

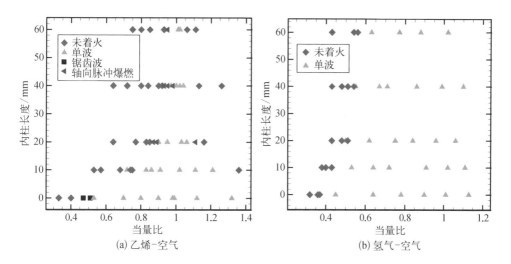

(a) 乙烯-空气

(b) 氢气-空气

图 5.13　内柱长度对工况范围的影响

近下限,此时工况范围很窄。对于乙烯-空气,旋转爆震均自持在无内柱段。由于环形段末端没有喉部,少量高温燃烧产物会逆传进入环形段,并诱导充分混合的可燃混合物形成爆燃。随着内柱长度的增加,混合距离增加、混合效率提升,更有利于诱导爆燃燃烧。此外,爆燃火焰是通过边界层向上游逆传的,而边界层厚度会随着内柱长度增长而增加,这也有助于火焰逆传。因此,轴向预反应的强度与轴向范围随着内柱长度增加而增大,而过度的轴向预反应将显著地影响可燃混合气的累积,当可燃混合气无法有效累积时,旋转爆震将无法长时间自持,其工况范围自然就缩小了。

对于氢气-空气,依然可以发现当量比下限随着内柱长度增加而逐渐增加,且增加的幅度逐渐减小。当内柱长度大于等于 20 mm 时,当量比下限的差异已并不明显。此时,氢气-空气旋转爆震能稳定自持在环形段,内柱长度的影响相对就小得多。与 Zhang 等[8]的研究相比,本书中氢气-空气旋转爆震仅出现了稳定的单波模态,并未出现不稳定模态,其可能的原因是流量增大(由 300 g/s 增加到 550 g/s)使得爆震波的传播更加稳定。此外,对比两种燃料的影响可以发现,当内柱长度为 0 时,当量比下限的差异并不明显,但一旦有了内柱,乙烯-空气旋转爆震的当量比下限就明显地高于氢气-空气,且在本节研究的范围内出现了当量比上限。

图 5.14 展示了内柱长度对旋转爆震波传播频率的影响。对于乙烯-空气,几乎所有试验的传播频率均小于对应的临界频率(C-J 速度除以燃烧室外径),最高传播频率都出现在恰当当量比附近。因受轴向预反应强度增加的影响,传播频率整体随着内柱增加而下降,但下降程度并不明显。但氢气-空气旋转爆震却呈现出不一样的规律。当内柱长度为 40 mm 或 60 mm 时,其传播频率明显低于其他工况,这主要缘于氢气-空气旋转爆震能自持在环形段,例如在内柱长度为 40 mm 的燃烧室,其内柱使得爆震波波系割裂且在无内柱段头部形成明显的补燃燃烧,导致其传播频率最低。

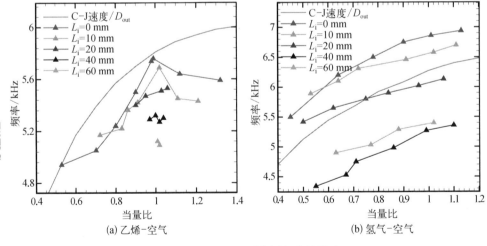

图 5.14　内柱长度对传播频率的影响

传播频率的相对标准差可以用来定量评价爆震波传播的稳定性,如图 5.15 所示。对于乙烯-空气,轴向预反应强度增加,爆震波波前的温度升高,爆震波的压升和强度会有一定程度的下降,这使得传播稳定性随着内柱长度增加而下降。对于氢气-空气,内柱长度的影响也呈现出不一样的特征,在无内柱燃烧室中爆震波传播依然是最稳定的,而当内柱长度为 60 mm 时,爆震波能完全自持在环形段,其稳定性也相对高。当内柱长为 20 mm 或 40 mm 时,内柱使得爆震波的波系结构割裂,导致爆震波的稳定性明显地降低。

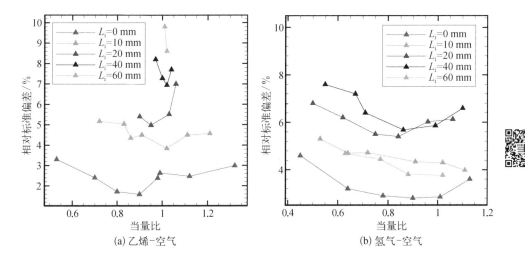

图 5.15　内柱长度对传播稳定性的影响

5.2　无内柱燃烧室

传统旋转爆震燃烧室多采用同轴的环形燃烧室,而无内柱旋转爆震燃烧室在近年来逐渐受到重视,主要原因如下:① 无内柱燃烧室与火箭发动机燃烧室较为相似,一些学者尝试用旋转爆震理论解释液体火箭发动机中的切向不稳定燃烧[9-11];② 无内柱燃烧室的重量更轻,热防护面积大幅度地减少,燃烧室冷却系统可进一步简化[12]。近来研究发现,低活性碳氢燃料-空气旋转爆震能在无内柱燃烧室稳定传播,这里进行探讨分析,所涉及的试验工况及结果如表 5.2 所示。

表 5.2　试验工况及结果(无内柱燃烧室)

工　况	推 进 剂	直径/mm	收缩比	当量比	传播模态	f/kHz
Test#5-3	甲烷-空气	100	4	1.06	单波	5.53
Test#5-4	氢气-富氧空气	100	4	0.96	单波	5.76

续　表

工　况	推　进　剂	直径/mm	收缩比	当量比	传播模态	f/kHz
Test#5 – 5	氨气–富氧空气	100	4	1.02	单波	5.58
Test#5 – 6	氨气–富氧空气	100	4	0.98	单波	5.64
Test#5 – 7	甲烷–空气	80	4	1.08	单波	7.12
Test#5 – 8	甲烷–空气	100	4	1.05	单波	5.73
Test#5 – 9	甲烷–空气	80	6	1.05	单波	6.94
Test#5 – 10	甲烷–空气	100	6	1.08	单波	5.75

5.2.1　可行性及促燃机制

1. 甲烷–空气旋转爆震

甲烷是一种常见的碳氢燃料,是沼气、天然气、瓦斯的主要成分。在煤炭开采过程中,大量的瓦斯从煤层中渗出,如果没有及时排出便会在矿坑中累积,并与空气充分混合,若不注意被火花点燃,可能将发展成爆炸(爆震),这便是很多瓦斯爆炸矿难的起因[13,14]。为了防止瓦斯爆炸,相关的甲烷–空气爆炸研究已经开展了很多年。由于甲烷–空气的胞格尺寸为 340 mm,远远大于氢气–空气和乙烯–空气的胞格尺寸,因此相关研究均在巨型试验装置中开展,如图 5.16 所示。图 5.16(a)中的瓦斯爆震研究装置长 73.2 m,直径为 1.05 m,图 5.16(b)中的甲烷爆震研究装置长 30 m,直径为 0.5 m。甲烷–空气爆震的相关研究对于试验设备的要求极高,因而大部分研究均通过掺氧或掺氢的方式开展。

(a) 瓦斯爆震研究装置[14]　　　　　　　　(b) 甲烷爆震研究装置[15]

图 5.16　瓦斯和甲烷爆震研究装置

在旋转爆震领域,Bykovskii 等[16]也对甲烷–空气开展过相关试验研究,但未能成功。甲烷分子由四个稳定的碳氢键组成,化学性质稳定,可爆性较低,普遍认为

甲烷-空气旋转爆震也需要在巨型试验装置中才能实现。Peng 等[17]首次成功实现
了甲烷-空气旋转爆震，且试验装置为实验室尺寸的无内柱燃烧室，如图 5.17 所
示。燃烧室半径为 50 mm，长度为 80 mm。喷注方案为环缝（空气）-小孔（燃料）对
撞模式，其中，空气环缝宽 0.7 mm，燃料喷孔为沿内柱圆周均匀布置的 90 个直径
0.7 mm 的小孔，与空气来流呈 60°夹角。此燃烧室可搭配不同收缩比的 Laval 喷管。

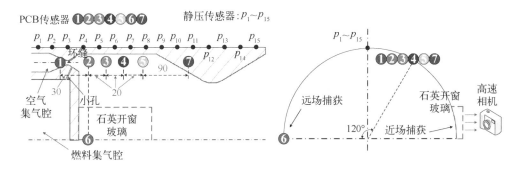

图 5.17　无内柱燃烧室剖视图及传感器布置方案（尺寸单位：mm）

图 5.18 所示为 Test#5-3 高频压力局部视图及瞬时传播频率分布，此时空气
流量为 551 g/s，燃料当量比为 1.02，尾喷管收缩比为 4。从图 5.18(a) 可以发现爆
震波的峰值压力较高，为 2 MPa 左右，压力振荡非常规律。图 5.18(b) 中瞬时传播
频率分布也相对集中，表明甲烷-空气旋转爆震传播较为稳定，平均传播频率为
5.63 kHz，平均传播速度为 1 767.82 m/s，达到了对应 C-J 速度的 97.8%，速度亏损极
小。综合来看，本研究团队实现的甲烷-空气旋转爆震波峰值压力高、传播速度快。

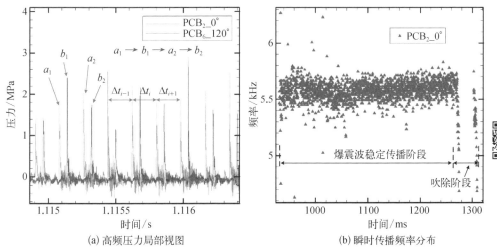

(a) 高频压力局部视图　　　　　　　　(b) 瞬时传播频率分布

图 5.18　高频压力局部视图及瞬时传播频率分布（Test#5-3，甲烷-空气）

图 5.19 为 Test#5－3 甲烷-空气旋转爆震的高速摄影图片,这里只展示近场捕获图像。近场捕获中爆震波火焰集中,颜色为亮蓝色,边界清晰,火焰的轴向长度较长(大约为 60 mm)、周向尺寸(大约为 28 mm)较宽,并无明显的离散火焰,表明甲烷爆震燃烧得充分,甲烷-空气旋转爆震的强度较高。依据观察窗口尺寸、拍摄频率及火焰结构,基于帧 1~3 可以估计爆震波火焰的传播速度为 1 702 m/s,与压力波的传播速度接近。

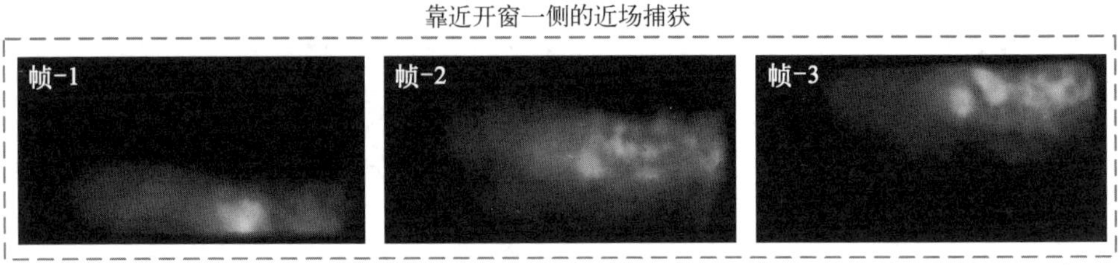

靠近开窗一侧的近场捕获

图 5.19　高速摄影图像(Test#5－3,甲烷-空气)

对 Test#5－3 整个试验过程的高速摄影图像进行亮度积分,得到图 5.20,在稳定传播段内,亮度积分保持着相对稳定,在吹除阶段中期,亮度积分出现大尺度振荡,在吹除阶段末期又恢复密集的振荡,与图 5.18(b)中吹除过程先熄爆再起爆相对应。图 5.21 为 Test#5－3 亮度积分的 FFT 结果,可以发现主频、半主频分别为11.0 kHz 和 5.50 kHz,前面已经探讨过半主频为火焰的真实传播频率,因此,火焰传播频率与压力传播频率的相对误差为 1.4%。火焰传播频率与压力传播频率匹配,表明燃烧波与压力波相耦合,验证了试验中确实实现了甲烷-空气旋转爆震[18]。

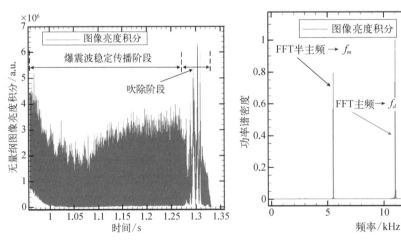

图 5.20　高速摄影图像亮度积分(Test#5－3, 甲烷-空气)　　**图 5.21　亮度积分的 FFT 结果(Test#5－3, 甲烷-空气)**

2. 氨气旋转爆震

氨气作为一种燃烧产物零碳排放的新型可再生能源,还具有高密度、易液化储存、当量热沉高、不结焦和当量热值大等优势[19],近年来在各个领域都得到了广泛的关注。目前关于氨燃料的爆震研究相对较少,而针对氨燃料旋转爆震研究更是一片空白。本研究团队首次开展了氨燃料旋转爆震试验,验证了氨燃料旋转爆震的可行性。由于氨气-空气在常温常压无法自持燃烧,这里通过改变氧含量,开展了一系列氨-富氧空气旋转爆震试验,其工况范围如图 5.22 所示。当富氧空气中的氧气质量分数(oxygen mass fraction, OMF)不低于 43% 时,可实现氨燃料旋转爆震,且随着氧含量的逐渐上升,其工况范围逐渐扩大。试验中得到的氨燃料旋转爆震波几乎都以单波模态传播,图中的临界模态指爆震波传播过程中频繁出现熄灭和再起爆现象。

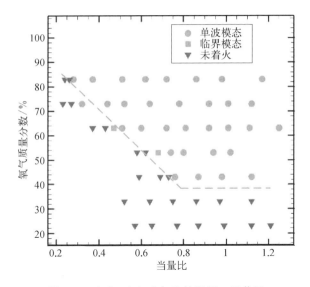

图 5.22　氨气-富氧空气旋转爆震工况范围

图 5.23 为氨-富氧空气旋转爆震波高频压力局部视图。可见,燃烧室外壁上的高频压力传感器 PCB_2 和 PCB_4 均能捕捉到峰值压力超过 1 MPa 的压力波形,为典型的单波模态。瞬时传播频率分布如图 5.24 所示,可以发现瞬时传播频率分布较为集中,平均频率为 5.58 kHz,氨燃料旋转爆震波传播速度约为 1 753 m/s。采用 Glarborg 等[20]提出的氨燃烧化学反应模型,在 Cantera 中计算对应条件下氨燃料爆震波的理论 C − J 速度约为 2 272 m/s,速度亏损达到了 22.8%。相比类似工况下碳氢燃料旋转爆震的单波模态,氨燃料旋转爆震的速度亏损明显更大,其具体原因很可能与氨燃烧复杂的化学反应机理及释热速率缓慢的特性相关。

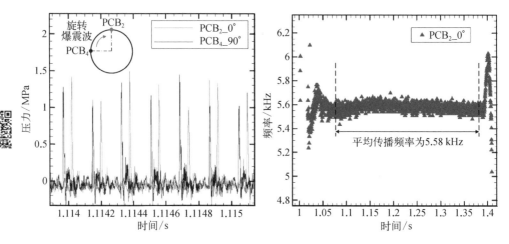

图 5.23　旋转爆震波高频压力局部视图　　　图 5.24　旋转爆震波瞬时传播频率分布
（Test#5－4，氨气-富氧空气）　　　　　　（Test#5－4，氨气-富氧空气）

　　通过改变富氧空气中氧气的质量分数研究了氨燃料旋转爆震反应区的分布情况，其侧窗高速摄影图像如图 5.25 所示。为展示清晰的反应区结构，图中均为近场捕获照片。氨燃料旋转爆震的反应区呈现出明亮的黄色，且反应区轴向结构存在明显的分段现象。在 Test#5－4 中，紧凑且高亮的反应区位于窗口下游，而上游反应区分散且亮度较低。当氧含量进一步提升时，下游的反应区逐渐变弱，高亮的

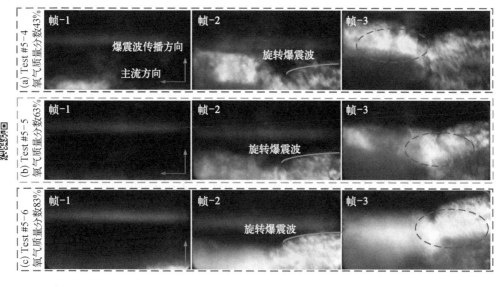

图 5.25　不同氧含量下的氨燃料旋转爆震轴向反应区分布

反应区出现在上游,这表明随着氧化剂活性的提升,氨燃料旋转爆震释热速率加快,释热位置更靠近燃烧室上游。基于氨燃料未来广阔的应用前景,这里对其旋转爆震燃烧特性的研究具有一定的开创性意义。

3. 稳焰促爆的几点认识

无内柱燃烧室对低活性燃料旋转爆震燃烧组织有明显的促进作用,其作用机理可能为爆震波外壁马赫反射、中心高温回流区、爆震燃烧比例提高的综合效果。当爆震波在受限通道内传播时,通道高度或直径等截面特征尺寸与爆震波胞格尺寸存在一定的限制关系,Grune 等[21]提出通道高度至少应为胞格尺寸的 2 倍才能维持爆震波稳定传播。同样的,在环形旋转爆震燃烧室中,燃烧室宽度和胞格尺寸也需满足一定的比例关系。对于胞格尺寸小的高活性燃料,上述比例关系容易满足,此时爆震波面几乎垂直于环形燃烧室内外壁面,在壁面处形成马赫杆结构。而对于胞格尺寸大的低活性燃料,则难以在较窄的环形燃烧室内维持上述马赫杆结构。在无内柱燃烧室内,旋转爆震波在径向方向上可以自由伸展,且在内侧会发生前倾现象。这种前倾会导致爆震波在外壁面发生马赫反射,使壁面附近的激波强度明显增大,波后的化学反应速率明显提升,而剧烈的化学反应往往是驱动爆震波稳定传播的重要因素。同时,Tsuboi 等[22]还发现在外壁面附近的马赫杆后,爆震胞格尺寸也会下降,这些都有助于促进低活性燃料旋转爆震在无内柱燃烧室内的稳定自持传播。

无内柱燃烧室在其中心区域形成巨大的头部回流区,回流区内充满了爆震燃烧产物及被卷吸进来的推进剂,该流场结构特征已被诸多数值仿真结果所证实。Peng 等[23]认为,这种充满高温和高活性基团的中心回流区会与径向外侧的未燃混合气之间发生组分和能量交换,相当于对波前混合气进行了预处理,从而提升了化学反应活性,以促进低活性燃料实现旋转爆震。如图 5.26 所示,其中,$ABCDEF$ 为三角形的推进剂填充区域,$CDEF$ 为爆震波面,$B'C'F'$ 为该组分和能量交换界面。这一额外增加的周向接触面,加热了外侧的推进剂,降低了低活性燃料旋转爆震波的自持难度。Fievisohn 等[24]也认为回流区的燃烧产物可以降低 ZND 结构的诱导长度及胞格尺寸,从而提升推进剂的可爆性。图 5.27 展示了数值模拟得到的无内柱燃烧室乙烯-空气旋转爆震流场中氢气的质量分数分布,可以看到爆震波前存在少量氢气,且其分布位置恰好与上述周向接触面重合。由于采用了基元反应,图中氢气可以视为乙烯发生预反应产生的中间产物,这些高活性的氢气中间产物无疑会对乙烯-空气旋转爆震的实现起到促进作用。

在旋转爆震燃烧室中,不可避免地会有爆燃存在,根据爆燃比例的高低,会引起不同的爆震燃烧现象。Prakash 等[25]通过数值仿真研究,认为当量比的增加会造成更多的爆燃,使得爆震波的传播过程变得混乱。Peng 等[7]认为爆燃与

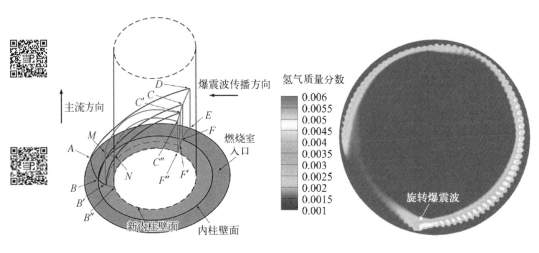

氢气质量分数

0.006
0.0055
0.005
0.0045
0.004
0.0035
0.003
0.0025
0.002
0.0015
0.001

图 5.26　中心回流区促燃机理示意图　图 5.27　无内柱燃烧室乙烯-空气旋转爆震
流场中氢气的质量分数分布

爆震存在竞争关系,当过多的燃料以爆燃形式消耗时,爆震波的强度将会受到明显的影响。无内柱燃烧室中燃烧产物迅速向中心区域膨胀,有利于积累形成低温可燃混气层,为高强度旋转爆震创造了条件。Huang 等[26] 设计了独特的半内柱旋转爆震燃烧室,并通过燃烧室顶部开窗观测,如图 5.28 所示。高速摄影观测结果如图 5.29 所示,从图中发现燃烧室环形段存在着明显的爆燃火焰。同时在侧窗进行观测并设置监测区域,统计发现环形段发生燃烧反应的时间约为无内柱段的 3 倍,如图 5.30 所示。无内柱段的化学反应以爆震燃

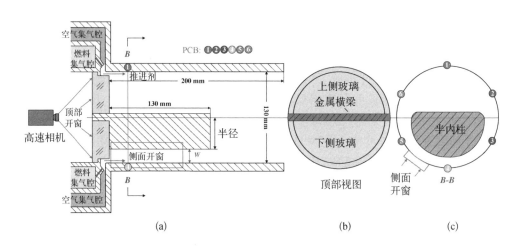

图 5.28　半内柱旋转爆震燃烧室顶部开窗示意图

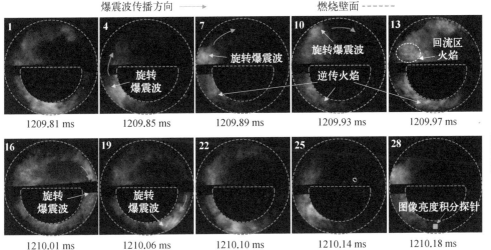

图 5.29　半内柱燃烧室顶部开窗高速摄影结果

烧为主,而环形段多出的化学反应时间主要为爆燃燃烧。当燃料以爆燃形式大量消耗时,会削弱爆震波后耦合反应区的化学反应强度,产生较大的速度亏损。相比环形燃烧室,无内柱燃烧室中有更高比例的燃料以爆震形式燃烧,这会增强爆震波传播稳定性,更有利于低活性燃料实现旋转爆震。

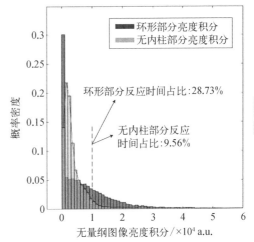

图 5.30　侧窗观测中环形段及无内柱段化学反应时间统计

5.2.2　燃烧室直径

燃烧室直径是无内柱燃烧室最显著的特征参数,本节以甲烷-空气旋转爆震为例进行分析。这里设计了三个直径分别为 80 mm、90 mm 和 100 mm 的无内柱燃烧室,长度统一为 90 mm,并分别搭配了收缩比为 2、4 和 6 的 Laval 喷管开展了研究。当喷管收缩比为 2 时,所有试验均未实现旋转爆震。当收缩比为 4 或 6 时,在不同的工况范围内实现了旋转爆震,结果如图 5.31 所示。试验中包含 3 种模态,分别为单波模态、不稳定模态和失败。在本节中,不稳定模态意味着旋转爆震可以被点燃,但是自持时间比单波模态要短得多,随后就熄灭。

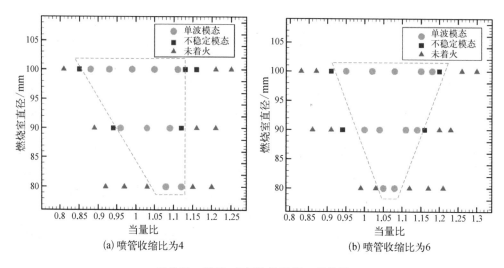

(a) 喷管收缩比为4　　　　　　　(b) 喷管收缩比为6

图 5.31　甲烷-空气旋转爆震工况范围

从图 5.31(a)可以看出,燃烧室直径对工况范围有明显的影响。当燃烧室直径为 80 mm 时,只有在当量比为 1.07~1.12 才能实现甲烷-空气旋转爆震。这表明,当燃烧室直径为 80 mm 时,甲烷-空气旋转爆震只能在非常苛刻的条件下实现。当燃烧室直径增加到 90 mm 时,工况范围扩大。可爆震当量比下限降低到 0.95,这意味着在该燃烧室中更容易实现旋转爆震。当燃烧室直径继续增加到 100 mm 时,工况范围也会继续扩大。当喷管收缩比为 6 时,也可以发现类似的趋势,并且其对应的工况范围几乎没有差异,如图 5.31(b)所示。因此,当前工况下实现甲烷-空气旋转爆震的燃烧室最小直径可认为是 80 mm。

为了分析燃烧室直径对爆震波传播速度的影响,统计各试验中爆震波的传播速度,结果如图 5.32 所示。在图中,有两种缩写,即 Dxx-f 和 Dxx-v,其中 xx 表示燃烧室直径的值,f(或 v)表示爆震波的频率(或传播速度)。图 5.32(a)中不同工况下爆震波的传播速度在 1 744~1 812 m/s 之间。考虑到当量比变化的影响,速度的差异可以忽略不计。爆震波在不同燃烧室中的传播频率存在一些差异,主要是由燃烧室直径的变化引起的。从图 5.32(b)中可以得出相同的结论,这意味着燃烧室直径对爆震波的传播速度几乎没有影响。

图 5.33 显示了 Test#5-7~Test#5-10 自发光观测的近场高速摄影图像。在质量流量和当量比相似的情况下,火焰的差异主要是由于燃烧室直径和喷管收缩比的影响。在图 5.33(a)中,第 2 帧显示了 Test#5-7 中典型的火焰锋面结构,火焰锋面可以分为两部分,上游部分趋于蓝色,下游部分趋于黄色,这表明下游燃烧不够充分。Test#5-8 的火焰则更规则,淡蓝色火焰表明甲烷在更大的燃烧室中燃烧更

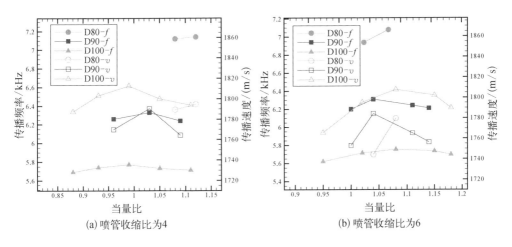

(a) 喷管收缩比为4　　　　　　　　(b) 喷管收缩比为6

图 5.32　甲烷-空气旋转爆震波的传播频率和传播速度分布

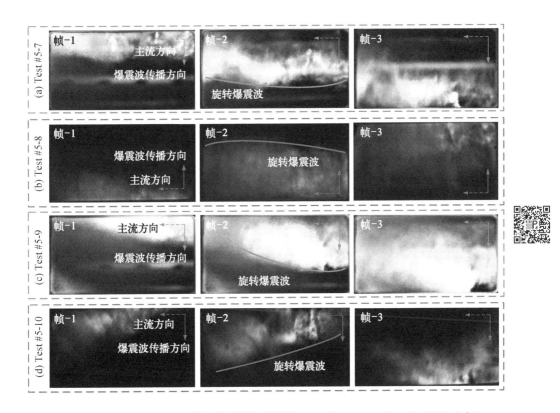

图 5.33　不同燃烧室直径下的旋转爆震火焰结构(Test#5－7~ Test#5－10,甲烷-空气)

充分。保持燃烧室直径为 80 mm，当喷管收缩比从 4 增加到 6 时，燃烧进一步恶化。将图 5.33(c) 与(a)进行比较，Test#5-9 的火焰变成纯黄色，轮廓更亮但更短。火焰颜色的变化可能意味着在 Test#5-9 的燃烧室和喷管配置使燃烧效率降低。类似地，当燃烧室直径为 100 mm 时，将图 5.33(d) 与(b)进行比较，可以得出相同的结论，即喷管收缩比的增加也导致燃烧恶化。综上分析，较大的燃烧室(在试验中为 100 mm)与较小的收缩比(在试验中为 4)组合可得到相对较好的燃烧效果，如图 5.33(b)所示。如图 5.33(a)和(d)所示，减小燃烧室直径或增大喷管收缩比都会导致燃烧恶化。

5.3　环形凹腔燃烧室

环形燃烧室流通截面积小，爆震燃烧所引起的高压被限制在较小的空间内，燃烧室的沿程平均压力较高，但低活性碳氢燃料旋转爆震燃烧组织难度较高。前面提到无内柱燃烧室有助于旋转爆震燃烧组织，提高爆震燃烧的比例，但其截面积远大于环形燃烧室，爆震燃烧引起的高压在整个燃烧室内释放，使得燃烧室的沿程压力平均较低，导致喷管膨胀做功能力差。那能否设计出独特的燃烧室构型，既能有效促进旋转爆震燃烧组织又能提高功能转换效率？

目前已发现扩大燃烧室宽度及在燃烧室头部形成回流区有助于爆震波稳定自持传播，同时结合环形燃烧室沿程压力高的特点将热能更多转换为轴向动能，提出环形凹腔燃烧室以优化燃烧组织过程与做功过程。凹腔在超燃冲压发动机研究中得到了广泛应用[27,28]，对喷注混合和火焰稳定有着显著的作用，但在旋转爆震领域则属于开创性研究[23,29-32]。这里首先探讨了凹腔对乙烯-空气旋转爆震的促进作用，使得传播模态由双波对撞模态向同向双波模态转变。随后研究了凹腔长深比对乙烯-空气旋转爆震的影响机制与规律。本节详细讨论的试验工况如表 5.3 所示。

表 5.3　试验工况及结果介绍(环形凹腔燃烧室)

工　况	长深比	凹腔位置	空气流量/(g/s)	当量比	传播模态	f/kHz
Test#5-11	5.5	0	743	1.00	双波	6.02
Test#5-12	∞	0	746	1.04	双波对撞	2.44
Test#5-13	3.5	0	743	1.02	爆燃	—
Test#5-14	4.5	0	749	0.96	锯齿波	2.42
Test#5-15	19	0	745	0.75	单波	2.73

5.3.1　可行性及促燃机制

环形凹腔燃烧室作为全新的爆震燃烧室构型,虽然其设计理念与思路脱胎于无内柱燃烧室对旋转爆震燃烧组织的促进作用,但环形凹腔对于旋转爆震的具体影响仍不明确,这里首先重点对比分析凹腔对乙烯-空气旋转爆震的作用。图 5.34 为环形凹腔燃烧室剖视图,燃烧室外径、内径分别为 130 mm、100 mm。环形凹腔布置在内柱上,凹腔长为 L,深为 D,后缘倾角为 45°。凹腔后布置等内径环形段及收缩比为 3 的 Laval 喷管。

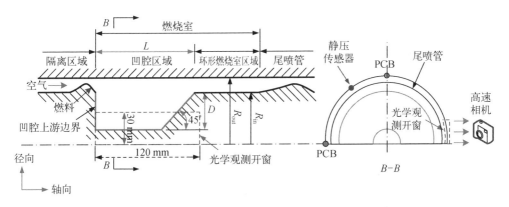

图 5.34　环形凹腔燃烧室剖视图及传感器布置方案

图 5.35 展示了环形凹腔燃烧室中乙烯-空气旋转爆震同向双波的传播特性,此时凹腔深 20 mm,长 110 mm,长深比为 5.5。由图 5.35 可见,压力峰按 $a_i \rightarrow b_i$ 周期性依次重复,为典型的同向模态,可得其平均传播频率为 6.02 kHz,平均传播速度为 2 457.36 m/s,远超对应的 C-J 速度。爆震波波头经进一步确认为 2,表明其传播模态为同向双波模态。因此,爆震波的真实传播速度修正为 1 228.68 m/s,达到了对应 C-J 速度的 67.4%,速度亏损为 32.6%。同向双波的速度亏损普遍偏大,峰值压力偏低,在无内柱燃烧室中乙烯-空气旋转爆震同向双波的速度亏损也达到了 25.4%[33]。此外,图 5.35 中所示的峰值压力多数超过了 0.7 MPa,这些表明该环形凹腔构型的旋转爆震燃烧组织效果较好。

图 5.36 展示了环形凹腔燃烧室中乙烯-空气旋转爆震火焰的传播特性,内柱上凹腔的轮廓已用虚线描绘,主流及爆震波传播的方向均已标注。在连续的高速摄影图片中,爆震波移动火焰清晰可见,同时在凹腔头部存在着亮度较高、范围较广的凹腔稳焰火焰;在一个周期内,凹腔火焰的强度与范围会受旋转爆震波传播的影响,但整体上凹腔火焰能以较高的强度长时间稳定。前面已探讨过回流区火焰作为值班火焰对于旋转爆震燃烧组织的促进作用,同时凹腔中的高温燃烧产物会

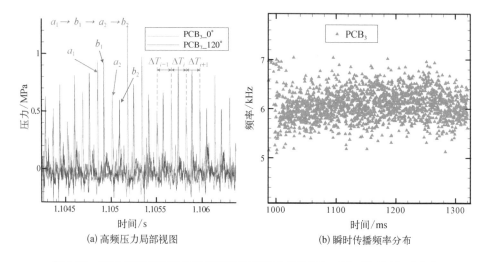

(a) 高频压力局部视图 　　　　　　　(b) 瞬时传播频率分布

图 5.35　环形凹腔燃烧室旋转爆震波高频压力数据（Test#5‑11,乙烯‑空气）

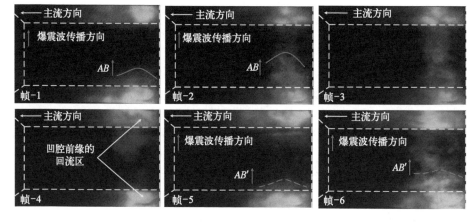

图 5.36　环形凹腔燃烧室旋转爆震波高速摄影图像（Test#5‑11,乙烯‑空气）

导致爆燃强度增加,在促进爆震自持的同时也容易诱导形成新的热点,产生第二个波头,使得旋转爆震以同向双波的形式自持。

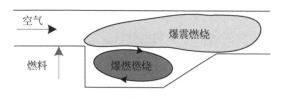

图 5.37　凹腔稳焰火焰对旋转爆震燃烧组织作用的示意图

在超燃冲压发动机中,凹腔的促混稳焰作用已经被广泛认可。在前面已经探讨了无内柱燃烧室构型对于燃烧室宽度、混合和预着火的影响,环形凹腔燃烧室构型也是基于此提出的。图 5.37 为凹腔稳焰火焰对旋转爆震燃烧组织作用的示意图。在内柱的环形凹腔内产生低速的大尺度回流区,部分高温燃烧产物聚集于凹腔内,且少量的乙烯通过剪切扩散作用卷入回流区内,与聚集的高温爆震燃烧产物混合,形成反应强度较低的爆燃燃烧,这一过程能长时间维持回流区内的高温。在凹腔爆燃火焰与可燃混合气累积层之间形成周向预反应接触面,能对可燃混合气累积层内侧进行周向预加热和预反应,显著地降低混合气的诱导时间和诱导距离,增强混合气的可爆性,这是环形凹腔对碳氢燃料旋转爆震燃烧组织促进作用的关键。

5.3.2　凹腔长深比的影响

凹腔广泛地应用于超声速燃烧,凹腔长深比 L/D 是决定凹腔类型的关键参数,凹腔驻留时间随凹腔长深比的增大而增加。通常认为,当 $L/D < 7$ 时为开式凹腔,当 $L/D > 10$ 时为闭式凹腔,当 L/D 介于两者之间时,为过渡型凹腔。在开式凹腔中,超声速来流在凹腔前壁面分离,在超声速主流与低速凹腔回流区之间形成的凹腔剪切层可以跨越整个凹腔,并撞击在凹腔后壁面上,凹腔内存在固定主频的声学振荡。闭式凹腔的剪切层因无法跨越整个凹腔而再附于凹腔底壁。过渡型凹腔则处于两者中间状态。本节在环形燃烧室内通过更换不同长深比的凹腔($D = 5$ mm, $L/D = 11$、15、19; $D = 10$ mm, $L/D = 6$、8、10; $D = 15$ mm, $L/D = 4.33$、5.67、7; $D = 20$ mm, $L/D = 3.5$、4.5、5.5,如表 5.4 所示)开展了一系列试验。

表 5.4　凹腔长深比列表

$D/$mm	L/D
5	11、15、19
10	6、8、10
15	4.33、5.67、7
20	3.5、4.5、5.5

图 5.38 展示了凹腔长深比对传播模态的影响,相同的图标颜色代表同一凹腔深度。基于高频压力和高速摄影数据,在燃烧能长时间自持的工况中共发现 5 种传播模态,分别为爆燃模态、锯齿波模态、单波模态、同向双波模态和双波对撞模态,以不同的图标表示。在图中,可见凹腔长深比显著地影响模态的分布,据此将凹腔长深比的影响作用划分为三块区域,分别为Ⅰ:影响过度区域;Ⅱ:影响合适区域;Ⅲ:影响不足区域。

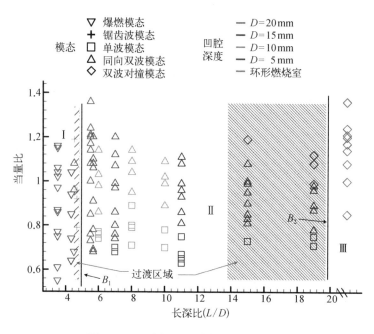

图 5.38　凹腔长深比对传播模态的影响

在区域 I 中,长深比较小(凹腔短且深, L/D = 3.5、4.33、4.5),此时传播模态为爆燃模态及锯齿波模态。爆燃是典型的等压燃烧,没有旋转的压力波,锯齿波是临界模态。此时,在这些环形凹腔燃烧室中,大量燃料以爆燃的形式被消耗,高温的燃烧产物易在凹腔内聚集,进一步提升了爆燃的强度与范围,形成正反馈机制,进一步导致燃烧产物聚集。可燃混合物累积层难以形成,破坏了旋转爆震的基础,此时因凹腔稳焰能力过强导致凹腔产生负效应,不利于旋转爆震起爆及自持。

在区域 II 中,当凹腔长深比增加并跨越边界 B_1 时,将依次出现爆燃模态、锯齿波模态和爆震模态,表明此时长深比的影响逐渐回归到合适的范围,起促进作用。绝大部分工况的传播模态为单波或同向双波,是典型的旋转爆震传播模态。由图 5.38 可见,单波模态主要出现在当量比较低时,同向双波出现在当量比较高时。其可能的原因是增加的燃料在凹腔稳焰火焰的影响下易促使热点形成,诱导形成第二个爆震波,最终以双波模态自持。当长深比进一步增加至 15 或 19 时,双波对撞开始出现,表明此时凹腔对旋转爆震燃烧组织的促进作用减弱,进入过渡区域。在区域 III 中,凹腔长深比(L/D > 19)很大,此外纯环形燃烧室也可视为长深比无穷大的环形凹腔燃烧室,此时凹腔未能对旋转爆震燃烧组织产生足够的积极作用,传播模态均为双波对撞。综合来看,环形凹腔的稳焰能力随着长深比的增加而下降,但其只能在合适的长深比范围内才能对旋转爆震燃烧组织起促进作用,此时传播模态由双波对撞向同向模态转换,模态的变化也恰好验证了前面提出的回流区对旋转爆震燃烧组织的作用机制。

凹腔长深比不仅影响着燃烧的模态分布,还进一步影响着爆震波的传播频率,如图 5.39 所示,可见传播频率按同向双波、单波、双波对撞、锯齿波和爆燃的顺序依次下降。在没有凹腔的纯环形燃烧室(图中标记为 $L/D = +\infty$)中,传播频率为 2.40~2.53 kHz。在合适长深比的凹腔对旋转爆震燃烧组织的促进作用下,传播频率上升十分显著。在大长深比凹腔($L/D = $ 10、11、15、19)燃烧室内,无论是同向双波还是单波模态,凹腔对传播频率的提升作用并不明显。而在小长深比凹腔($L/D = $ 3.5、4.33、4.5)内,当传播模态为锯齿波时,传播频率反而有所下降,在爆燃模态中因没有旋转的压力波,故而传播频率为 0。此外,可以发现在同一长深比凹腔相同传播模态下,当量比的变化对爆震波传播频率的影响较小。

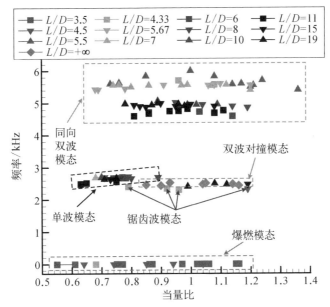

图 5.39　凹腔长深比对传播频率的影响

5.4　变曲率燃烧室

前面讨论的环形燃烧室、无内柱燃烧室或者环形凹腔燃烧室等都是标准的圆环或者圆柱形,圆弧的曲率保持恒定。随着高超声速推进技术的发展,发动机与飞行器的一体化越发重要,因此可与飞行器随形的变曲率燃烧室逐步引起学者的重视。为了兼顾光学诊断对等直侧壁开窗的需求,本节主要基于跑道形燃烧室、异形跑道燃烧室和圆角矩形燃烧室,研究变曲率燃烧室中旋转爆震的传播特性及流场结构。

5.4.1 跑道形燃烧室

图 5.40 为跑道形燃烧室示意图,燃烧室包含两段圆弧和两段直线段。燃烧室外壁面的圆弧段半径为 40 mm,直线段长度为 40 mm,等效直径约为 105 mm,燃烧室长度为 150 mm。氧化剂喷注采用环缝喷注方案,环缝喉部处宽 0.4 mm。燃料喷注采用小孔喷注方案,燃料通过均匀布置在喷注内柱上的 90 个直径为 0.6 mm 的喷孔喷注,与轴向方向的氧化剂成 45° 喷射角度。

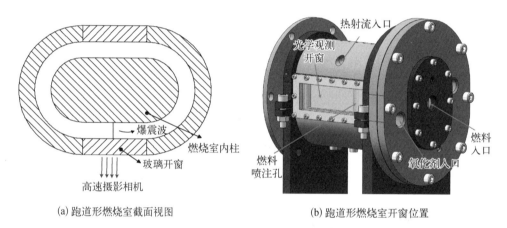

(a) 跑道形燃烧室截面视图   (b) 跑道形燃烧室开窗位置

图 5.40 跑道形燃烧室示意图

由于本节跑道形燃烧室的整体尺寸较小,燃烧室宽度的变化范围也有限。参考 5.1 节中乙烯-空气旋转爆震对燃烧室宽度的需求,一般认为燃烧室宽度需要大于 20 mm,因此在当前 12 mm 宽的跑道形燃烧室中较难实现乙烯-空气旋转爆震。为此,针对性开展乙烯-氢气/富氧空气旋转爆震研究,获得的工况范围如图 5.41 所示。可以发现,乙烯-空气旋转爆震无法实现自持,但将空气中的氧含量提升至 35% 即可实现宽范围旋转爆震,同样的,添加部分氢气使得乙烯-氢气体积比达到 3∶1 时,也能实现旋转爆震稳定自持。旋转爆震波的工况范围随着氧含量、氢气占比逐渐增加而扩大。这是因为添氢和掺氧都能使混合气的胞格尺寸下降,促使满足燃烧室宽度与胞格的匹配关系,进而实现旋转爆震[34]。

图 5.42 展示了跑道形燃烧室中旋转爆震波的流场结构,爆震波传播、主流

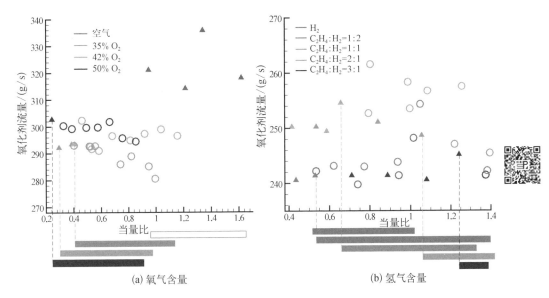

图 5.41　跑道形燃烧室中乙烯空气旋转爆震工况范围的影响

流动方向已在图中标明。可以发现爆震波的燃烧区域具有一定的厚度,由上向下移动。此外,还可以清晰地发现典型的条带结构,即在爆震波上游区域交替出现了明暗相间的条纹结构。其中,暗条纹对应喷孔的位置,燃料喷出后来不及充分混合,为富燃区域,此时燃烧强度、火焰亮度相对较低,而亮条纹对应喷孔的间隔区域,该区域内的少量燃料通过扩散卷吸并与氧化剂混合,燃烧强度、火焰亮度较高。在爆震波下游位置,燃料射流与氧化剂充分混合,条带现象则逐渐减弱。

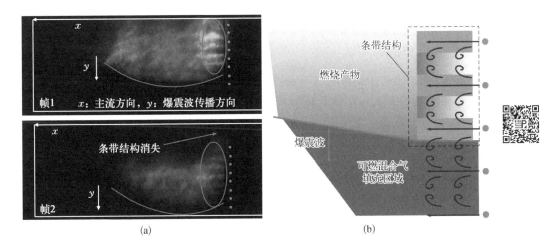

图 5.42　跑道形燃烧室中旋转爆震波的流场结构

5.4.2　异形跑道燃烧室

此外,在跑道形燃烧室的基础上进一步提出了异形跑道燃烧室,其实物图如图 5.43 所示。该燃烧室包含两个直径不一的圆弧段与直线段,其中小直径圆弧的半径为 50 mm,大直径圆弧的半径为 70 mm,燃烧室周长 485 mm,燃烧室宽度为 20 mm。在该燃烧室中开展了乙烯-空气旋转爆震试验研究,采用热射流点火起爆,保持空气流量为 1.8 kg/s,旋转爆震波可在当量比 0.5~1.0 内均可实现稳定自持。图 5.44 展示了当量比为 0.6 时所得高频压力的局部放大图,图中旋转爆震波传播速度为 1 015.5 m/s,速度亏损为 37.4%,同时峰值压力较高,传播较为稳定,验证了异形跑道燃烧室的可行性。

图 5.43　异形跑道燃烧室实物图

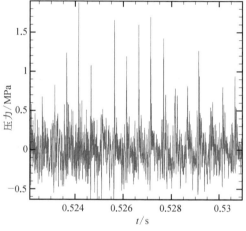

图 5.44　高频压力局部放大图(当量比 0.6)

5.4.3　圆角矩形

此外,基于圆角矩形燃烧室开展三维非预混数值仿真研究,以进一步明晰爆震波在变曲率燃烧室中的传播特性。图 5.45 为圆角矩形无内柱燃烧室计算域示意图,空气通过喉部宽度为 1 mm 的环缝喷注,氢气通过 80 个 0.5 mm×0.5 mm 的方形喷孔喷注,燃烧室长 60 mm,周向外壁面直线段长 30 mm,圆弧段半径为 20 mm。基于 OpenFOAM 开源程序平台搭建的 RDEFoam 求解器,本节采用有限体积求解三维雷诺平均纳维-斯托克斯(Reynolds averaged Navier – Stokes, RANS)方程,时间项采用二阶欧拉后向差分格式,对流项和扩散项都采用二阶中心差分格式,采用 SST $k-\omega$ 湍流模型和部分搅拌器(partially stirred reactor, Pa – SR)湍流燃烧模型进行湍流流动和湍流燃烧过程的模拟,采用通用有限速率模型求解反应物和生成物的输运组分方程,化学反应机理采用氢气-空气 7 组分 8 步基元反应模型。沿着燃烧室周向的外壁面均匀设置了 7 个压力监测点,记为 $p_1 \sim p_7$。

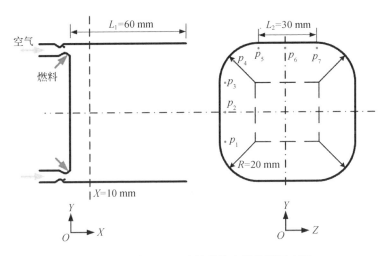

图 5.45　圆角矩形无内柱燃烧室计算域示意图

图 5.46 展示了旋转爆震波在圆弧段的传播过程。在圆角矩形无内柱燃烧室内,爆震波贴近燃烧室壁面传播,传播方向为顺时针旋转。由于仅有外壁面的限制,爆震波后的高温高压产物向燃烧室中心膨胀并产生一道斜激波。通过压力云图可以发现,爆震波在圆弧段传播过程中,在贴近外壁面处形成了明显的局部高压

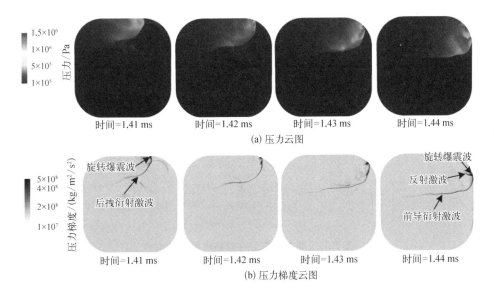

图 5.46　旋转爆震波在圆弧段的传播过程

区,认为这是圆弧段凹型壁面对爆震波产生汇聚增强的结果。此外,压力梯度云图清晰阐释了燃烧室内波系结构的变化,如 1.41 ms 时刻所示,在圆弧入口处,存在一道附着在外壁面的旋转爆震波和一道向燃烧室中心延伸的衍射激波。在直线段,该衍射波落后于旋转爆震波,将其称为后拽衍射激波。爆震波进入圆弧段后,爆震波始终沿外壁面传播并逐渐发生方向转变。同时发现,圆弧段的凹形壁面导致爆震波发生变形,紧贴外壁面形成一道反射激波。由于衍射激波远离外壁面,其传播方向并未受到圆弧段的影响而保持原来的传播方向传播。因此,经过圆弧段之后,爆震波的传播方向发生了 90° 转折,此时衍射激波反而领先于旋转爆震波,在圆弧段出口处形成 1.44 ms 时刻的前导衍射激波、旋转爆震波和反射激波的波系结构。

图 5.47 展示了爆震波在直线段的传播过程。通过压力云图可以发现,爆震波从圆弧段进入直线段后其压力发生显著下降,认为这是从圆弧段到直线段,壁面曲率半径瞬间增大发生膨胀作用引起的。通过压力梯度云图可以发现,在直线段,爆震波同样紧贴外壁面传播,爆震波后高压产物向燃烧室中心逐渐膨胀,随之产生一道新的后拽衍射激波。如 1.47 ms 时所示,此时在燃烧室内形成旋转爆震波、后拽衍射激波和前导衍射激波的波系结构。随着爆震波进一步传播,前导衍射激波由于缺少波后化学反应的支持而逐渐衰减,在直线段末端形成旋转爆震波和后拽衍射激波的波系结构。

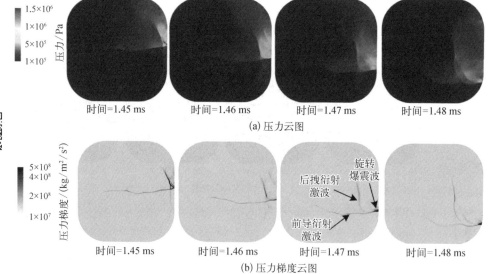

图 5.47　旋转爆震波在直线段的传播过程

综上所述,曲率的变化导致了圆角矩形空心燃烧室激波系的周期性变化。具体而言,在弧段形成前导衍射激波、旋转爆震波和反射激波的波系结构。而在直线段形成旋转爆震波、后拽衍射激波和前导衍射激波的波系结构。与传统的圆柱形空筒燃烧室相比,圆角矩形空心燃烧室内的激波结构更加复杂。

　　为了更直观地认识爆震波在圆角矩形燃烧室传播过程中的强度变化规律,选取了约一个周期内的压力和释热速率监测曲线进行说明,如图 5.48 和图 5.49 所示。图 5.48 的压力监测曲线也进一步验证了圆角矩形空心燃烧室内激波的演化过程,蓝色椭圆的压力峰值为前导衍射激波引起的压力扰动,其峰值较低,强度较弱。而黑色椭圆的压力峰值为旋转爆震波诱导的压力扰动,其峰值较高,强度较大。类似的压力波形周期性出现,验证了旋转爆震波在圆角矩形空心燃烧室内传播过程造成的周期性激波系演化。从图 5.49 可以发现,从圆弧段出口 p_1 经过直线段中点 p_2 再到圆弧段入口 p_3 的直线段传播过程中,爆震波的压力峰值和释热率逐渐下降,爆震波的强度逐渐衰减。从圆弧段入口 p_3 经过圆弧段中点 p_4 再到圆弧段出口 p_5 的圆弧段传播过程中,爆震波的压力峰值和释热率逐渐上升,爆震波的强度逐渐增强。这说明爆震波的强度在圆弧段逐渐增强而在直线段逐渐衰减。

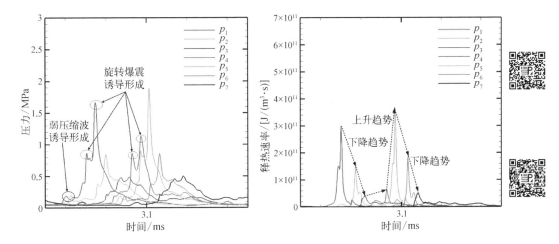

图 5.48　压力曲线局部放大图　　　　图 5.49　释热速率曲线局部放大图

　　为避免单个周期带来的偶然性,对不同监测点在多个传播周期内获得的压力峰值和化学反应释热速率峰值取平均值,结果如图 5.50 所示,压力峰值和化学反应释热速率峰值的平均值的变化趋势相似,同样呈现出在圆弧段增强在直线段减弱的趋势。图 5.51是爆震波传播速度在周向上的分布图,呈现出爆震波在圆弧段传播速度逐渐增大而在直线段传播速度逐渐减小的规律,由各个压力监测点计算得到的爆震波平均传播速度为 2 131.8 m/s,占 C‒J 速度的 106.4%,总体达到了超 C‒J 速度(2 002.5 m/s,ER = 1.12)。综合上述可知,在圆角矩形无内柱燃烧室中,爆震波在直线段和圆弧段的传播特性具有显著的差别,爆震波在圆弧段获得显著加强而在直线段发生明显衰减。

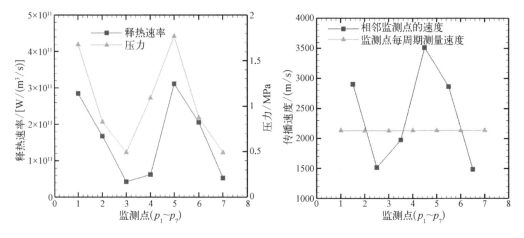

图 5.50　各监测点压力及释热速率
　　　　峰值的平均值

图 5.51　各监测点的平均速度分布

5.5　本章小结

　　本章探讨了燃烧室构型及其特征参数对旋转爆震的影响,燃烧室构型包括环形燃烧室、无内柱燃烧室、环形凹腔燃烧室和变曲率燃烧室等,分析了燃烧室宽度、燃烧室直径、尾喷管收缩比、凹腔长深比及凹腔位置对旋转爆震传播特性和燃烧组织的影响规律及作用机制,可得结论如下。

　　(1)环形燃烧室宽度是旋转爆震稳定自持的关键限制因素之一,低活性碳氢燃料旋转爆震所需的临界燃烧室宽度较大。

　　(2)无内柱燃烧室对甲烷、氨气等低活性燃料旋转爆震燃烧组织有明显的促进作用,其作用机理可能为爆震波外壁马赫反射、中心高温回流区、爆震燃烧比例提高的综合效果。燃烧室直径是旋转爆震的限制因素之一,存在可实现的最小值。尾喷管收缩比对旋转爆震的工况范围、传播特性及流场结构有明显的作用,存在最优值。

　　(3)环形凹腔燃烧室能有效地改善旋转爆震燃烧组织,有效地促进碳氢燃料旋转爆震自持。凹腔长深比是凹腔作用的关键参数,显著地影响着环形凹腔燃烧室的燃烧组织机制,可划分为影响过度、合适和不足区域。

　　(4)旋转爆震波可在变曲率燃烧室自持传播。爆震波在圆弧段显著加强,而在直线段发生明显衰减。

参考文献

[1] Nicholls J A, Cullen R E, Ragland K W. Feasibility studies of a rotating detonation

wave rocket motor[J]. Journal of Spacecraft and Rockets, 1966, 3(6): 893 - 898.

[2] Bykovskii F A, Zhdan S A, Vedernikov E F. Continuous spin detonations[J]. Journal of Propulsion and Power, 2006, 22(6): 1204 - 1216.

[3] Lee J H S, Jesuthasan A, Ng H D. Near limit behavior of the detonation velocity[J]. Proceedings of the Combustion Institute, 2016, 34: 1957 - 1963.

[4] Rudy W, Zbikowski M, Teodorczyk A. Detonations in hydrogen-methane-air mixtures in semi conned flat channels[J]. Energy, 2016, 116: 1479 - 1483.

[5] Kindracki J, Wolański P, Gut Z. Experimental research on the rotating detonation in gaseous fuels-oxygen mixtures[J]. Shock Waves, 2011, 21: 75 - 84.

[6] Liu S J, Liu W D, Lin Z Y, et al. Experimental research on the propagation characteristics of continuous rotating detonation wave near the operating boundary[J]. Combustion Science and Technology, 2015, 187(11): 1790 - 1804.

[7] Peng H Y, Liu W D, Liu S J, et al. The competitive relationship between detonation and deflagration in the inner cylinder-variable continuous rotating detonation combustor [J]. Aerospace Science and Technology, 2020, 107: 106263.

[8] Zhang H L, Liu W D, Liu S J. Effects of inner cylinder length on H_2/air rotating detonation[J]. International Journal of Hydrogen Energy, 2016, 41: 13281 - 13293.

[9] Ar'kov O F, Voitsekhovskii B V, Mitrofanov V V, et al. On the spinning-detonation-like properties of high frequency tangential oscillations in combustion chambers of liquid fuel rocket engines[J]. Journal of Applied Mechanics and Technical Physics, 1970, 11(1): 159 - 161.

[10] Shen I W. Theoretical analysis of a rotating two-phase detonation in a liquid propellant rocket motor[D]. Michigan: The University of Michigan, 1971.

[11] 张海龙.液体火箭发动机切向不稳定燃烧的旋转爆震机理研究[D].长沙: 国防科技大学,2017.

[12] Tang X M, Wang J P, Shao Y T. Three-dimensional numerical investigations of the rotating detonation engine with a hollow combustor[J]. Combustion and Flame, 2015, 162(4): 997 - 1008.

[13] Zhang B, Bai C H. Methods to predict the critical energy of direct detonation initiation in gaseous hydrocarbon fuels — an overview[J]. Fuel, 2014, 117: 294 - 308.

[14] Jr Zipf R K, Gamezo V N, Mohamed K M, et al. Deflagration-to-detonation transition in natural gas-air mixtures[J]. Combustion and Flame, 2016, 116: 2165 - 2176.

[15] Ajrash M J, Zanganeh J, Moghtaderi B. Deflagration of premixed methane-air in a large scale detonation tube[J]. Process Safety and Environmental Protection, 2017, 109: 374 - 386.

[16] Bykovskii F A, Zhdan S A, Vedernikov E F. Continuous spin detonation of fuel-air

mixtures[J]. Combustion, Explosion, and Shock Waves, 2006, 42(2): 463 – 471.

[17] Peng H Y, Liu W D, Liu S J, et al. Realization of methane-air continuous rotating detonation wave[J]. Acta Astronautica, 2019, 164: 1 – 8.

[18] Peng H Y, Liu S J, Liu W D, et al. The nature of sawtooth wave and its distinction from continuous rotating detonation wave[J]. Proceedings of the Combustion Institute, 2023, 39(3): 3083 – 3093.

[19] Valera-Medina A, Xiao H, Owen-Jones M, et al. Ammonia for power[J]. Progress in Energy and Combustion Science, 2018, 69: 63 – 102.

[20] Glarborg P, Miller J A, Ruscic B, et al. Modeling nitrogen chemistry in combustion [J]. Progress in Energy and Combustion Science, 2018, 67: 31 – 68.

[21] Grune J, Sempert K, Friedrich A, et al. Detonation wave propagation in semi-confined layers of hydrogen-air and hydrogen-oxygen mixtures [J]. International Journal of Hydrogen Energy, 2017, 42(11): 7589 – 7599.

[22] Tsuboi N, Eto S, Hayashi A K, et al. Front cellular structure and thrust performance on hydrogen-oxygen rotating detonation engine[J]. Journal of Propulsion and Power, 2017, 33(1): 100 – 111.

[23] Peng H Y, Liu S J, Liu W D, et al. Enhancement of ethylene-air continuous rotating detonation in the cavity-based annular combustor [J]. Aerospace Science and Technology, 2021, 115: 106842.

[24] Fievisohn R T, Hoke J L, Schumaker S A. Product recirculation and autoignition in rotating detonation engines[C]. AIAA SciTech 2020 Forum, Orlando, 2020.

[25] Prakash S, Raman V, Lietz C F, et al. High fidelity simulations of a methane-oxygen rotating detonation rocket engine[C]. AIAA Scitech 2020 Forum, Orlando, 2020.

[26] Huang S Y, Zhou J, Liu W D, et al. Experimental investigation on rotating detonation engine with full/half inner cylinder[J]. Acta Astronautica, 2023, 212: 84 – 94.

[27] Barnes F W, Segal C. Cavity-based flame holding for chemically-reacting supersonic flows[J]. Progress in Aerospace Science, 2015, 76: 24 – 41.

[28] Seleznev R K, Surzhikov S T, Shang J S. A review of the scramjet experimental data base[J]. Progress in Aerospace Science, 2019, 106: 43 – 70.

[29] Peng H Y, Liu W D, Liu S J, et al. The effect of cavity on ethylene-air continuous rotating detonation in the annular combustor [J]. International Journal of Hydrogen Energy, 2019, 44(26): 14032 – 14043.

[30] Peng H Y, Liu W D, Liu S J, et al. Effects of cavity location on ethylene-air continuous rotating detonation in a cavity-based annular combustor [J]. Combustion Science and Technology, 2021, 193(16): 2761 – 2782.

[31] Liu S J, Peng H Y, Liu W D, et al. Effects of cavity depth on the ethylene-air

continuous rotating detonation[J]. Acta Astronautica, 2020, 166: 1 - 10.

[32] Fan W J, Liu S J, Zhong S H, et al. Characteristics of ethylene-air continuous rotating detonation in the cavity-based annular combustor[J]. Physics of Fluids, 2023, 35(4).

[33] Peng H Y, Liu W D, Liu S J, et al. Experimental investigations on ethylene-air continuous rotating detonation in the hollow chamber with Laval nozzle [J]. Acta Astronautica, 2018, 151: 137 - 145.

[34] Peng H Y, Liu W D, Liu S J. Ethylene continuous rotating detonation in optically accessible racetrack-like combustor[J]. Combustion Science and Technology, 2019, 191(4): 676 - 695.

第 6 章

旋转爆震波自持传播机理

旋转爆震波与传统的等直通道内静止预混气中的爆震波相比,其起爆、DDT 过程、自持传播机理更加复杂。旋转爆震是在非预混来流情况下,在特定构型燃烧室中的连续爆震现象,其传播过程主要为沿燃烧室周向的旋转传播,同时还受到沿燃烧室轴向的侧向膨胀影响。爆震波在这两个方向上与来流的匹配共同决定了其是否能够稳定自持传播。侧向膨胀影响下的爆震波存在三种传播模式:自持模式、熄爆模式和临界模式,各传播模式下爆震锋面形状、反应区厚度、胞格形状和速度亏损之间存在着密切联系[1]。爆震波在周向的旋转传播一般认为存在两种模式:不稳定传播模式和稳定传播模式,这两种传播模式的形成与燃烧室内外壁面对爆震波的作用紧密相关。

本章对侧向膨胀及壁面曲率对爆震传播的影响机制进行研究,首先介绍了爆震波在侧向膨胀影响下的三种传播模式,建立了侧向膨胀引起速度亏损的理论预测模型,并与试验结果进行了对比。而后详细介绍了爆震波周向传播模式,总结了传播模式的变化规律,并开展了试验验证,研究成果可为旋转爆震自持传播机理分析提供支撑。

6.1 侧向膨胀爆震波传播模式

在环形燃烧室中,旋转爆震波在沿燃烧室周向旋转传播的同时,波后高压燃气也沿燃烧室轴向发生侧向膨胀。旋转爆震波受侧向膨胀的影响,其传播速度将降低,同时爆震锋面发生不同程度的变形,胞格形状和反应区厚度也将受到影响。试验中发现,侧向膨胀的爆震波存在三种传播模式:自持模式、熄爆模式和临界模式,不同传播模式下爆震锋面形状、反应区厚度、胞格形状和速度亏损之间存在着密切联系。研究表明[2-8],爆震波的速度亏损能够在一定程度上反映爆震波的强度,爆震波强度越弱,速度亏损越大。当速度亏损达到一定程度后,爆震波强度将很弱,无法维持传播,从而解耦熄爆。因此,速度亏损是评价侧向膨胀对爆震波影响的重要指标。

6.1.1 试验系统及工况

对爆震波侧向膨胀的试验研究主要在静止预混气中开展,试验系统主要由点火系统、供气系统、爆震传播段、试验段和测量系统等组成,如图 6.1 所示。通过火花塞点燃预混气,经 DDT 起爆形成爆震波,发展稳定后再进入试验段,通过高速纹影/阴影观测爆震波的流场结构,并利用高频压力采集系统记录沿程压力变化。试验段如图 6.2 所示,利用聚乙烯薄膜将上侧预混气和下侧惰性气体隔开,从而研究侧向膨胀对爆震波传播特性的影响。沿着爆震波来流方向,依次将 PCB 布置在 a、b、c、d、e 处,a 点在稳定段,b 点在试验段入口,c、d 和 e 在侧向膨胀区域,因此可以将 a 和 b 之间速度 V_{ab} 视为爆震波稳定传播速度,V_{bc}、V_{cd} 和 V_{de} 则为受侧向膨胀影响后的爆震波速。试验中采用的预混气为氢气/空气混合气,惰性气体为氮气,其初始压力均为 101 kPa、温度均为 300 K,试验段预混气的高度为 30 mm。试验研究工况如表 6.1 所示,其中当量比定义为 $H_2/O_2/N_2 = 2 \cdot ER/1/3.76$。

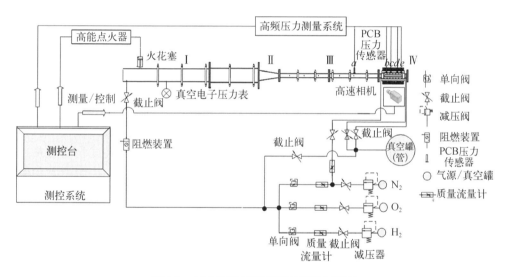

图 **6.1**　静止预混气爆震试验系统示意图

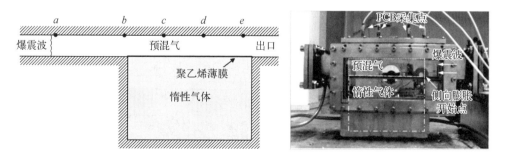

图 **6.2**　试验段构型与实物照片

表 6.1 试验工况介绍

工 况	预混气	当 量 比
Test#6 – 1	$H_2/O_2/N_2$	1
Test#6 – 2	$H_2/O_2/N_2$	0.7
Test#6 – 3	$H_2/O_2/N_2$	2.1
Test#6 – 4	$H_2/O_2/N_2$	0.8
Test#6 – 5	$H_2/O_2/N_2$	1.75
Test#6 – 6	$H_2/O_2/N_2$	2.0
Test#6 – 7	$H_2/O_2/N_2$	2.25

试验中发现,受侧向膨胀影响,爆震波会发生衰减,存在自持、熄爆、临界三种传播模式,下面将结合光学观测、数值模拟、胞格分布等结果对各模式下的爆震发展过程进行详细分析。

6.1.2 自持模式

在自持模式下,爆震波能够抵御侧向膨胀衰减的影响而不熄爆,维持继续传播。图 6.3 所示为自持模式下爆震波在试验段的发展过程,本次试验的当量比 ER = 1。由图 6.3(a)可知,刚进入试验段时,爆震波面存在若干条横波,且横波间距较小。如图 6.3(b)所示,在试验段传播一段距离后,横波间距增大,且爆震波面上

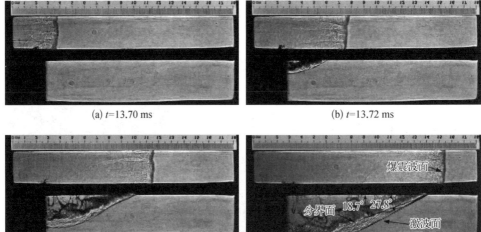

(a) t=13.70 ms   (b) t=13.72 ms

(c) t=13.74 ms   (d) t=13.76 ms

图 6.3 自持传播模式下试验段爆震波传播过程阴影图

侧靠前,下侧滞后,有一定倾斜,另外受高压爆震燃烧产物侧向膨胀影响,在下侧惰性气体区域形成了斜激波。至图 6.3(c)时,爆震波继续前传,斜激波继续发展,但还未抵达下侧固壁。至图 6.3(d)时,爆震波/斜激波组合的流场结构已基本发展稳定,但与正常爆震波相比,此时波后的横波结构已不太明显。爆震燃烧产物与斜激波后的惰性气体间形成了分界面,斜激波角度为 27.8°,界面角为 18.7°。若是试验段足够长,爆震波/斜激波组合可以此形态继续维持传播。

针对自持模式下的侧向膨胀爆震波传播过程开展了数值模拟,密度云图如图 6.4 所示。图 6.4(a)所示为未进入试验段的爆震波,波面基本竖直,波后存在清晰的横波结构;进入试验段后,爆震波下侧最先受到影响,波面发生弯曲,高压爆震产物在惰性气体区域发生膨胀,诱导产生了斜激波;随着爆震波的前传,侧向膨胀效应由下向上逐渐发展,斜激波也逐渐向下侧延展;至图 6.4(e)时,爆震波/斜激波组合的形态已基本发展稳定,爆震波上侧靠前、下侧滞后,总体倾斜,下侧波面略有弯曲,爆震波后的横波结构还清晰可见,但间距略有增大,斜激波倾角 27.7°,界面角 19.2°,与上述的试验结果比较吻合。

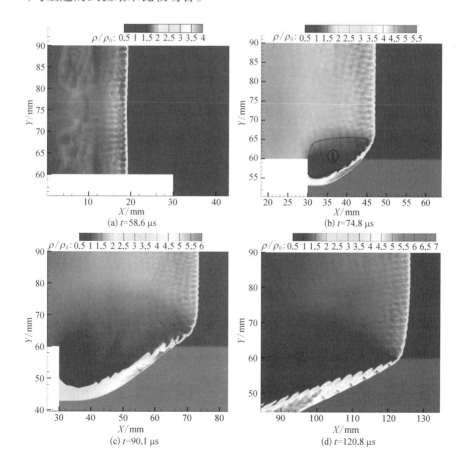

(a) t=58.6 μs

(b) t=74.8 μs

(c) t=90.1 μs

(d) t=120.8 μs

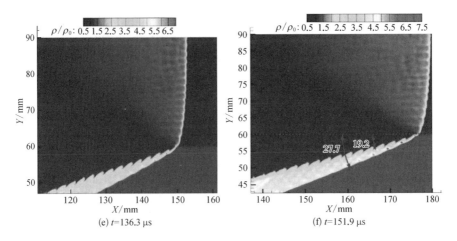

图 6.4　自持传播模式下的爆震波密度云图

　　基于试验和数值模拟,分别获得了侧向膨胀爆震波自持传播模式的胞格分布,图 6.5(a)为试验结果,爆震波受侧向膨胀影响前,形成了正常胞格区①;随后爆震波下侧首先受到稀疏波的影响,胞格变大甚至消失,侧向膨胀效应从下向上斜向前发展,从下侧起始点至上壁面 105 mm 处的连线即为其作用轨迹,称为胞格"失稳线",右侧即为胞格消失区②;由于本工况下爆震波强度较强,受侧向膨胀衰弱后还能再次恢复,从而形成了胞格恢复区③,该区域内胞格尺寸变大且很不规则,此时爆震波后的横波结构并不明显,说明此时爆震波处于临界状态。而在区域③中出现了局部细胞格区④,说明在前导激波压缩后的可燃气中,又形成了局部热点发生了二次起爆,从而形成了局部过驱爆震,这非常有利于整体爆震波的增强和自持传播。

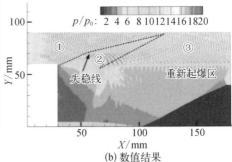

(a) 试验结果　　　　　　　　　　　(b) 数值结果

图 6.5　自持传播模式下的胞格分布

　　数值模拟的胞格分布与试验结果类似,如图 6.5(b)所示,也存在正常胞格区①、胞格消失区②、胞格恢复区③,但区域③中的胞格分布相较试验更加规则。对于未受侧向膨胀影响的正常爆震波,本数值模拟的胞格尺寸偏小,在相同的爆震波高度下,横波更多,因此爆震波强度更好,抵御侧向膨胀衰减的能力更强,在受侧向膨胀影响后,爆震波只是略有变形,并未失稳解耦。

6.1.3　熄爆模式

熄爆模式下的爆震波传播过程阴影分布如图 6.6 所示,对应当量比 ER = 0.7。爆震波尚未进入试验段时仍保持稳定传播,其反应区域明显长于 ER = 1.0 工况。进入试验段后,爆震锋面发生变形,反应区增厚,下侧爆震波面发生弯曲。18.58 ms 时,前导激波与燃烧面已出现局部解耦,爆震波已处于临界熄爆状态。18.60 ms 时,爆震波解耦程度加剧,自下至上前导激波与燃烧面完全分离。18.64 ms 时,前导激波强度进一步减弱,与燃烧面的距离进一步增大,爆震已解耦熄爆。由于在传播过程中,爆震波强度在逐渐衰减,爆震波面结构一直不稳定,因此其高压燃烧产物侧向膨胀所形成的斜激波面也不稳定,无法对斜激波角进行测量。

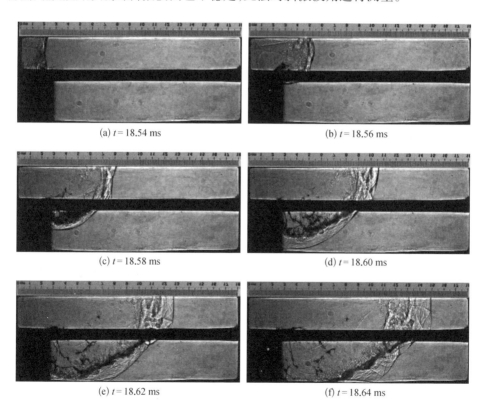

(a) t = 18.54 ms

(b) t = 18.56 ms

(c) t = 18.58 ms

(d) t = 18.60 ms

(e) t = 18.62 ms

(f) t = 18.64 ms

图 6.6　熄爆模式下试验段爆震波传播过程阴影图

针对熄爆模式进行了数值模拟,其发展过程如图 6.7 所示。60.4 μs 时,爆震波尚未进入试验段,爆震锋面平整,横波间距较大且均匀分布,其横波数量相对于

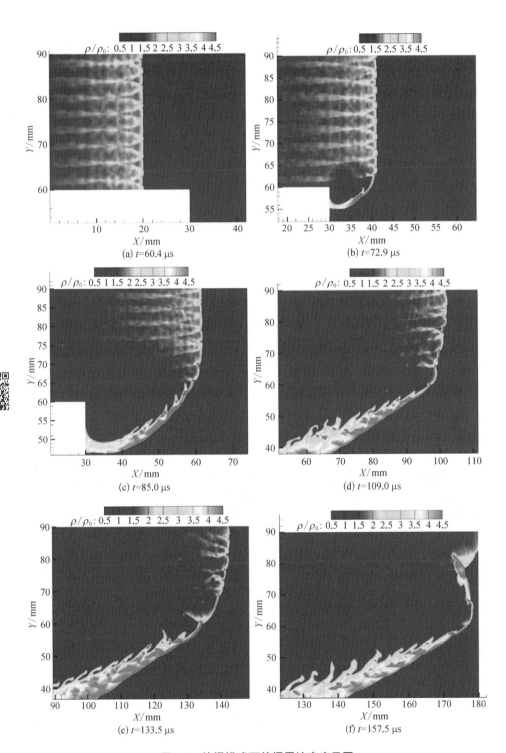

图 6.7　熄爆模式下的爆震波密度云图

ER = 1 时明显减少。72.9 μs 时,下侧爆震波开始受到侧向膨胀影响,横波衰减甚至消失;85.0 μs 时,下侧爆震锋面变形严重,70 mm 以下横波结构消失;109.0 μs 时,上侧爆震锋面也受到侧向膨胀影响,横波间距进一步增大,且横波分布不规则;133.5 μs 时,横波数量进一步减小,爆震锋面极不稳定;157.5 μs 时,爆震锋面急剧变形,燃烧锋面与前导激波解耦而熄爆。

试验和数值模拟得到的熄爆模式下爆震波胞格发展过程如图 6.8 所示,大致分为四个区域,其中①表示正常胞格区;②表示胞格消失区;③表示胞格再现区;④表示熄爆区。稳定爆震波进入试验段后,沿着"失稳线",爆震波胞格尺寸逐渐变大,并且在失稳线下侧,受到侧向膨胀衰减的影响,胞格消失。在经历胞格消失区后,隐约能够发现一些胞格,即胞格再现区,但并未出现细胞格结构,表明在爆震衰减后未能再度起爆未燃气体。受到侧向膨胀影响的爆震波强度不断衰减,从而解耦熄爆,形成熄爆区④。从数值胞格图中可以看出,稳定爆震波受到侧向膨胀影响时,沿着"失稳线",爆震波强度逐渐衰减,出现衰减区,胞格尺寸变大。在衰减区域后侧,爆震波可能出现熄爆或者重新起爆,但仍然难以承受侧向膨胀衰减的影响,胞格尺寸继续增大,直至胞格消失。

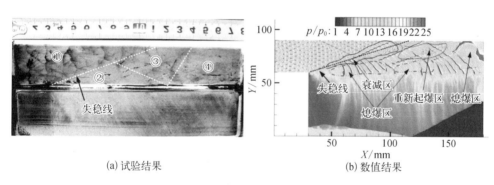

(a) 试验结果　　　　　　　　(b) 数值结果

图 6.8　熄爆模式下的胞格分布

6.1.4　临界模式

临界模式下爆震波传播过程阴影图如图 6.9 所示,对应当量比 ER = 2.1。15.02 ms 时,爆震波尚未受到侧向膨胀影响。15.04 ms 时,爆震波传至约 48.2 mm 处,由于侧向膨胀的影响,下侧爆震波锋面向后弯曲,下侧爆震波反应区厚度增大。15.06 ms 时,爆震锋面变形进一步加剧,爆震锋面上侧已达 89.2 mm 处,而下侧位于 84.1 mm 处,下侧爆震波反应区厚度进一步增大,且增厚区域逐渐向上传播,表明侧向膨胀逐渐影响到爆震波上侧区域。15.08 ms 时,爆震锋面呈现弓形,爆震下侧加速,表明下侧形成了局部的再次起爆。15.10 ms 时,局部起爆区域向上传播并在上壁面发生反射,从而使上侧波面也实现再次起爆,上侧爆震锋面再次超过下侧。15.12 ms 时,爆震波传出观察区域,其下侧激波面和接触面都较为规则。

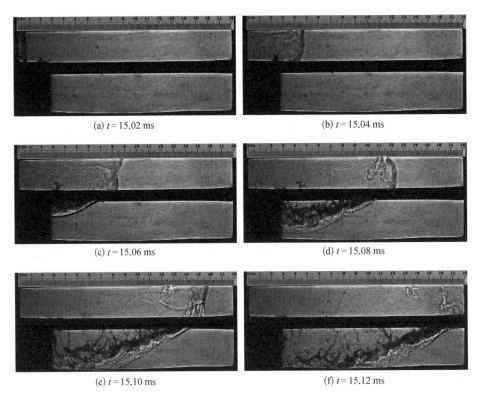

(a) $t = 15.02$ ms (b) $t = 15.04$ ms

(c) $t = 15.06$ ms (d) $t = 15.08$ ms

(e) $t = 15.10$ ms (f) $t = 15.12$ ms

图 6.9 临界传播模式下试验段爆震波传播过程阴影图

临界模式下的数值胞格如图 6.10 所示。稳定爆震波进入试验段后,沿着失稳线,爆震波强度受到侧向膨胀的影响不断衰减,胞格尺寸逐渐变大,特别是爆震波的下侧,由于侧向膨胀的影响,局部胞格结构消失,从而出现胞格消失区②。此后

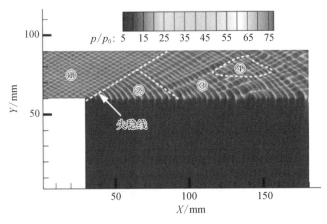

图 6.10 临界模式下的爆震波数值胞格分布

胞格再次出现,即胞格恢复区域③,在③区域内可以发现胞格尺寸明显比①区域大,且胞格分布不均匀。同时,图中还存在局部细胞格区域④,表明爆震波实现了重新起爆,使爆震波强度得到局部增强,从而抵抗侧向膨胀衰减的影响。图中胞格结构的不均匀也表明爆震锋面的畸变,这也说明爆震波此时传播不稳定,处于临界状态。

6.1.5　自持工况边界

为了获得自持工况边界,通过改变氢气/空气混合气的当量比开展了系列试验,针对 ER 为 0.7、0.8、1.0、1.75、2.0 和 2.25 的工况进行分析。通过高频压力传感器测得各段的爆震波传播速度,从而可以获得各段速度相对于 C–J 爆震速度 D_{C-J} 的速度亏损。速度亏损比率 f 由式(6.1)得到:

$$f = \frac{D_{C-J} - V}{D_{C-J}} \tag{6.1}$$

式中,V 为各段传播速度。各当量比下的速度亏损分布如图 6.11 所示,可以发现稳定段 ab 的速度要略低于 C–J 速度,其速度亏损为 4.0%~5.3%,这可能是爆震波受到边界层影响而形成的速度损失。稳定爆震波在刚进入试验段后,受侧向膨胀影响,爆震波速度将发生亏损,速度亏损率比率增大,此时爆震波处于失稳阶段。在经历失稳阶段之后,将出现两种情况:一种是速度亏损继续增大,表明爆震波解耦而熄爆,对应于熄爆模式;另一种是爆震波内部发生再次起爆,从而实现稳定自持传播,速度亏损减小。

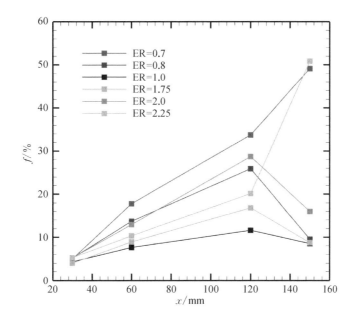

图 6.11　不同当量比下爆震波速度亏损沿程分布

从图 6.11 可以发现,ER 为 0.7 和 2.25 时,f 持续增大;为熄爆模式,ER 为 1.0 和 1.75 时,f 先增大后减小,速度亏损始终在 15% 以内,为自持传播模式。ER 为 0.8 和 2.0 时,f 虽然也是先增大后减小,但爆震波在 cd 段速度亏损较为明显,达到 25% 以上。可见,ER 为 0.8 和 2.0 时是爆震波自持传播的临界工况。

6.2 侧向膨胀爆震极限

根据上述分析可知,侧向膨胀将衰减爆震波强度,从而导致爆震锋面变形、反应区厚度增加和速度亏损,甚至导致爆震熄爆。本节将建立侧向膨胀引起爆震速度亏损的理论分析模型,对试验工况进行理论评估,并与试验结果进行对比,从而揭示侧向膨胀导致爆震失效的作用机制。

6.2.1 侧向膨胀速度亏损理论模型

在考虑侧向膨胀影响的情况下,将坐标系建立在快速传播的爆震波上的流场结构如图 6.12 所示,其中可燃气下侧的边界层气体不参与化学反应,爆震后的高压燃烧产物向下侧膨胀,诱导产生了斜激波,其角度为 θ,爆震产物与斜激波后的边界层气体具有接触面,其角度为 δ。由图 6.12 可知,由于爆震波后燃烧产物的侧向膨胀,至 C-J 面处,其截面高度已经大于原始的前导激波高度,将会对爆震波的传播速度产生一定的影响。

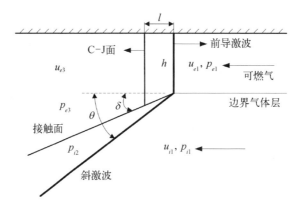

图 6.12 考虑侧向膨胀影响的流场结构示意图

Dabora 等[9] 对此问题已开展过研究,这里直接引用其主要的公式推导结果。将爆震波看成一个间断面,间断前后的参数应该满足质量、动量和能量守恒。但是在目前的情况下,间断后的面积有扩张,如式(6.2)所示,其中 ξ 为表征面积扩张程度的参数,在考虑面积扩展的情况下,由三大守恒定律可得式(6.3)~式(6.5):

$$\frac{A_2}{A_1} = 1 + \xi \qquad (6.2)$$

$$\rho_1 u_1 = \rho_2 u_2 (1 + \xi) \qquad (6.3)$$

$$\rho_1 u_1^2 + p_1 = (\rho_2 u_2^2 + p_2)(1 + \xi) - \int_0^\xi p \mathrm{d}\xi \qquad (6.4)$$

$$\frac{u_1^2}{2} + h_1 + q = \frac{u_2^2}{2} + h_2 \qquad (6.5)$$

$$\int_0^\xi p \mathrm{d}\xi = p_2 \varepsilon \xi \qquad (6.6)$$

式中,下标 1 表示可燃混合气的初始状态;下标 2 表示 C‑J 面处的状态。

式(6.6)为压力在前导激波和 C‑J 面之间的积分,p_2 代表 C‑J 面处的压力。由于前导激波后的 von Neumann 压力峰值约为 C‑J 面处压力的 2 倍,因此参数 ε 应位于 1~2。综合式(6.3)~式(6.6),可得式(6.7),其中 Ma_1 为爆震波的传播马赫数,而 ψ 则如式(6.8)所示:

$$2\left[\frac{q}{C_{p1}T_1} - \frac{\gamma_1 - \gamma_2}{\gamma_1(\gamma_2 - 1)}\right]\frac{\gamma_2^2 - 1}{\gamma_1 - 1} = Ma_1^2(1 + \psi\gamma_2^2) \qquad (6.7)$$

$$\psi = \left[\frac{1}{1 - \dfrac{\varepsilon\xi}{(1 + \gamma_2)(1 + \xi)}}\right]^2 - 1 \qquad (6.8)$$

式(6.7)的左端项与爆震燃烧的放热量相关,Dabora 的研究结果表明,侧向膨胀对爆震燃烧的放热量影响有限。假定侧向膨胀并不影响爆震燃烧的放热量,则式(6.7)的左端项为常数,由此可得侧向膨胀所引起的传播速度的亏损,如式(6.9)所示,其中 $Ma_{1(\xi=0)}$ 为不发生面积扩展时的爆震波传播马赫数,即 C‑J 速度所对应的传播马赫数。

$$\frac{\Delta Ma}{Ma_{1(\xi=0)}}$$

$$= 1 - \sqrt{\frac{\left[1 - \dfrac{\varepsilon}{1 + \gamma_2}\dfrac{\xi}{1 + \xi}\right]^2}{\left[1 - \dfrac{\varepsilon}{1 + \gamma_2}\dfrac{\xi}{1 + \xi}\right]^2 + \gamma_2^2\left[2\dfrac{\varepsilon}{1 + \gamma_2}\dfrac{\xi}{1 + \xi} - \left(\dfrac{\varepsilon}{1 + \gamma_2}\right)^2\left(\dfrac{\xi}{1 + \xi}\right)^2\right]}}$$

$$(6.9)$$

$$\xi = \frac{l\tan\delta}{h} \tag{6.10}$$

至此,已得到了侧向膨胀所引起的速度亏损的预测公式,但是还需要求解参数 ε 和 ξ。其中参数 ε 可根据爆震波的结构积分求得,而面积扩张参数 ξ 可通过式(6.10)求得,其中 l 为前导激波与 C - J 面的间距,δ 为接触面的倾角。可见,若要预测侧向膨胀所引起的传播速度亏损,还需要求解接触面倾角 δ。

图 6.13 所示为爆震侧向膨胀所引起的斜激波和接触面倾斜角度求解示意图,此时把坐标系建立在爆震波上,并把爆震波简化成一个间断面。爆震后的高压燃烧产物会在垂直爆震波传播方向上膨胀流动,若是将高压爆震产物作为驱动气,而将边界层气体作为被驱动气,则爆震波后垂直于爆震波传播方向上的流动可简化为一个激波管问题,根据标准激波管关系式,即可理论预测斜激波和接触面的倾斜角度。Dabora 已对此问题进行了详细的公式推导,这里直接引用其推导结果,如式(6.11)~式(6.17)所示。

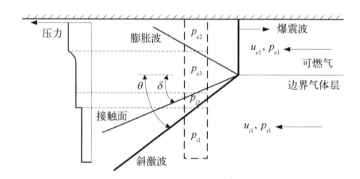

图 6.13　爆震侧向膨胀所引起的斜激波角度求解示意图

$$\sqrt{\bar{\rho}} = \frac{\gamma_{e2} - 1}{\phi_2 \gamma_{e1}} \frac{\bar{p} - \dfrac{p_{i1}}{p_{e1}} \dfrac{1}{Ma_{e1}^2}}{\left[1 - \left(\dfrac{\bar{p}}{\phi_1}\right)^{\frac{\gamma_{e2}-1}{2\gamma_{e2}}}\right]\sqrt{\bar{p} + \dfrac{\gamma_{i1}-1}{\gamma_{i1}+1}\dfrac{p_{i1}}{p_{e1}}\dfrac{1}{Ma_{e1}^2}}} \tag{6.11}$$

$$\tan\delta = \frac{2\phi_2}{\gamma_{e2}-1}\left[1 - \left(\frac{\bar{p}}{\phi_1}\right)^{\frac{\gamma_{e2}-1}{2\gamma_{e2}}}\right] \tag{6.12}$$

$$\sin\theta = \frac{\gamma_{i1}+1}{2}\tan\delta \tag{6.13}$$

式中,

$$\bar{\rho} = \frac{\rho_{i1}\gamma_{i1}}{\rho_{e1}\gamma_{e1}} \frac{2(\gamma_{i1}+1)}{\gamma_{i1}} \tag{6.14}$$

$$\bar{P} = \frac{1}{Ma_{e1}^2} \frac{p_{i1}}{p_{e1}} \frac{p_{i2}}{p_{i1}} \tag{6.15}$$

$$\phi_1 = \frac{\gamma_{e1}}{\gamma_{e2}+1} + \frac{1}{(\gamma_{e2}+1)Ma_{e1}^2} \tag{6.16}$$

$$\phi_2 = \frac{1}{\gamma_{e2}+1}\sqrt{\gamma_{e2}^2 + \frac{2\gamma_{e2}^2}{\gamma_{e1}Ma_{e1}^2} + \left(\frac{\gamma_{e2}}{\gamma_{e1}}\right)^2\frac{1}{Ma_{e1}^4}} \tag{6.17}$$

式中,$\bar{\rho}$ 和 $\bar{P}$ 为定义的无量纲密度和压力参数。采用式(6.11)可得到无量纲压力随无量纲密度的变化过程,然后再结合式(6.12)和式(6.13)即可求得斜激波和接触面的倾斜角度。将结果代入式(6.9)和式(6.10)即可得到侧向膨胀所引起的速度亏损。

6.2.2　理论与试验结果对比

采用上述的侧向膨胀速度亏损理论模型,针对试验工况开展了理论分析,并与试验结果进行对比,得到激波角与界面角随当量比的分布如图 6.14 所示,传播速度亏损随当量比的分布如图 6.15 所示。

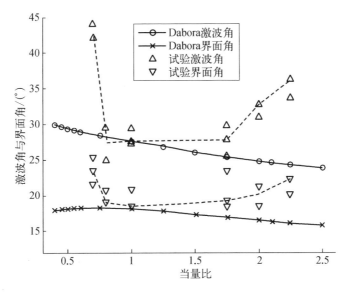

图 6.14　激波角和界面角随当量比的变化

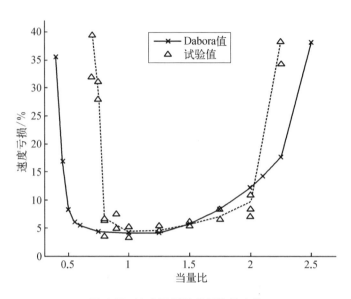

图 6.15　速度亏损随当量比的变化

由图 6.14 可知,侧向膨胀理论预测的激波角 θ 和界面角 δ 随当量比变化不太大,且随着当量比增加,激波角 θ 和界面角 δ 呈减小趋势。在当量比 ER 为 $0.8\sim2.0$ 时,受侧向膨胀影响的爆震波能够自持传播,试验测得的激波角和界面角在理论预测值附近波动,整体略微偏高,在 ER = 1 附近吻合最好。但当爆震波不能够自持传播时,试验的激波角和界面角增大,特别在当量比较小时,两者的增大趋势更为剧烈,此时理论结果与试验值偏差较大。

试验中当量比 ER 在 $0.8\sim2.0$ 时受侧向膨胀影响的爆震波能够自持传播,而在此当量比范围之外,爆震波传播一段距离后很快解耦熄爆,速度亏损也随之增大,因此图 6.15 中速度亏损随当量比变化曲线呈“U”形。依据侧向膨胀理论预测的速度亏损随当量比的分布也是呈现“U”形,可见理论预测与试验结果的整体分布趋势吻合。通过对比可知,受侧向膨胀影响时,自持传播爆震波的速度亏损试验值与理论值较为吻合,这也证明了理论模型的适用性,但在临界工况和熄爆工况下,理论速度亏损低于试验值。

6.3　爆震波周向传播模式

在爆震波周向的旋转传播过程中,爆震波主要受到来自外壁面的反射效应及内壁面衍射效应的共同作用,这种共同作用在不同燃烧室宽度和壁面曲率下的组合导致了多种传播模式的形成[10]。

爆震波在环形燃烧室内的周向旋转传播可近似为静止气爆震波在二维环形通道内的传播过程,如图 6.16 所示。在过去的研究中[11-15],爆震波的周向传播模式一般按照波面是否发生解耦划分为不稳定传播模式和稳定传播模式。不稳定传播模式表现为传播过程中爆震波面发生解耦,对应的胞格图上出现爆震胞格消失的区域,而稳定模式则表现为爆震波在传播过程中能始终保持波面耦合,对应胞格图中无胞格消失的区域。然而,从环形通道内外壁面对爆震波的影响机制来看,爆震波在环形通道内能否稳定传播主要取决于内壁面的衍射是否会使爆震波发生解耦,而外壁面附近马赫杆的发展对爆震波传播的影响同样十分重要,因此在研究周向旋转爆震波的传播模式时,可根据马赫杆的变化情况将现有的两种传播模式细分为马赫杆增长型、马赫杆平稳型和马赫杆衰减型,由此可得共计 6 种传播模式,如图 6.17 所示。下面通过数值仿真对这 6 种传播模式的形成机制、波面结构及速度分布情况进行详细说明。

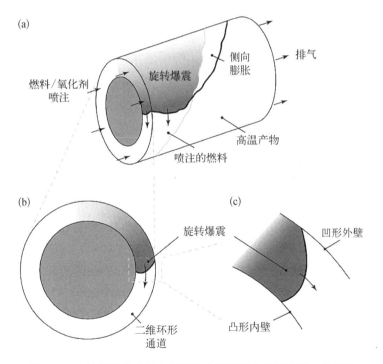

图 6.16　旋转爆震发动机中爆震波在横截面上的运动形态示意图

爆震波通过环形通道的传播过程数值仿真在如图 6.18 所示的二维计算域中进行。计算域由入口直通道段、环形通道和出口直通道段三部分组成,入口和出口边界均采用外推条件,通道内外壁面则均采用无穿透、无滑移绝热壁面条件。两段直通道长度均为 100 mm,通道宽度 d 和内壁面曲率半径 R_0 均为变量,d 的取值范

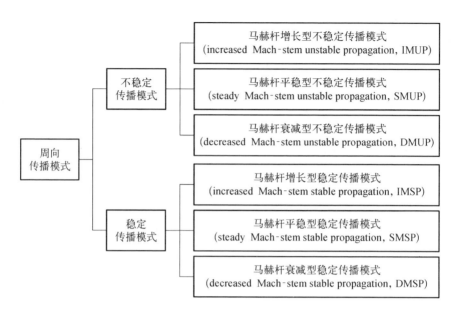

图 6.17　周向传播模式分类

围为 20~100 mm, R_0 的取值范围为 20~
200 mm, 两个参数的取值间隔均为
20 mm。仿真采用初始温度为 300 K 的氢
气/氧气/氩气预混气(体积比 2∶1∶7),
初始压力 p_0 取值分别为 6.5 kPa、11 kPa、
17 kPa 和 25 kPa。左端入口区域使用对
应工况下发展稳定的二维胞格爆震状态
参数进行赋值。

6.3.1　不稳定传播模式

1. 马赫杆增长型不稳定传播模式
马赫杆增长型不稳定传播(IMUP)
模式的密度纹影和数值胞格如图 6.19 所
示,对应工况为 $p_0 = 11$ kPa, $d = 60$ mm,

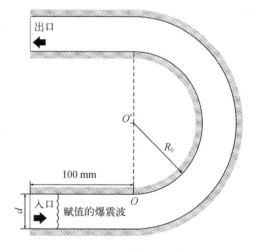

图 6.18　计算域结构示意图

$R_0 = 100$ mm。从图 6.19 中可以看出,这种传播模式的形成机制为内壁面附近的爆
震波面因衍射而发生解耦,而外壁面处形成的马赫反射三波点与解耦波面发生接
触,由于马赫杆后方区域经外壁面的压缩温度和压力均较高,因此能够点燃解耦区
域内的预混气并形成局部起爆,起爆产生的能量会加速反射三波点向内壁面的传
播,最终导致了马赫杆高度的迅速增长。该传播模式的结构特点是爆震波面上横

波结构基本消失,但存在一个主导的马赫反射三波点结构在内外壁面之间来回碰撞反射,并在数值胞格图中形成较为明显的运动轨迹(图中红线),且内壁面附近的爆震波面始终存在解耦区域。

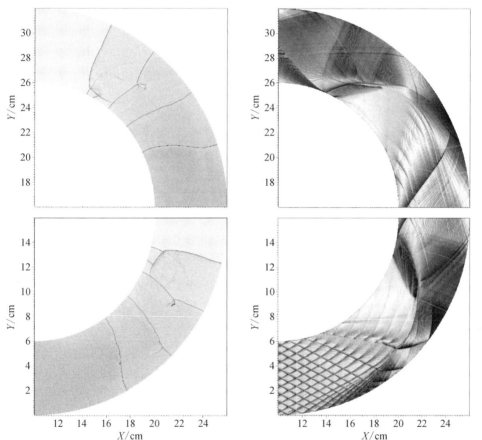

图 6.19　马赫杆增长型不稳定传播(IMUP)模式下的密度纹影和数值胞格图

图 6.20 展示了 IMUP 模式下爆震波在内外壁面的传播速度随壁面切角 θ_w 的分布情况。可以发现,在内壁面的速度分布中,由于爆震波发生解耦,因此大部分位置处的速度均远小于 D_{C-J},但在反射三波点与内壁面发生碰撞的位置附近会有明显的速度跃升,这是由于反射三波点的碰撞使内壁面附近的爆震波面重新耦合在一起,而三波点在内壁面的反复碰撞形成了多次速度跃升。外壁面处的速度分布则较为平稳,整体速度略大于 D_{C-J},处于过驱状态,这一现象在过去的研究中已得到验证和阐述[11-15]。事实上,在爆震波面无解耦的情况下,也存在着内壁面处速度小于 D_{C-J} 而外壁面处速度大于 D_{C-J} 的现象,如图 6.21 所示。可见内壁面处波面

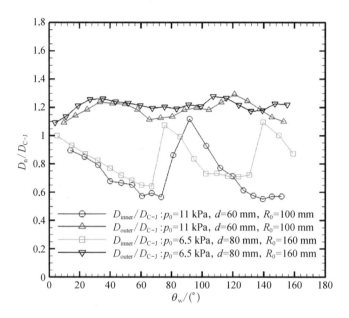

图 6.20 马赫杆增长型不稳定传播(IMUP)模式下的爆震波传播速度分布

垂直于壁面,因此爆震波垂直于波面的速度即为内壁面处爆震波的传播速度,但由于内壁面处波面曲率较大,根据 Kirkwood 等[16] 的 $D_n - \kappa$ 理论可知波面速度必定小于 D_{C-J},而外壁面处虽然波面曲率较小,可以认为在垂直于波面方向上的速度与 D_{C-J} 相当,但外壁面处爆震波的传播速度是沿壁面切线方向的速度,且外壁面相对于波面的切角 θ_w 小于 90°,由速度分解可知垂直于波面方向上的速度仅为爆震波传播速度的一个分量,因此在外壁面上测得的爆震波传播速度会大于 D_{C-J}。

2. 马赫杆平稳型不稳定传播模式

马赫杆平稳型不稳定传播模式

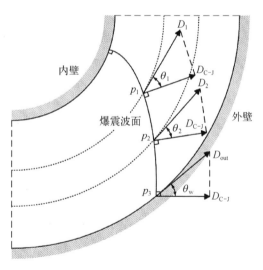

图 6.21 环形通道内爆震波面速度分布示意图

(SMUP)下的密度纹影和数值胞格如图 6.22 所示,对应工况为 $p_0 = 17$ kPa,$d = 80$ mm,$R_0 = 120$ mm。相较于 IMUP 模式,这种传播模式的初始压力 p_0 更高,因此内壁面附近的衍射爆震波能够自发形成再起爆,但还无法达到稳定传播,因此波面上存在着有限的解耦区域。另外由于壁面曲率半径与通道宽度比 R_0/d 较小,延长了马赫反射三波点到达内壁面的运动距离,因此解耦区域与外壁面附近的马赫反射三波点并未发生接触,无法形成局部起爆以促使马赫杆的增长,而当外壁面相对于爆震波面的切角 θ_w 处于一定范围内时就可以形成高度基本不变的马赫杆。这种传播模式的结构特点为内壁面附近衍射爆震波的再起爆与外壁面附近马赫杆的传播相互独立,因此会在数值胞格图上形成两条较为明显的轨迹,分别为衍射爆震波再起爆形成的横向爆震运动轨迹(图中蓝线)和反射三波点的运动轨迹(图中红线),且反射三波点轨迹不与内外壁面相交。

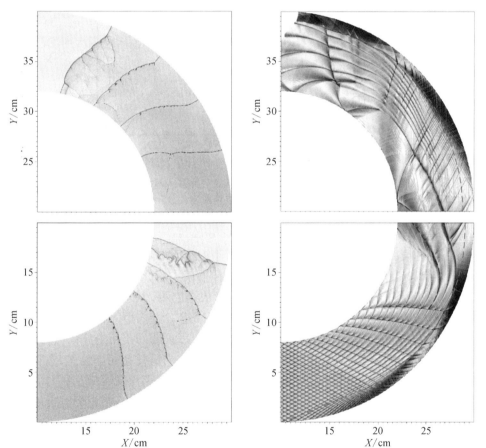

图 6.22　马赫杆平稳型不稳定传播(SMUP)模式下的密度纹影和数值胞格图

图 6.23 展示了 SMUP 模式下爆震波在内外壁面的传播速度分布情况,从图中可以发现 SMUP 模式的速度分布与 IMUP 模式相似。在内壁面的速度分布中,爆震波的解耦也导致了整体速度远小于 D_{C-J},同时也存在着速度跃升点,但与 IMUP

模式不同的是,这一速度跃升是由再起爆形成的横向爆震与内壁面的碰撞所导致的。外壁面的速度分布也较为平稳,且略大于D_{C-J}。

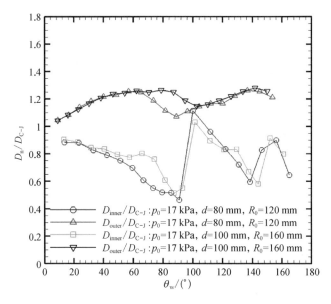

图 6.23　马赫杆平稳型不稳定传播(SMUP)
模式下的爆震波传播速度分布

3. 马赫杆衰减型不稳定传播模式

马赫杆衰减型不稳定传播模式(DMUP)下的仿真结果如图 6.24 所示,对应工况为 $p_0 = 25$ kPa, $d = 60$ mm, $R_0 = 40$ mm。该传播模式的形成机理与 SMUP 模式相似,较高的 p_0 使内壁面附近衍射爆震波自发形成再起爆,但无法实现稳定传播,导致波面存在解耦区,而由于 R_0/d 相比 SMUP 模式进一步减小,因此不仅导致了解耦区域与马赫反射三波点无接触,还相应增大了外壁面相对于衍射波面的切角 θ_w,从而使马赫杆高度随着传播而逐渐发生衰减。最终,马赫杆会完全消失,意味着马赫反射向规则反射发生了转化。这种传播模式的结构特点为发展稳定后的爆震波面不存在马赫杆,外壁面处的反射为规则反射,对应的数值胞格图中仍有再起爆形成的横向爆震运动轨迹(图中蓝线),但反射三波点轨迹逐渐消失(图中红线)。

DMUP 模式下爆震波在内外壁面的传播速度分布如图 6.25 所示,由图可见,由于再起爆形成的横向爆震与内壁面的碰撞,内壁面速度存在跃升点,但整体速度仍由于爆震波的解耦而远小于 D_{C-J}。外壁面的速度分布在稳定后则远大于 D_{C-J},呈现出较大的过驱度,这是由于外壁面处爆震波由马赫反射转化为规则反射后,外壁面切角 θ_w 比有马赫杆存在时的切角明显增大,根据图 6.25 的外壁面速度分解可知,沿外壁面切向的传播速度会大大增加,因此导致过驱度较高。

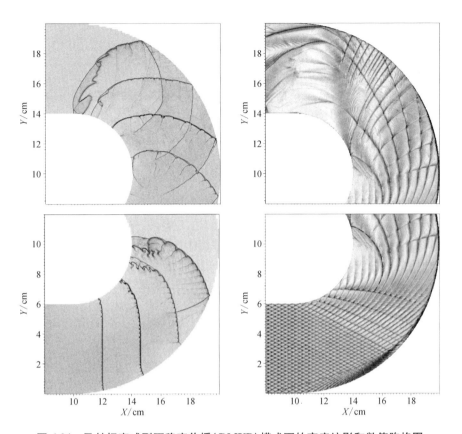

图 6.24　马赫杆衰减型不稳定传播(DMUP)模式下的密度纹影和数值胞格图

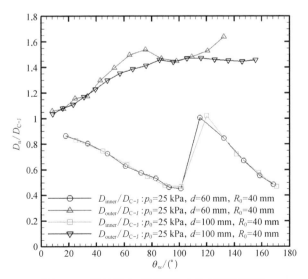

图 6.25　马赫杆衰减型不稳定传播(DMUP)
模式下的爆震波传播速度分布

6.3.2 稳定传播模式

1. 马赫杆增长型稳定传播模式

图 6.26 所示为马赫杆增长型稳定传播(IMSP)模式下的密度纹影和数值胞格,对应工况为 $p_0 = 11$ kPa, $d = 20$ mm, $R_0 = 140$ mm。该传播模式的形成机制分为两种情况:如果内壁面附近的衍射爆震波会发生解耦,其仍能够维持一段距离的耦合状态,而由于 R_0/d 较大,马赫反射三波点到达内壁面的运动距离较短,因此反射三波点可在衍射爆震波解耦之前通过在波面上的运动到达内壁面,从而保持爆震波不发生解耦地稳定传播;而如果衍射爆震波本身就能够无解耦地稳定传播,那么较大的 R_0/d 可保证反射三波点能够通过运动到达内壁面。在这种传播模式中,爆震波面实质上是在内外壁面来回碰撞的马赫杆(图中红线),由于马赫杆的弯曲程度较小,且这种传播模式多出现在通道宽度较小而曲率半径较大的工况中,因此波面形态基本为垂直于内外壁面的平直面。

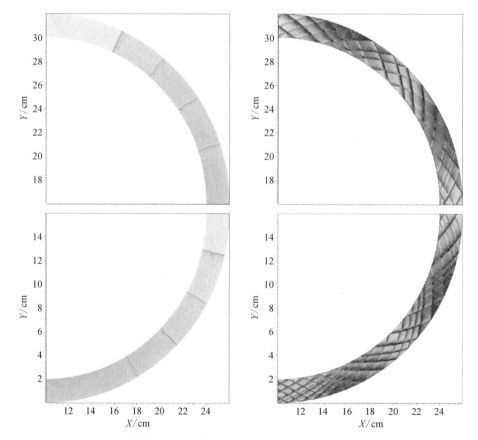

图 6.26 马赫杆增长型稳定传播(IMSP)模式下的密度纹影和数值胞格图

IMSP 模式下爆震波在内外壁面的传播速度分布如图 6.27 所示。由图可见,由于形成的是稳定传播,因此内外壁面的速度分布均非常平稳,另外由于波面较为平直且基本垂直于内外壁面,因此内外壁面的速度与 D_{C-J} 很接近,速度相位差很小,但内壁面速度小于 D_{C-J} 而外壁面速度大于 D_{C-J} 的现象仍然普遍存在。

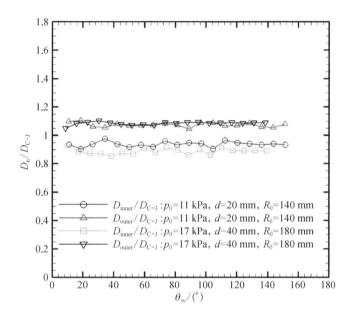

图 6.27　马赫杆增长型稳定传播(IMSP)
模式下的爆震波传播速度分布

2. 马赫杆平稳型稳定传播模式

图 6.28 所示为马赫杆平稳型稳定传播(SMSP)模式下的密度纹影和数值胞格,对应工况为 $p_0 = 25$ kPa, $d = 60$ mm, $R_0 = 120$ mm。相较于 SMUP 模式,该传播模式下的初始压力 p_0 更高,因此衍射爆震波能够在内壁面附近实现无解耦的稳定传播,而较小的 R_0/d 能使外壁面附近形成高度基本不变的马赫杆。在这种传播模式下,稳定后的爆震波面表现为曲面爆震波与马赫杆组合的结构,且这种结构在之后的传播过程中基本保持恒定,在胞格图上可见明显的马赫反射三波点轨迹,三波点轨迹与内外壁面均不相交。

SMSP 模式下爆震波在内外壁面的传播速度分布如图 6.29 所示。由图可见,当传播稳定之后内外壁的速度分布均较为平稳,且由于稳定后波面的结构形态均保持恒定,因此内外壁速度存在较为固定的相位差,而外壁面切角 θ_w 的增大也使外壁面处速度的过驱度要略高于 IMSP 模式。

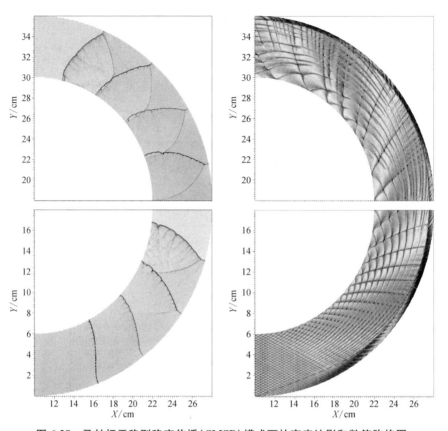

图 6.28 马赫杆平稳型稳定传播(SMSP)模式下的密度纹影和数值胞格图

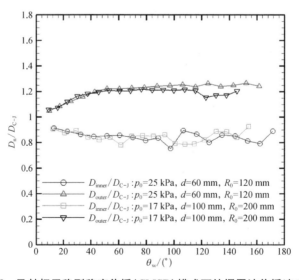

图 6.29 马赫杆平稳型稳定传播(SMSP)模式下的爆震波传播速度分布

3. 马赫杆衰减型稳定传播模式

图 6.30 所示为马赫杆衰减型稳定传播(DMSP)模式下的密度纹影和数值胞格,对应工况为 $p_0 = 25$ kPa, $d = 100$ mm, $R_0 = 80$ mm。该传播模式的形成机制与 SMSP 模式基本相同,足够高的 p_0 使内壁面附近的衍射爆震波能够实现稳定传播,而 R_0/d 比 SMSP 模式进一步减小,从而使外壁面切角 θ_w 进一步增大,导致马赫杆高度逐渐衰减,最终马赫反射会向规则反射转化,从而使马赫杆完全消失。这种模式的结构特点为稳定后的爆震波仅由平滑过渡的弯曲波面构成,且该曲面结构在之后传播过程中基本保持恒定,外壁面处可见明显的规则反射结构,在胞格图上则表现为反射三波点轨迹逐渐消失。

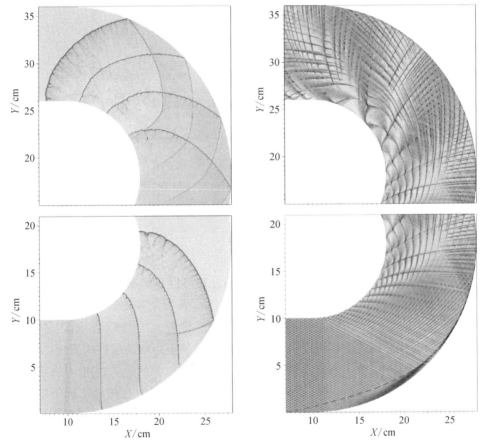

图 6.30　马赫杆衰减型稳定传播(DMSP)模式下的密度纹影和数值胞格图

DMSP 模式下爆震波在内外壁面的传播速度分布如图 6.31 所示。由图可见,内壁面处由于实现稳定传播速度较为平稳,但存在一定幅度的振荡,结合胞格图中的对应位置可知这种振荡是由于受衍射影响而间距较大的爆震横波与内壁面的碰撞所产生的。外壁面的速度分布则与 DMUP 模式相似,即在稳定后呈现出较大的过驱度,这也是由于爆震波转化为规则反射后外壁面切角 θ_w 明显增大所造成的。

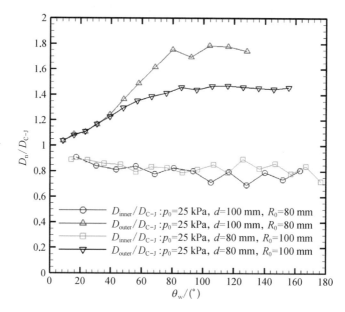

图 6.31　马赫杆衰减型稳定传播(DMSP)模式
下的爆震波传播速度分布

6.3.3　周向传播模式变化规律

通过以上对各周向传播模式形成机制的分析可以总结出,传播模式的变化主要受初始压力 p_0 和壁面曲率半径与通道宽度比 R_0/d 两个参数的影响。其中,p_0 主要影响爆震传播的稳定性,在 R_0/d 不变的情况下,随着 p_0 的增大,爆震波强度得到增强,从而使传播模式由不稳定向稳定转化,而 R_0/d 则影响马赫杆的变化,当保持 p_0 不变时,R_0/d 的增大会缩短马赫反射三波点到达内壁面的运动距离,从而使马赫杆呈现衰减—平稳—增长的转换趋势。图 6.32 则给出了所有仿真工况下的爆震波传播模式,可见传播模式的分布与上述的规律分析是一致的,同时通过图中的分布还可以发现,随着 p_0 的增大,马赫杆会呈现增长—平稳—衰减的转换趋势。

另外,对各传播模式速度分布的分析表明,所有的不稳定传播模式均会在内壁面出现速度骤减和跃升的剧烈振荡,且还伴随着爆震波解耦和再起爆等不稳定燃烧现象,如果旋转爆震发动机环形燃烧室内的爆震燃烧出现这样的不稳定传播模式,不仅会严重影响爆震发动机的推力性能,还有可能导致燃烧室结构的烧蚀与损

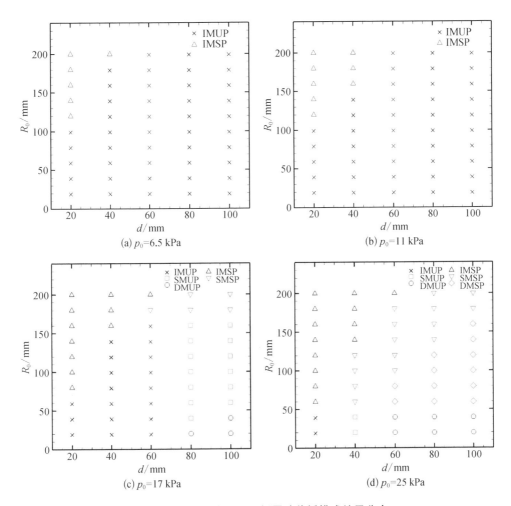

图 6.32　所有仿真工况下爆震波传播模式结果分布

坏。相比之下,稳定传播模式下内外壁面的速度分布均较为平稳,能够实现较为固定的旋转传播频率,且燃料的燃烧也更为充分,尤其是 IMSP 模式下内外壁面的传播速度均接近 D_{C-J},速度相位差也很小,是环形燃烧室内爆震燃烧较为理想的传播模式。因此,在对环形燃烧室的尺寸参数进行设计时,应当尽量避免燃烧室内出现不稳定传播,确保爆震波在稳定传播模式下平稳地旋转传播。

6.4　周向传播模式的试验验证

为验证仿真所得各周向传播模式及规律,对爆震波通过环形通道的传播过程进行了试验研究,试验同样在静止预混气中开展,由于观测区域的限制,试验段中的环形通道只有 90°。试验采用的预混气为 300 K 温度下氢气/氧气/氩气的预混气(体积比 2∶1∶2)。试验中初始压力 p_0 设置为 30 kPa、40 kPa 和 50 kPa,通道宽度 d 设置为 20 mm、40 mm 和 60 mm,内壁面的曲率半径 R_0 设置为 20~100 mm,间隔为 20 mm。

通过对爆震波传播密度阴影进行拍摄,同样观测到了数值仿真中的六种传播模式,其密度阴影如图 6.33 和图 6.34 所示。可以看到,IMUP 模式表现为内壁面附近爆震波解耦,反射三波点与解耦区域接触并形成起爆,加速向内壁面传播;SMUP模式下内壁面附近爆震波解耦而反射三波点未与解耦区域接触,外壁面处的马赫杆高度基本不变;DMUP 模式下内壁面附近爆震波解耦,外壁面处马赫杆则出现衰减直至消失,同时马赫反射向规则反射转化;IMSP 模式下爆震波面始终保持平直耦合,并基本与内外壁面垂直;SMSP 模式表现为波面始终维持耦合,且外壁面处马赫杆高度基本保持不变;DMSP 模式下波面未发生解耦,而外壁面处的马赫杆逐渐衰减并最终消失,从而形成规则反射。这些从阴影中观察到的现象均与仿真结果中各模式下的爆震波传播结构特性是一致的。

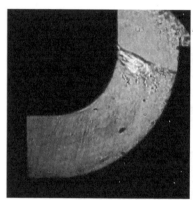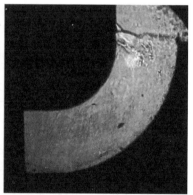

(a) 马赫杆增长型不稳定传播(IMUP)模式 (p_0=30 kPa, d=40 mm, R_0=40 mm)

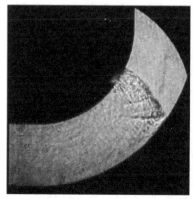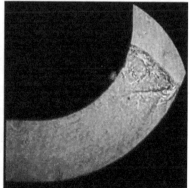

(b) 马赫杆平稳型不稳定传播(SMUP)模式 (p_0=30 kPa, d=40 mm, R_0=60 mm)

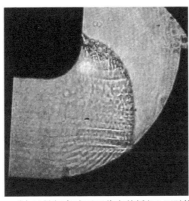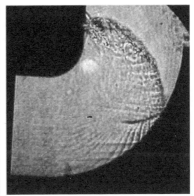

(c) 马赫杆衰减型不稳定传播(DMUP)模式 (p_0=40 kPa，d=60 mm，R_0=20 mm)

图 6.33　不稳定传播模式下的密度阴影

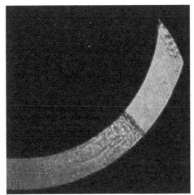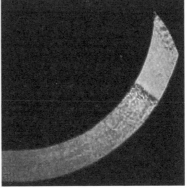

(a) 马赫杆增长型稳定传播(IMSP)模式 (p_0=30 kPa，d=20 mm，R_0=80 mm)

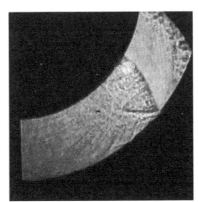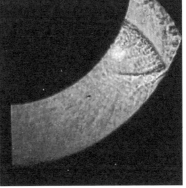

(b) 马赫杆平稳型稳定传播(SMSP)模式 (p_0=40 kPa，d=40 mm，R_0=80 mm)

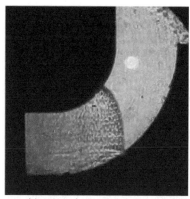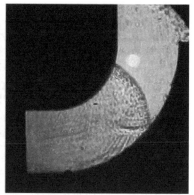

(c) 马赫杆衰减型稳定传播(DMSP)模式 (p_0=50 kPa, d=40 mm, R_0=40 mm)

图 6.34　稳定传播模式下的密度阴影

　　通过对密度阴影中爆震波位置的提取,得到了各种传播模式下爆震波在内外壁面的传播速度分布情况如图 6.35 所示,分别对应于图 6.33 和图 6.34 中的各试验工况。从图 6.35 中可以明显看出,不论在何种传播模式下,外壁面附近爆震波的传播速度均大于内壁面。从内壁面的传播速度来看,在不稳定传播模式下内壁面的传播速度发生了明显的衰减,各工况下的与速度亏损达到了 50%,这表明爆震波解耦所造成的速度亏损非常严重。不过由于试验观测范围的限制,内壁面的速度分布并未出现仿真结果中那样明显的速度跃升现象,仅在 DMUP 模式下有较小的速度回升。相比之下,稳定传播模式下由于内壁面附近波面无解耦,因此其速度分布要稳定许多,速度亏损基本保持在 20% 以内。

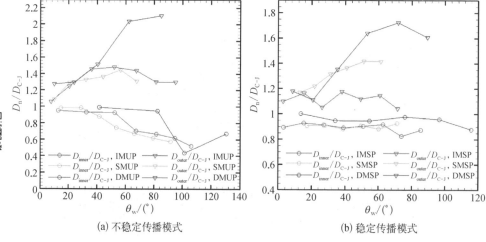

(a) 不稳定传播模式　　　　　　　(b) 稳定传播模式

图 6.35　各传播模式下的爆震波传播速度分布

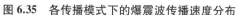

　　另外,不稳定模式和稳定模式在外壁面的速度分布上没有明显的差异,其波面均呈现一定的过驱度,且过驱度随马赫杆的衰减而呈上升趋势,尤其是在马赫杆衰减型的传播模式下,由于马赫反射向规则反射发生了转换,其过驱度显著高于其他模式。此外还能发现,内外壁面的速度相位差也与马赫杆的变化有关,且也随着马赫杆的衰减而增大,这是因为速度相位差主要由因衍射而发生弯曲的爆震波面在内外壁面的位置不同,而马赫杆的衰减会使弯曲波面的长度增加,从而导致了速度相位差的增大。

　　图 6.36 所示为所有试验工况下的爆震波传播模式分布。从图中可以看出,随着 p_0 的增大,稳定传播模式的分布范围逐渐扩大,爆震波实现稳定传播的能力得到增强,而马赫杆则呈现增长—平稳—衰减的变化趋势。另外,在 p_0 相同的情况下,

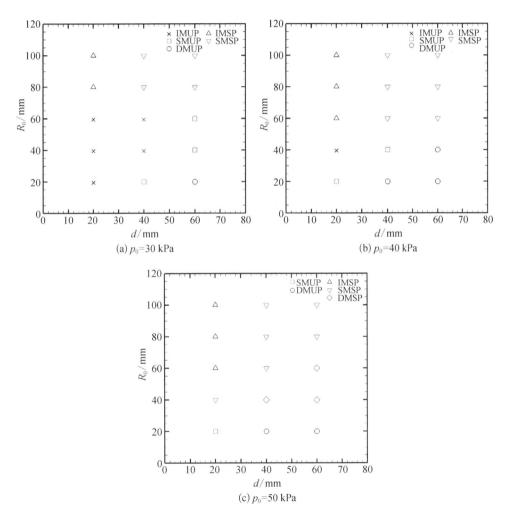

图 6.36　所有试验工况下爆震波传播模式结果分布

随着 R_0 的增大,爆震波由不稳定传播逐渐转化为稳定传播,马赫杆呈现衰减—平稳—增长的转换规律。马赫杆随 d 的变化规律与 R_0 相反,但由于试验工况有限,从试验结果中并未发现爆震波传播稳定性与 d 之间的关系。从总体来看,试验结果中爆震波传播模式的变化规律与仿真结果是一致的。

6.5 本章小结

本章重点对侧向膨胀、壁面曲率等因素对爆震波自持传播的影响机制进行研究,所得主要结论如下。

(1)受侧向膨胀影响,爆震波主要有三种传播模式:自持模式、熄爆模式和临界模式。受侧向膨胀影响的爆震波会发生速度亏损,爆震锋面也将发生不同程度的变形,当速度亏损达到临界值后,将会导致爆震波熄爆。

(2)造成试验段爆震波发生速度亏损主要在于反应区长度增长,引起面积扩张比增加,从而导致速度亏损增加,当速度亏损达到一定值时,爆震波将解耦熄爆。受侧向膨胀影响的爆震波自持工况当量比范围为 0.8~2.0,建立的侧向膨胀爆震速度亏损理论模型能够较为准确地预测自持模式下爆震波的速度亏损。

(3)爆震波周向传播模式按照波面是否发生解耦可划分为不稳定传播模式和稳定传播模式,其中不稳定传播模式下爆震波会交替发生解耦和再起爆过程,从而导致内壁面附近爆震波速度出现亏损和振荡。相比之下,稳定传播模式中爆震波在内外壁面附近的速度分布均更加平稳,因此在燃烧室的设计过程中应规避不稳定传播模式的出现。

(4)根据马赫杆的变化情况可将传播模式细分为马赫杆增长型、平稳型和衰减型。外壁面附近波面的过驱度随马赫杆的衰减而呈现上升的趋势,尤其在马赫杆衰减型的传播模式下,爆震波会在外壁面形成规则反射,导致外壁面附近波面过驱度远高于其他模式,同时内外壁面速度相位差也随马赫杆的衰减而增大。

参考文献

[1] 周朱林.受侧向膨胀影响的爆震波传播过程及自持机理研究[D].长沙:国防科学技术大学,2012.

[2] Kistiakowsky G B, Kydd P H. Gaseous detonations. VI. The rarefaction wave[J]. The Journal of Chemical Physics, 1955, 23(2): 271−274.

[3] Renault G. Propagation des détonations dans les mélanges gazeux contenus dans des tubes de section circulaire et de section rectangulaire: influence de l'état de la surface interne des tubes[D]. Poitiers: Université de Poitiers, 1972.

[4] Zeldovich YaB K C M, Kompaneets A A. Theory of detonation[M]. New York:

Academic，1960.

［ 5 ］ Zel'dovich YaB K C M，Simonov N N. Experimental investigation of spherical detonation［J］. Soviet Journal of Technical Physics，1956，26(8)：1744.

［ 6 ］ 刘世杰.连续旋转爆震波结构、传播模态及自持机理研究［D］.长沙：国防科学技术大学,2012.

［ 7 ］ Lee J H S. The detonation phenomenon［M］. New York：Cambridge University Press，2008.

［ 8 ］ Radulescu M I，Ng H D，Lee J H S，et al. The effect of argon dilution on the stability of acetylene/oxygen detonations［J］. Proceedings of the Combustion Institute，2002，29(2)：2825－2831.

［ 9 ］ Dabora E K，Nicholls J A，Morrison R B. The influence of a compressible boundary on the propagation of gaseous detonations［J］. Symposium (International) on Combustion，1965，10(1)：817－830.

［10］ 袁雪强.爆震波通过弯曲壁面的传播特性及其机理研究［D］.长沙：国防科技大学,2019.

［11］ Kudo Y，Nagura Y，Kasahara J，et al. Oblique detonation waves stabilized in rectangular-cross-section bent tubes［J］. Proceedings of the Combustion Institute，2011，33(2)：2319－2326.

［12］ Nakayama H，Moriya T，Kasahara J，et al. Stable detonation wave propagation in rectangular-cross-section curved channels［J］. Combustion and Flame，2012，159(2)：859－869.

［13］ Nakayama H，Moriya T，Kasahara J，et al. Front shock behavior of stable detonation waves propagating through rectangular cross-section curved channels［C］. Nashville：50th AIAA Aerospace Sciences Meeting Including the New Horizons Forum and Aerospace Exposition，2012.

［14］ Nakayama H，Kasahara J，Matsuo A，et al. Front shock behavior of stable curved detonation waves in rectangular-cross-section curved channels［J］. Proceedings of the Combustion Institute，2013，34(2)：1939－1947.

［15］ Sugiyama Y，Nakayama Y，Matsuo A，et al. Numerical investigations on detonation propagation in a two-dimensional curved channel［J］. Combustion Science and Technology，2014，186(10－11)：1662－1679.

［16］ Kirkwood J G，Wood W W. Structure of a steady-state plane detonation wave with finite reaction rate［J］. The Journal of Chemical Physics，1954，22(11)：1915－1919.

第 7 章

旋转爆震与燃烧不稳定

燃烧不稳定是液体火箭发动机研制过程中经常遇到的难题,其中高频切向燃烧不稳定对发动机的破坏性最强,主要表现为在燃烧室圆周方向上的高频压力振荡,振荡频率通常在 1 kHz 以上,通常认为是声波与燃烧波的耦合。液体火箭发动机虽然以等压模式组织燃烧,但由于紧邻喷注面板的推进剂混合效果不佳,在等压燃烧火焰锋面与喷注面板间存在可燃混合物层,在紧挨火焰锋面上游的可燃混合物具有较高的温度,受流场内在不稳定机制的影响,极易在此可燃层内产生热点,从而诱发形成旋转爆震。因此,旋转爆震极可能是液体火箭发动机切向不稳定燃烧诱发机制的一种。

本章在前期研究工作基础上,对旋转爆震和切向燃烧不稳定的关联性进行研究,探讨旋转爆震是否为切向燃烧不稳定的诱发机制,为认识切向不稳定燃烧提供新的思路,进一步丰富旋转爆震和燃烧不稳定理论,为切向燃烧不稳定的抑制提供理论指导和技术支撑。

7.1 高频不稳定燃烧的爆震机理研究历程

由于在火箭发动机试验中发现过类似爆震波的不稳定现象,因此有学者认为爆震可能是液体火箭发动机燃烧不稳定的诱因。早在 20 世纪 50 年代,Smith 和 Sprenger[1] 在研究燃烧不稳定过程中,就发现了沿纵向传播的爆震波,由此引申提出燃烧室中是否存在绕燃烧室中心轴旋转的扰动波这一疑问。

20 世纪 60 年代,Voitsckhovskii[2] 提出抑制高频切向不稳定燃烧最有效的方案就是利用横波改善燃烧过程,即旋转爆震的原型。随后,Nicholls 等[3] 将该燃烧模式运用到火箭发动机中,论证了旋转爆震火箭发动机的可行性,为抑制火箭发动机燃烧不稳定性提供了参考。此外,Denisov 等[4]、Oppenheim 等[5]、Clayton 等[6] 也先后对此展开了研究,但是受当时的研究条件限制,仅 Clayton 等的研究成果较为完整。他们将多个喷注单元布置于头部的喷注面板,如图 7.1(a),并分别在喷注面板和燃烧室壁面布置传感器捕捉压力信号,发现当引入脉冲后成功激励出切向旋转的波形,传播示意图如图 7.1(b)所示。结果表明,旋转方向与脉冲及喷注单元的布置相关,但是无法通过试验和理论判定此类旋转扰动波究竟是爆震波还是单纯的强扰动声波亦或激波。20 世纪 70 年代,Ar'kov 等[7] 提出旋转爆震与高频切向不稳定燃烧在诸多方面具有相似性。Shen[8] 在液体火箭发动机中开展了两相爆震研究,提出在燃烧过程中,受前导波影响产生的爆震波是切向不稳定的诱导原因。

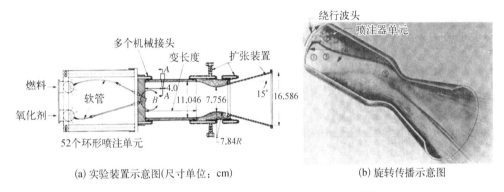

(a) 实验装置示意图(尺寸单位：cm)　　　　(b) 旋转传播示意图

图 7.1　旋转型燃烧不稳定实验与传播示意图[6]

由于旋转爆震长时间稳定自持的难度大,相关研究就陷入了停滞。在火箭发动机工程研制中,通过大量试验研究,利用隔板、声腔等阻尼装置可有效抑制燃烧不稳定,高频切向不稳定与旋转爆震的相似性研究逐渐淡出视线。自 20 世纪 70 年代起,苏联的 Bykovskii 等[9, 10] 开始将旋转爆震燃烧模式应用到推进系统中,取得了丰富的研究成果。由于旋转爆震采用的燃烧室构型以环形燃烧室为主,与液体火箭发动机的圆筒形燃烧室差别较大,因此,对高频切向不稳定燃烧与旋转爆震相似性的关注较少。

进入 21 世纪,旋转爆震逐渐成为研究热点,特别是无内柱燃烧室[11-18] 的提出,使得旋转爆震与火箭发动机的燃烧室构型得以统一,高频切向不稳定燃烧与旋转爆震的关联性又重新受到关注,如表 7.1 所示。近十年,Lin 等[12]、Zhang 等[13]、Anand 等[14] 先后在类似于火箭发动机的圆筒形燃烧室内,采用外环喷注的方式,成功实现了旋转爆震。Yao 等[16] 在圆筒燃烧室尾部添加了小收缩比拉瓦尔喷管,并通过数值模拟实现了旋转爆震。Zhang 等[17] 首次通过试验证实了在带拉瓦尔喷管的圆筒燃烧室构型中可以实现旋转爆震,其传播频率与燃烧室固有频率一致,验证了旋转爆震是切向不稳定燃烧的可能性。尽管旋转爆震燃烧室与液体火箭发动机极为接近,但是推进剂喷注、点火方式与液体火箭发动机还有明显的差异,因此喷注及点火方式是切向不稳定燃烧与旋转爆震相似性研究关注的重点,下面将详细论述。

表 7.1　切向不稳定燃烧与旋转爆震特征对比

特　征	切向不稳定燃烧	旋　转　爆　震
产生本质	声波与燃烧波耦合	激波-火焰面组合
表现形式	高频压力振荡	高频压力振荡
传播方向	圆周方向	圆周方向
传播形式	行波、驻波	同向传播、对撞传播
传播频率	高频，$\geqslant 1$ kHz	$\geqslant 1$ kHz
燃烧室构型	圆筒形	圆环、圆筒形
噪声	啸叫	尖锐刺耳

7.2　旋转爆震与高频切向燃烧不稳定对比分析

切向不稳定燃烧是压力波与燃烧的耦合，旋转爆震是激波与燃烧的耦合，激波实际上是多重压力波叠加而成的，因此两者在本质上是类似的，且都具有周期振荡特性，本书著者认为旋转爆震是切向不稳定燃烧的一种特殊情形。

当燃烧室平均压力较低时，燃烧与切向压力波的耦合可以逐步加强并最终演变成旋转爆震波，燃烧区前的压力波变成激波，这是切向不稳定燃烧的极限形式。当燃烧室平均压力很高时，强激波难以形成，切向不稳定燃烧表现为压力波经过燃烧区时，增强局部燃烧，局部燃烧增强又激发出更强的压力波，从而抵消压力波在传播过程中的衰减，维持压力波的稳定波传播，这是更常见的不稳定燃烧现象。

本节分别从 C-J 爆震理论和封闭圆柱体内的声学振荡理论入手，推导 C-J 爆震波在无内柱燃烧室内的理论传播频率和燃烧室固有声学频率计算公式，并进行对比分析。

7.2.1　旋转爆震传播频率理论分析

根据第 2.1 节的理论分析可知，爆震波的速度主要与波前气体温度、释热量相关。试验研究已经发现，当旋转爆震波以单波模态传播时，测量得到的传播速度与理论 C-J 速度符合较好。因此，可结合旋转爆震波理论传播速度和燃烧室尺寸，推导获得旋转爆震的理论传播频率。

由式(2.30)可求解爆震波传播速度理论值，如式(7.1)所示，其中 V_s 是爆震波传播速度,u_2 和 k_2 分别为 C-J 面处的声速和比热比,对于乙烯-空气混合气,k_2 约为 1.16,因此可将爆震波速度与燃烧产物声速建立联系:

$$V_s = u_1 = \frac{k_2 + 1}{k_2} u_2 \approx \frac{k_2 + 1}{k_2} \cdot a \approx 1.86a \tag{7.1}$$

燃烧室周长除以爆震波速度,即为单波模态的传播周期,进而可求解单波模态的理论传播频率,结果如式(7.2)所示:

$$f_{\text{C-J1}} = \frac{V_s}{2\pi R} = \frac{1.86a}{2\pi R} \approx \frac{0.296a}{R} \tag{7.2}$$

同理,可求解双波模态的理论传播频率,结果如式(7.3)所示:

$$f_{\text{C-J2}} = 2f_{\text{C-J1}} = 0.592 \frac{a}{R_c} \tag{7.3}$$

7.2.2 燃烧室固有声学频率理论分析

针对液体火箭发动机的高频燃烧不稳定现象,很多学者认为其激励机制为燃烧波与声波的耦合。如图 7.2 所示,根据燃烧室内的不同声学振型,又可以将高频燃烧不稳定分为纵向振型、切向振型、径向振型和组合振型。因此,通过求解燃烧室内不同声学振型的固有频率就可以得到高频燃烧不稳定的可能传播频率。

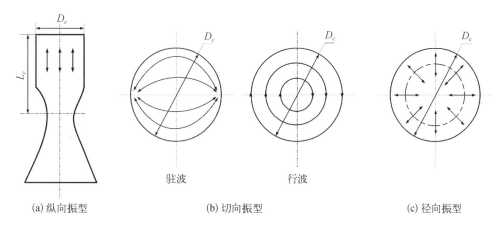

(a) 纵向振型 (b) 切向振型 (c) 径向振型

驻波 行波

图 7.2 液体火箭发动机高频不稳定振型分类

对于长度为 L、半径为 R 且两端封闭的刚性圆筒,假设气体介质中的扰动为微小扰动,以声波形式等熵传播,忽略压力波在其中传播的能量损失,则可以写出其理想气体波动方程组,并将其转化为柱坐标系下的方程,如式(7.4)所示。

$$\frac{\partial^2 \tilde{p}}{\partial t^2} = a^2 \left(\frac{\partial^2 \tilde{p}}{\partial z^2} + \frac{\partial^2 \tilde{p}}{\partial r^2} + \frac{1}{r} \frac{\partial \tilde{p}}{\partial r} + \frac{1}{r^2} \frac{\partial^2 \tilde{p}}{\partial \theta^2} \right) \tag{7.4}$$

式中,$\tilde{p}$ 为任意时刻任意位置的压力扰动;a 为燃烧产物中的声速;z 为距离燃烧室头部的轴向距离;r 为径向距离;θ 为圆周方向角度。

对式(7.4)求解可以得到燃烧室内压力波动的通解形式,如式(7.5)所示,振荡频率如式(7.6)所示。

$$\tilde{p} = J_m \left(\pi \alpha_{mn} \frac{r}{R} \right) \cos \left(\frac{k\pi z}{L} \right) \left[K_1 \cos(m\theta - \omega t - \varphi_1) \right. \tag{7.5}$$
$$\left. + K_2 \cos(m\theta + \omega t + \varphi_2) \right]$$

$$f_{mT,\,nR,\,kL} = \frac{a}{2} \sqrt{ \left(\frac{\alpha_{mn}}{R} \right)^2 + \left(\frac{k}{L} \right)^2 } \tag{7.6}$$

式中,m、n、k 均为自然数,分别代表切向、径向和周向振型的阶数;J_m 为 m 阶的贝塞尔函数;α_{mn} 为方程 $J_m'(\pi \cdot \alpha_{mn} r/R)|_{r=R} = 0$ 的第 n 个解,其取值范围如表7.2所示;K_1、K_2、φ_1、φ_2 为初始条件所决定的振幅常数和相位常数;ω 为圆频率。

表 7.2　系数 α_{mn} 值对应表

m	$n = 0$	$n = 1$	$n = 2$	$n = 3$	$n = 4$
0	0.000 0	1.219 7	2.233 1	3.238 3	4.241 1
1	0.586 1	1.697 0	2.714 0	3.726 1	4.731 2
2	0.972 2	2.134 6	3.173 4	4.192 3	5.203 6
3	1.337 3	2.553 1	3.611 5	4.642 8	5.662 4
4	1.692 6	2.954 7	4.036 8	5.081 5	6.110 5
5	2.042 1	3.348 6	4.452 3	5.510 8	6.549 1

根据上述分析结果,可获得一阶、二阶切向燃烧不稳定的固有声学频率,分别如式(7.7)和式(7.8)所示:

$$f_{1T} = \frac{a \cdot \alpha_{10}}{2R} \approx \frac{0.293a}{R} \tag{7.7}$$

$$f_{2T} = \frac{a \cdot \alpha_{20}}{2R} \approx \frac{0.486a}{R} \qquad (7.8)$$

对于上述分析,式(7.2)和式(7.3)中的 a 为 C-J 面处的声速,而式(7.7)和式(7.8)中的 a 为燃烧室内的平均声速,两者虽然不同,但较为接近。忽略声速差异,对比发现,对于单波模态,C-J 理论频率和一阶切向固有声学频率吻合良好,误差小于 2%;而对于双波模态,C-J 理论频率偏大,而二阶切向固有声学频率偏小。燃烧室内的声波属于小扰动压力波,而旋转爆震属于强压力波,两者的理论频率略有差异。

在实际液体火箭发动机中,燃烧室尾部存在喷管段,燃烧室长度需要用等效声学长度代替,即采用头部面板和喷管喉部之间的距离减去喷管收敛段长度的一半左右。在不考虑燃烧室头部附近"冷区"影响的情况下,扩大了燃烧室有效长度的折算系数,可将燃烧室的等效长度表达为 $L_c = L_{ch} + \frac{2}{3} L_{cv}$,其中 L_{ch} 为圆柱段长度,L_{cv} 为喷管收敛段的长度。

7.3　边区喷注条件下旋转爆震波传播特性

旋转爆震通常在环形燃烧室内采用边区喷注形式组织燃烧,这与液体火箭发动机的燃烧室构型和喷注方式区别较大。为进一步对比分析旋转爆震与高频切向燃烧不稳定之间的异同,需要在相似的燃烧室构型中采用更为接近的喷注形式和点火方式。因此,在研究中采用与液体火箭发动机类似的圆筒燃烧室和拉瓦尔喷管,按照循序渐进的研究原则,先采用边区喷注方式,后采用与火箭发动机更接近的双区喷注方式,通过改变喷注方式和点火方式,验证在此构型条件下形成旋转爆震的可行性,分析激波与反应区的耦合特性,从而得到液体火箭发动机高频切向不稳定的旋转爆震机理。

本节首先针对圆筒燃烧室和拉瓦尔喷管构型,采用与液体火箭发动机类似的点火方法,研究了不同的点火方式和燃烧室构型对传播模态的影响,与高频燃烧不稳定性声学振型进行了对比分析。

所采用的燃烧室构型如图 7.3 所示,其中圆筒形燃烧室直径 100 mm、长度 80 mm,尾部加装可更换的拉瓦尔喷管,收缩段长度 100 mm。推进剂主要在燃烧室外侧喷注,空气通过喉部宽度为 0.7 mm 的环缝喷注,氢气通过 90 个直径 0.7 mm 的喷孔喷注。压力测量是本试验的主要研究手段,所采用的高频传感器为 PCB 113B24,低频传感器为麦克压力传感器 MPM480,传感器布置如图 7.4 所示。

目前的旋转爆震试验大都采用切向热射流进行起爆,点火时序如图 7.5(a)所

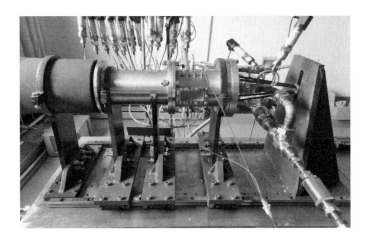

图 7.3 燃烧室构型实物图

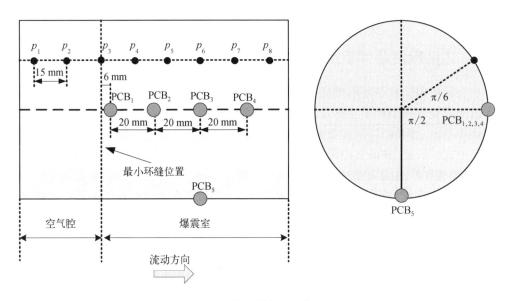

图 7.4 传感器布置示意图

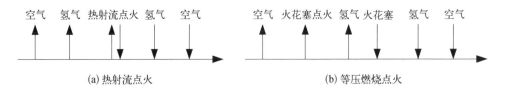

图 7.5 点火时序示意图

示,分别开启空气、氢气喷注,待燃烧室内充满可燃混合气后,再采用热射流点火起爆,从而快速形成爆震波。热射流一般采用爆震管生成,采用活性更高的氢气/氧气组合,该点火起爆方法与液体火箭发动机差别较大。为此专门设计了另一种点火时序,如图 7.5(b)所示,先开启空气供应,然后启动火花塞持续点火,再开启氢气喷注,过一段时间后关闭火花塞点火,从而实现发动机成功点火,最后再分别切断氢气、空气供应,该点火方法与液体火箭发动机类似,因此称其为等压燃烧点火。

7.3.1　工况分布与典型模态

在空气流量为 270 g/s 的情况下,通过改变氢气流量(当量比)、尾喷管收缩比(入口与喉部的面积比值)、点火方式等措施,开展了系列对比试验,结果如图 7.6 所示,其中空心图形表示等压点火时序结果,对应左侧纵坐标;实心图形为热射流点火时序结果,对应右侧纵坐标。综合所有试验结果,发现共存在三种高频压力振荡模式,分别为单波、单波双峰、双波,标记为 Mode1、Mode2、Mode3,其中Mode F 表示点火失败工况。当尾喷管收缩比小于 10 时,由于燃烧室内流速较大,采用等压燃烧时序点火失败,而热射流能量更强,其点火工况边界明显更大。下面将详细介绍三种高频压力振荡模态,并与切向燃烧不稳定的固有频率理论值进行对比。

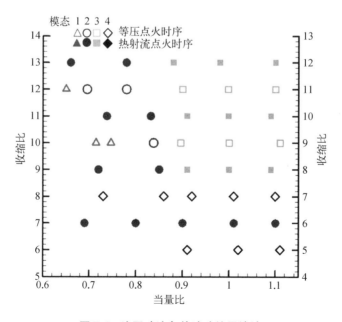

图 7.6　边区喷注条件试验结果统计

1. 单波模态

图 7.7 所示为单波模态试验结果,空气流量为 268 g/s,当量比 0.74,尾喷管收缩比 10,采用等压燃烧点火时序。图 7.7(a)为高频压力局部放大分布,可见压力振荡峰值很高且具有极强的规律性,从 PCB₃ 向 PCB₅ 顺时针旋转传播,平均传播频率为 5.54 kHz,传播速度为 1 740 m/s,达到了 C－J 理论值的 95.6%,本质上为爆震波。图 7.7(b)为不同时刻的瞬时传播频率,在点火初期的过渡段,爆震波传播不稳定,频率散布较大;在稳定段,传播频率变化很小,说明爆震波传播稳定。

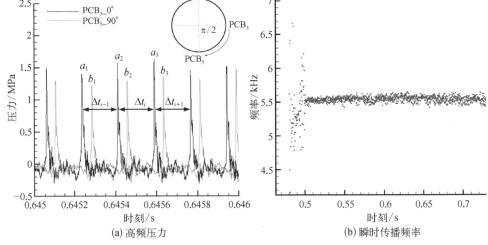

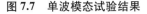

图 7.7　单波模态试验结果

2. 双波模态

图 7.8 所示为双波模态时的试验结果,空气流量 270 g/s,当量比 1.09,尾喷管收缩比 10,采用热射流点火时序。由图 7.7(a)可知,在单波模态下,相邻的 PCB₃ 压力峰值间存在一个 PCB₅ 压力峰值,由于两个 PCB 间隔 90°,且爆震波传播方向为从 PCB₃ 到 PCB₅,因此 PCB₅ 的压力峰值位于 PCB₃ 传播周期内的约 1/4 处。而由图 7.8(a)可知,PCB₅ 的压力峰值位于 PCB₃ 传播周期内的约 1/2 处,可知本次试验中燃烧室内存在两个旋转传播的压力波,因此称其为双波模态。双波模态的压力振荡主频为 10.01 kHz,远大于单波模态结果,其爆震波传播速度约为 1 572 m/s,为 C－J 理论值的 78.6%,速度亏损值大于单波模态结果。图 7.8(b)为不同时刻的瞬时传播频率,说明爆震波传播稳定。

3. 单波双峰模态

单波双峰模态是一种全新的旋转爆震传播现象,已有的旋转爆震研究结果

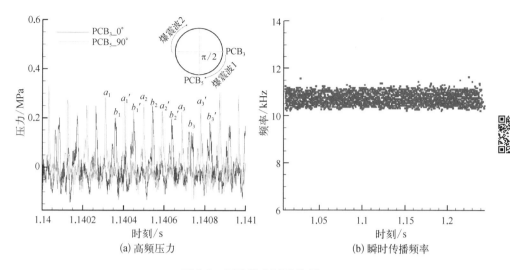

图 7.8　双波模态试验结果

　　鲜有提及。试验中,空气流量为 270 g/s,当量比为 0.83,喷管收缩比为 10,采用热射流时序,由图 7.9(a)中的整体压力分布可知,在燃烧室内压力形成周期性振荡,PCB_1 位于轴向上游,只有一个压力主峰,而轴向下游测点则有两个比较明显的峰值,因此称该传播过程为单波双峰模态。由图 7.9(b)可知,同轴的压力峰值按照 4-3-2-1-2-3-4 的规律变化,可知在轴向存在波系变化。由图 7.9(c)可知,位于轴向下游的 $PCB_{3,5}$ 的压力振荡特征与 PCB_1 明显不同,更加复杂,其中 a_1-a_2 为 PCB_5 的一个振荡周期,b_1-b_2 为 PCB_3 的一个振荡周期,根据两者的相位差,测量 b_1-a_2 的时间间隔约为 a_1-b_1 的 3 倍,说明燃烧室内只存在一个压力扰动波,从 PCB_5 到 PCB_3 逆时针旋转传播。但是在 a_1-a_2、b_1-b_2 的一个振荡周期内,PCB_5 和 PCB_3 还分别存在 a_1'、b_1' 压力峰值,这是单波模态中没有的现象。由 PCB_1 的压力分布,计算其频率随时间分布如图 7.9(d)所示,频率在 7.5~7.7 kHz 变化,平均传播频率为 7.65 kHz。根据单波传播速度的计算方法,求得本次试验的传播速度为 2 404 m/s,远大于所对应的爆震波 C-J 速度 1 960 m/s。

　　为进一步说明单波双峰的传播过程,参考试验构型进行了数值模拟,燃烧室尺寸与试验模型一致,喷管段只保留前 110 mm 段。图 7.10 为单波双峰模态三维流场分布,图 7.11 为流场结构的二维展开分布,可见旋转爆震波的下游斜激波在喷管收缩段反射,所形成的反射激波又向上游传播,一直发展到燃烧室头部,刚好达到旋转爆震波处,进一步增强了头部的爆震强度。从燃烧室入口位置开始,在燃烧室外壁面上沿轴向选取三个点记录其压力变化,测点间隔 20 mm,

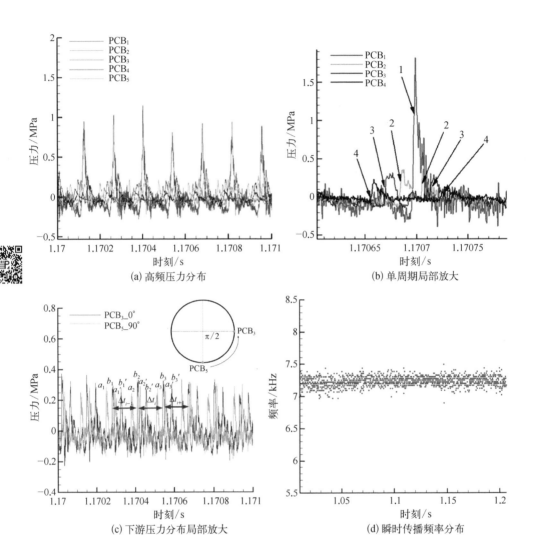

图 7.9　单波双峰模态试验结果

分别标记为 1、2、3，如图 7.10(c) 所示，可见压力 1 的峰值远大于压力峰值 2、3，并且同轴压力峰值按照 3 - 2 - 1 - 2 - 3 的规律变化，与上述试验结果的发展规律吻合。

7.3.2　传播频率分析

在尾喷管收缩比小于 10 时，由于燃烧室内流速较大，采用等压燃烧点火时序无法成功点火，意味着此时在燃烧室内无法维持等压燃烧。因此，本节将重点计算尾喷管收缩比为 10、12 构型下液体火箭发动机切向燃烧不稳定的固有频

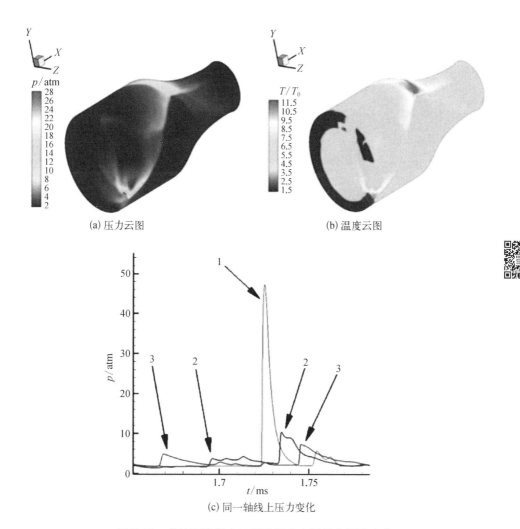

(a) 压力云图　　　　　　　　(b) 温度云图

(c) 同一轴线上压力变化

图 7.10　单波双峰模态三维流场分布及轴向压力变化

率,统计试验结果的压力振荡主频,对两者进行对比。

采用液体火箭发动机热力计算程序,基于燃烧室压力试验测量结果,求解了各工况下的燃烧室温度和声速,如图 7.12 所示。可见,室温与声速都随当量比升高而增加,但受尾喷管收缩比的影响不大,据此即可求得不同构型和试验工况下各阶的固有频率。

图 7.13(a)所示为等压点火时序试验结果的压力主频与固有频率理论值的对比,可见随着当量比增加,旋转爆震传播模态依单波、单波双峰和双波的规律进行变化,压力振荡主频逐渐升高,但喷管收缩比对压力主频的影响不大。单波、双波模态主频分别与一阶切向组合振型(1T+1L)、二阶切向组合振型

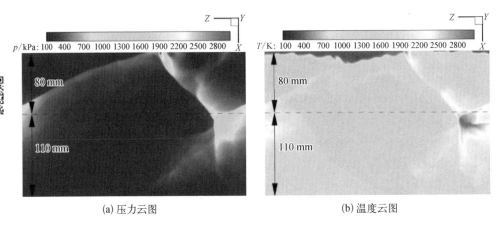

(a) 压力云图　　　　　　　　　　　(b) 温度云图

图 7.11　单波双峰模态流场二维展开分布

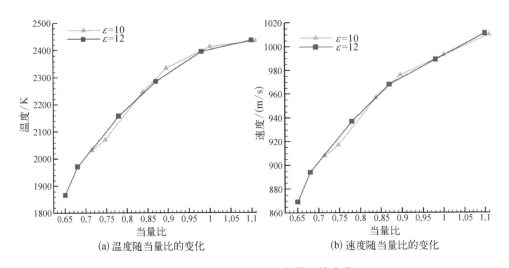

(a) 温度随当量比的变化　　　　　　　(b) 速度随当量比的变化

图 7.12　温度和速度随当量比的变化

（2T+1L）的理论值接近,误差在 5% 以内。而单波双峰模态主频与一阶、二阶切向固有频率差别都较大,与组合振型（1T+2L）的频率接近,误差稍大,在 10% 以内。

在尾喷管收缩比为 10、12 的条件下,采用热射流点火时序没能获得旋转爆震单波模态,随当量比的增加,爆震传播依次为单波双峰和双波模态,压力振荡主频也逐渐升高。由图 7.13(b)可知,相同工况下热射流点火时序的压力主频稍高,但是其双波模态主频也与二阶切向固有频率接近,误差绝对值也在 5% 以内。单波双峰模态主频在低当量比情况下与固有频率（1T+2L）的误差大于 10%,因为此时处

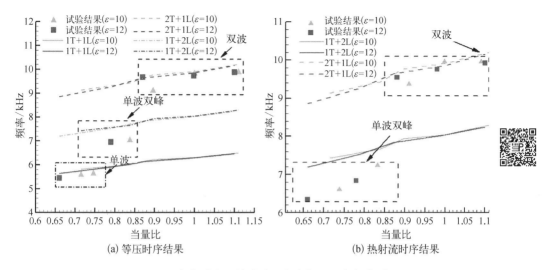

图 7.13 不同点火时序下的试验压力主频和固有频率对比

于工况下限附近,所形成的单波双峰传播稳定性较差,是介于单波与单波双峰之间的过渡形式。

7.3.3 不同点火时序爆震波流场特征

在相同喷管收缩比条件下,热射流时序的得到的爆震波的传播频率更高。图 7.14 为相同工况条件下的燃烧室沿程压力分布(空气流量 270 g/s,当量比 1,喷管收缩比 10)。在空气积气腔压力基本相等的条件下,等压点火时序下 p_3 压力值要小于热射流点火模式,在燃烧室内均比热射流模态的压力值低。等压时序的最高压力峰值处于 p_5 位置处,而热射流时序位于 p_4 处,表明形成的爆震波锋面的最高压力位置不同。p_6 相较 p_5 处的压力迅速降低,这是因为该位置对应了爆震波下游斜激波锋面。等压时序在爆震波峰面下游处的压力基本保持不变,从 p_6 到喷管喉部附近 p_{12} 的沿程压力近似相等。热射流时序得到的沿程压力在喷管收缩处 p_{10} 位置迅速降低。室压不同,说明两者的燃烧剧烈程度有差异,因此其爆震波的传播频率有所差别。

通过对比分析两种不同时序下的高频压力分布,可知在两种不同时序条件下形成的高频压力结果并不相同。图 7.15 为热射流时序下的高频压力结果,整体分布结果表明,其瞬时最高峰值均大于 1 MPa,瞬时频率分布为高低相间的"锯齿状",频率分布呈正弦波形状。图 7.15(b)为局部放大结果,由图可知相邻压力尖峰的时间间隔并不相等,爆震波的强弱和传播速度呈周期性变化,但频率序列与压力峰值序列并没有明显的对应关系。

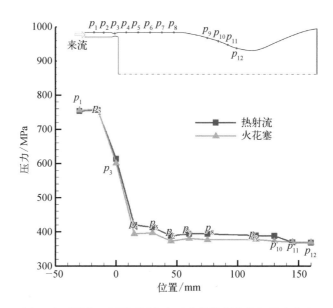

图 7.14　相同工况下不同点火时序的燃烧室沿程压力分布

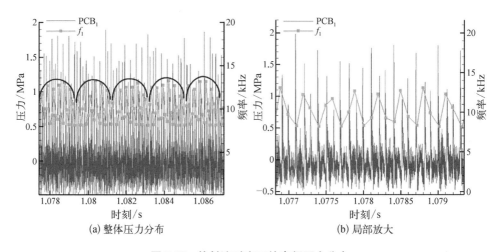

(a) 整体压力分布　　　　　　　　　　(b) 局部放大

图 7.15　热射流时序下的高频压力分布

　　图 7.16 为等压时序下的高频压力结果。整体分布结果表明,爆震波峰值压力呈现高低相间的周期性振荡,振荡过程中压力峰值形成局部团簇高低相间的分布,在峰值压力较低处,其值小于 0.5 MPa。高峰值压力处对应的传播频率较高,传播速度较快,低压力峰值处的传播频率较低,传播速度较慢。区别于热射流时序的结果,等压时序下得到的低压力峰值段所占比例较大,传播速度与压力峰值有着良好

的对应关系。图 7.16(b)所示的局部放大结果表明,在低压力峰值区域,椭圆标识内的压力峰值呈现多峰值,这种高频压力形态与近期提出的锯齿波模态[18]类似。锯齿波模态是近年来才提出的概念,因其高频压力信号波形状如"锯齿"而得名。此模态下的旋转爆震波前导激波较弱,激波与反应区耦合效果较差,燃烧放热过程比较分散。

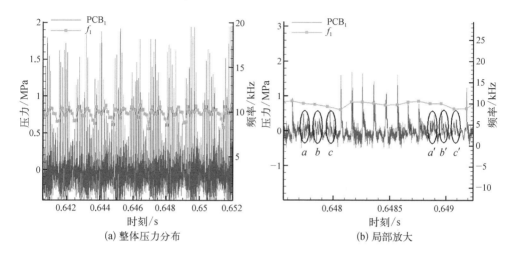

(a) 整体压力分布   (b) 局部放大

图 7.16 等压时序下的高频压力分布

在连续旋转爆震波的自持机理中,来流与爆震波的相互作用是维持其稳定传播的重要因素。爆震波峰面之前的压力较低,燃料迅速注入,积累形成可燃气体混合层。波后由于高温高压的爆震产物的作用,阻碍新鲜混合气体的注入。热射流和等压时序下均出现压力峰值和速度的周期性变化,和液体火箭发动机类似,此现象为爆震波传播影响喷注混合过程,与推进剂耦合造成的低频振荡现象相似。

7.4 双区喷注条件下旋转爆震波传播特性

边区喷注的试验结果初步证实了在带拉瓦尔喷管的圆筒燃烧室构型中实现连续旋转爆震的可行性,与燃烧室固有频率的比对说明旋转爆震可能是切向不稳定振型的一种形式。尽管燃烧室构型与液体火箭发动机极为接近,但是推进剂的喷注方式与液体火箭发动机仍不相同。

本节在类似液体火箭发动机燃烧室的构型中采用双区喷注方式,保持总质量流量不变,改变内外质量流量配比开展试验研究,以检验在更接近液体火箭发动机的工况条件下,实现旋转爆震的可行性。试验结果表明,在等压燃烧条件下,能够自发形成旋转爆震。

7.4.1 双区喷注试验构型介绍

双区喷注燃烧室构型和传感器布置如图 7.17 所示。采用外环和中心双区喷注形式,外环为 H_2/空气小孔-环缝对撞的形式,中心区采用同轴式喷嘴。在距离喷注面板下游 26 mm 处布置火花塞,热射流与火花塞在同一轴向截面,存在一定的相位差。布置了 5 个低频传感器及 4 个高频 PCB 压力传感器,PCB_1 与 PCB_2 位于相同轴向截面,两者夹角为 $60°$,PCB_2、PCB_3 和 PCB_4 在同一条轴线上。

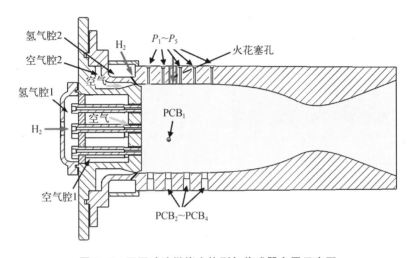

图 7.17 双区喷注燃烧室构型与传感器布置示意图

在边区喷注试验中,只有当喷管收缩比大于等于 10 的条件下才能够实现等压时序的起爆着火。因此,在双区喷注实验系统条件下,也只针对收缩比为 10 的喷管进行了等压时序和热射流时序试验研究。因为热射流时序和等压时序的传播频率和传播模态并没有明显的差异,所以只针对等压时序结果进行分析。

图 7.18 给出了不同喷注流量配比条件下等压时序的传播频率分布,在外环喷注和内外配比 1 : 1 工况下,所有的工况均为稳定的单波模态,但随着内喷注所占比例增大,其传播频率降低。将其传播频率与固有频率(1T+1L)对比发现,试验结果均在固有频率附近波动,误差在 5% 以内。在只有内喷注的条件下,压力振荡特征与其他工况不同,传播频率更高,但其压力振荡幅值极低,下面将会详细介绍。

7.4.2 外环喷注结果分析

表 7.3 为外环喷注条件下的试验工况与结果。在等压时序条件下,所有工况

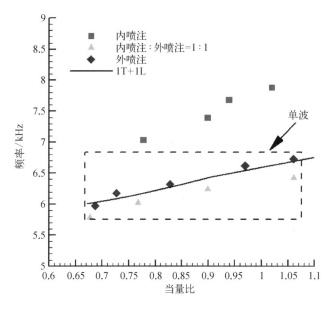

图 7.18 不同流量配比下等压时序的试验结果

形成的传播模态均为单波双峰结构。对其传播频率与固有频率(1T+1L)进行对比发现,试验结果得到的传播频率均在固有频率附近波动,误差在 5% 以内,有较好的吻合性。

表 7.3 外环喷注条件下的试验工况与结果

工 况	$m_{空气}$/ (g/s)	当量比	点火方式	传播模态	传播频率 f_{av}/kHz	固有频率 f_{1T+1L}/kHz	误差 /%
Test#7-1	268	0.68	等压时序	单波双峰	5.97	6.02	-0.8
Test #7-2	265	0.72	等压时序	单波双峰	6.18	6.1	1.3
Test #7-3	266	0.82	等压时序	单波双峰	6.32	6.26	0.9
Test #7-4	270	0.96	等压时序	单波双峰	6.62	6.53	1.35
Test #7-5	272	1.05	等压时序	单波双峰	6.73	6.67	0.89

图 7.19 给出了 Test # 7-2 的试验结果,根据图 7.19(a) 中 PCB_1 和 PCB_2 的局部放大结果,结合其安装位置,可知爆震波从 PCB_2 向 PCB_1 旋转传播。根据单波双峰的流场特征可知,主峰前的小压力尖峰是由下游的反射激波引起的。如图 7.19(b) 所示,同一轴线位置上的压力峰值依 4-3-2-2-3-4 的规律变化,与前面的发展规律类似。

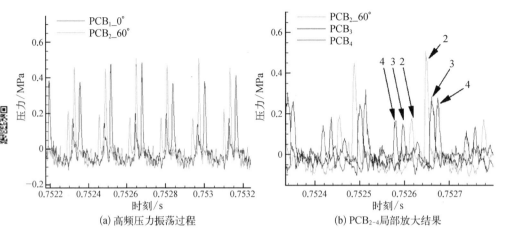

(a) 高频压力振荡过程　　　　　　　(b) PCB$_{2-4}$局部放大结果

图 7.19　试验#7‑2 外环喷注试验结果

7.4.3　内/外共同喷注结果分析

表 7.4 给出了内外喷注流量配比为 1∶1 的试验工况与结果,旋转爆震主要分布在燃烧室外壁附近,增大内喷注配比后,外环流量减小,因此形成的爆震波传播频率降低。所有工况均为单波双峰模态,传播频率与固有频率(1T+1L)理论值吻合良好,但与外环喷注结果相比,误差略有增大。

表 7.4　内外喷注流量配比 1∶1 条件下试验工况与结果

工　况	$m_{空气}/$ (g/s)	当量比	点火方式	传播模态	传播频率 f_{av}/kHz	固有频率 f_{1T+1L}/kHz	误差 /%
Test #7‑6	271	0.67	等压时序	单波双峰	5.78	5.99	−3.6
Test #7‑7	266	0.76	等压时序	单波双峰	6.02	6.14	−1.3
Test #7‑8	270	0.89	等压时序	单波双峰	6.24	6.41	−1.99
Test #7‑9	270	1.05	等压时序	单波双峰	6.42	6.67	−3.89

当只进行外环喷注时,下游反射激波在 PCB$_1$ 和 PCB$_2$ 处引起的压力峰值达到了 0.2 MPa。而当内外喷注配比为 1∶1 时,在总质量流量和当量比均相近的情况下,反射波在 PCB$_1$ 和 PCB$_2$ 处引起的压力峰值仅为 0.1 MPa,如图 7.20 所示。这是因为爆震波传播频率降低后,爆震波下游斜激波的强度减弱,因此在喷管收缩段形成的反射波强度减弱。

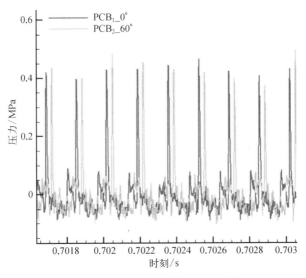

图 7.20　试验#7‐7 高频压力分布

7.4.4　内喷注结果分析

当只进行内喷注时,其喷注方式、燃烧室构型、点火方式均与液体火箭发动机接近。图 7.21 给出了等压时序下燃烧室中的沿程压力分布,本节试验中,空气流量为 261 g/s,当量比为 0.93,可见在 504 ms 时刻火花塞点火,经过一段时间后,在约 600 ms 时,室压趋于稳定,形成压力平台,说明已形成了稳定的燃烧。

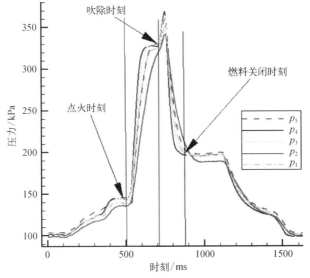

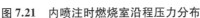

图 7.21　内喷注时燃烧室沿程压力分布

图 7.22 所示为点火过程的高频压力分布,尽管 PCB_1 与 PCB_2 存在相位差,但其对应的压力尖峰($a-a'$、$b-b'$、$c-c'$)的上升时刻相同,压力变化同步,没有明显相位差,说明此时燃烧室内的压力扰动并不是沿圆周方向,可能是沿轴向或者径向。

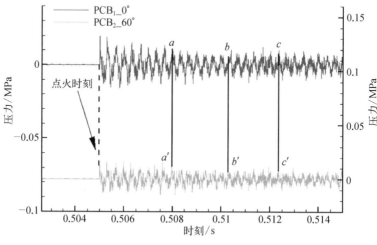

图 7.22 点火过程的高频压力分布

但当燃烧室压力稳定后,形成具有周期性变化的旋转波形,如图 7.23 所示。根据压力波峰的时间间隔特征和传感器相位关系,可知此时存在三道同向旋转的压力波。压力振荡的主频为 7.68 kHz,则单个压力波的传播频率仅为 2.56 kHz,对应的传播速度为 803 m/s,仅为理论 C−J 速度的 39%,此时已经不是爆震波,而是

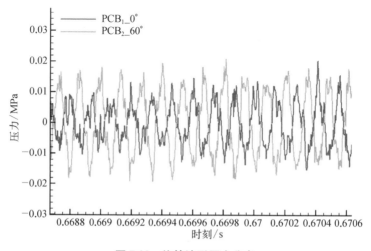

图 7.23 旋转波形压力分布

旋转传播的压力扰动波,其波形为锯齿波,可见在等压燃烧模式下能够自发形成旋转扰动波。

　　综上分析可知,在液体火箭发动机类似的燃烧室中,在一定条件下能够自发形成旋转波形,当贴近燃烧室壁面处的燃料足够时有助于爆震波的形成与稳定,并且其传播频率与固有频率接近。液体火箭发动机通常采用燃料液膜冷却壁面或在边区采用富燃喷注,在近壁面处会形成燃料富集,这为形成旋转爆震创造了条件。试验结果进一步证明了旋转爆震可能是液体火箭发动机切向不稳定燃烧的一种形式。

7.5　压力波-反应区耦合特性分析

　　根据目前的研究结果,单波模态和锯齿波模态的传播频率相近,但爆震波压力特性和反应区形态具有明显差别,后者更接近于常见的燃烧不稳定状态。本节以这两种传播模态为研究对象,通过高频压力测量和顶窗高速摄影的手段着重分析了两者前导压力波与反应区耦合方式的差别。所有试验均在顶部开窗燃烧室中开展,如图 5.28 所示,燃烧室后接收缩比为 4 的拉瓦尔喷管,以乙烯为燃料,试验工况如表 7.5 所示。当氧化剂为空气时,结果为单波模态,如 Test #7 - 10;提高氧化剂的氧含量后,燃烧室中出现了更多爆燃火焰,爆震波以锯齿波模态传播,如 Test #7 - 11。

表 7.5　旋转爆震与燃烧不稳定研究试验工况

工　况	氧化剂流量/(g/s)	OMF/%	当量比	点火方式	传播模态	f/kHz
Test #7 - 10	407	23	1.02	热管	单波	4.27
Test #7 - 11	396	43	0.98	热管	锯齿波	4.58

7.5.1　高频压力特性对比

　　图 7.24 展示了单波(Test #7 - 10)和锯齿波(Test #7 - 11)模态下的高频压力信号对比,可以看到,两种传播模态下的爆震波均能够长时间稳定自持,其中单波模态峰值压力约为 1.5 MPa,而锯齿波模态大部分时刻的峰值压力低于 0.4 MPa。图 7.24(b)和(c)进一步展示了高频压力信号局部放大分布,单波模态压力波峰规律且陡峭,符合典型的激波压力特征;而锯齿波模态压力波峰形状并不规则,且压力波的强度也出现显著下降。

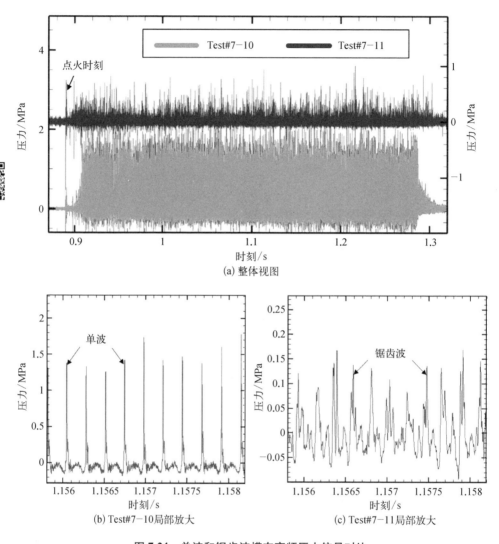

(a) 整体视图

(b) Test#7-10局部放大 (c) Test#7-11局部放大

图 7.24 单波和锯齿波模态高频压力信号对比

随后针对上述两次试验中的高频压力信号开展了频率分析。图 7.25(a)展示了短时傅里叶变换后的频率分布,可以发现两者的传播频率虽然存在轻微波动,但整体保持相对稳定。图 7.25(b)展示了压力信号的快速傅里叶变换结果,两者的主频分别为 4.27 kHz 和 4.58 kHz。结合燃烧室构型计算得到的单波和锯齿波模态爆震波的传播速度分别为 1 744 m/s 和 1 871 m/s,分别占对应理论 C-J 速度的95.3%和92.3%。在略微提升氧含量后,旋转爆震波即从单波模态转变为锯齿波模态,两者虽然压力波形存在较大差异,但均能以较小的速度亏损维持稳定传播,其背后的自持机理尚需进一步探索。

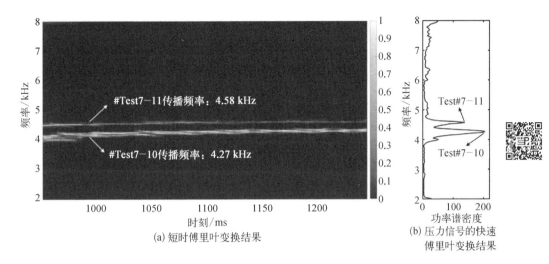

(a) 短时傅里叶变换结果

(b) 压力信号的快速
傅里叶变换结果

图 7.25　单波和锯齿波模态频率分布对比

7.5.2　燃烧区分布特性对比

随后通过顶窗高速摄影的手段,对上述两种模态的反应区分布和传播过程开展了进一步分析,结果如图 7.26 所示,由单波模态反应区分布结果可知,其爆震波

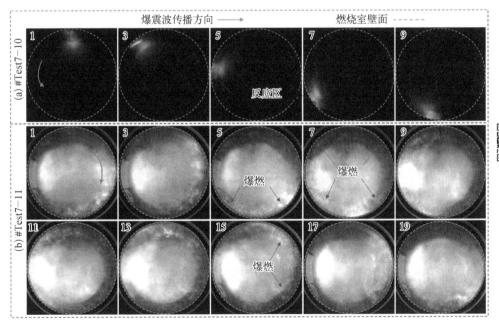

图 7.26　单波和锯齿波模态旋转爆震反应区分布(可见光)

沿逆时针方向传播,燃烧放热集中在波后,周向其余位置不存在明显的爆燃燃烧。图 7.26(b)展示了锯齿波模态下一个完整周期内的反应区变化过程,爆震波沿顺时针方向传播,氧含量的提升使得燃烧室内出现了大范围的爆燃火焰,已经难以分辨爆震波后的燃烧区形态,实际上此时的爆震波更像是一种对爆燃火焰起到局部增强作用的旋转压力波。

为了进一步研究两种模态下燃烧反应区的分布特征,图 7.27 展示了顶窗观测得到的 CH 基自发辐射高速摄影结果,可见在单波模态下反应区贴壁分布,结构紧凑而集中;而在锯齿波模态下,反应区较为分散,沿圆周方向大范围存在,且径向分布范围也更大。在 CH 基自发辐射拍摄镜头前增添了滤波片,仅允许特定波长的光线进入相机,因此非允许波长的燃烧反应自发光信号无法被捕捉,这意味着燃烧室中真实的燃烧反应区域比图中展示的更大。这种广泛存在的燃烧火焰进一步说明,在锯齿波模态下燃烧室中存在较多爆燃燃烧,而在爆燃火焰中又形成了旋转爆震,可增强局部燃烧释热效果,实质上是爆燃/爆震混合燃烧。

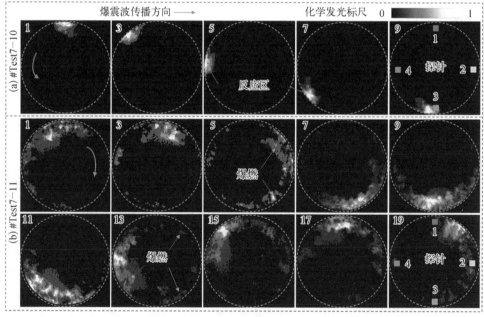

图 7.27 单波和锯齿波模态旋转爆震反应区分布(CH* 自发辐射)

针对不同模态下燃烧室内的火焰亮度进行了定量统计,如图 7.27 中的 Frame 9 和 19 所示,沿燃烧室周向等间距设置了 4 个(20×20)pixels 的亮度探针,在对大量照片进行处理和统计后,可以得到监测区域亮度随时间的变化,其中探针-3 的结果如图 7.28 所示。在图 7.28 中,爆震波到来时会导致监测区域出现瞬时亮度超过

500 的峰值,而在剩余大部分时刻,其亮度值在 100 以下。据此,将监测区域的亮度值粗略划分为 3 个等级,即小于 100、101~500、大于 500,分别用以表征无化学反应、弱爆燃燃烧、剧烈爆震燃烧三种状态。对于图 7.28(a)所示的单波模态,无化学反应的时间占比最大,而弱爆燃燃烧占比最小,这也与前面的观测结果相一致;而在图 7.28(b)所示的锯齿波模态中,由于大量爆燃火焰的存在,无化学反应的时间占比显著下降,爆燃燃烧的占比明显上升。

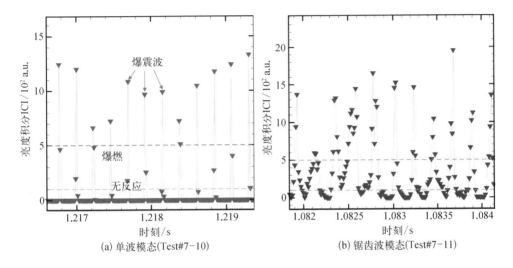

图 7.28　单波和锯齿波模态监测区域亮度变化

　　为进一步说明监测区域内发生化学反应的时间占比,对两种模态下所有照片中 4 个监测区域的亮度值开展了统计分析,结果如图 7.29 所示。图中对 4 个监测区域在 3 个亮度等级下的占比分别进行统计,并计算了平均值。结果显示,从单波模态变为锯齿波模态时,监测区域内无化学反应的时间占比从 91.39% 下降到 60.39%。这表明锯齿波模态下化学反应不再局限于爆震波耦合反应区内,而是在整个燃烧室内更广泛地存在。发生爆燃燃烧的占比从 3.80% 上升到 25.93%,说明锯齿波模态下额外增加的化学反应时间大多以较弱的爆燃形式存在。此外,锯齿波模态下发生较强化学反应的时间占比也有所上升,但考虑到该模态下的反应区面积整体扩大,且部分较强的爆燃反应也可能导致监测区域亮度超过 500,故这一现象并不代表燃烧室内爆震燃烧的比例出现了提升。

　　通过以上分析可以发现单波模态中前导激波较强,燃烧室内以爆震燃烧为主,而锯齿波模态的前导压力波很弱,且燃烧室内存在大量的爆燃燃烧。若根据爆震理论中的 ZND 模型,将爆震波视为前导激波与化学反应区的耦合,则以上两种传播模态下的耦合效果显然存在明显差异,需开展进一步讨论。

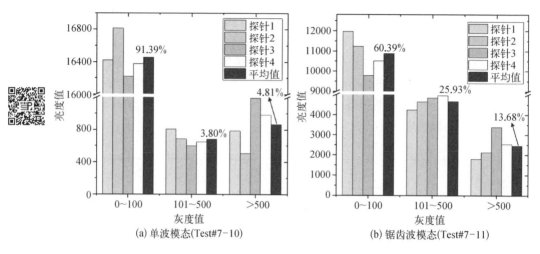

(a) 单波模态(Test#7-10)　　　　　(b) 锯齿波模态(Test#7-11)

图7.29　单波和锯齿波模态监测区域亮度值分布统计

7.5.3　压力波/燃烧区耦合特性对比

在试验 Test #7 - 10 和 Test #7 - 11 中,高频压力测量和顶窗高速摄影由同一控制系统同时触发测量。将高频压力和高速摄影的演化发展过程进行对比分析,以揭示激波/反应区的耦合特性。对图 7.27 所示的 CH 基自发辐射照片进行坐标变换和图像拼接处理,并与相应时刻的高频压力进行对比,结果如图 7.30 所示,其中燃烧室最右端的相位为 0,PCB_1 位于相位 π/2 处。可见,单波模态下旋转爆震火

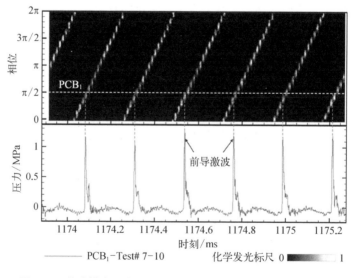

图7.30　单波模态下激波和反应区分布对比分析(Test#7 - 10)

焰周向分布集中,不同时刻的火焰分布形成一系列平行线,其斜率即为爆震传播速度;高频压力峰值与火焰分布高度同步,说明两者紧密耦合,这正是爆震燃烧的典型特征。

图 7.31 展示了锯齿波模态下反应区和高频压力振荡分布对比,可见各个时刻的火焰周向分布范围较大、不够集中,不同时刻的火焰分布也形成了系列平行线,说明火焰也在规律地旋转传播,但传播方向与单波模态相反。高频压力峰值较小且分叉,说明压力波强度较弱。两者对比可知,压力峰值区域与火焰分布也具有一定的同步性,每个时刻的火焰中存在明显的高亮区,这正是旋转压力扰动引起的,但压力峰值点和火焰高亮区都难以界定,因此两者的同步耦合关系难以定量分析。

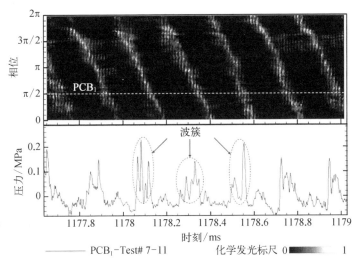

图 7.31　锯齿波模态下压力波和反应区分布对比分析(Test#7‑11)

通过上述分析可知,单波模态下激波强度大、火焰分布集中,且两者紧密耦合,符合典型的爆震燃烧特征,是较为理想的旋转爆震燃烧。而在锯齿波模态下,压力扰动强度弱、火焰分散,存在较多的爆燃燃烧,但压力扰动的旋转传播可引起局部的燃烧增强,形成局部高亮火焰,属于爆燃/爆震共存的混合燃烧,可称其为非理想旋转爆震燃烧。

图 7.32 展示了双波模态下的可见光观测结果,试验中空气/氧气混合气总流量为 392 g/s、氧含量为 43%,当量比为 0.76,为混合单/双波模态,单波时的主频为 4.32 kHz,双波阶段主频为 7.13 kHz。由观测结果可知,燃烧室中存在大量爆燃,但存在间隔 180° 的两个高亮区连续旋转传播,且火焰的传播频率与高频压力主频吻合,属于非理想旋转爆震燃烧。由前面分析可知,基于 C‑J 爆震理论获得的理论

频率为 8.47 kHz,而二阶切向固有声学频率为 7.07 kHz,可见试验结果与燃烧不稳定理论分析结果更吻合,误差在 1%以内。

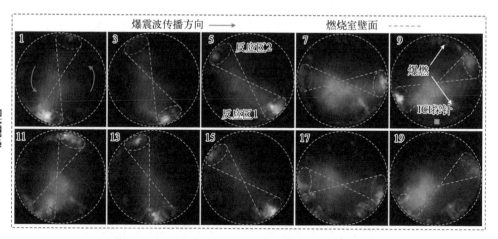

图 7.32　同向双波模态反应区分布及传播过程

对于非理想旋转爆震,压力扰动是在未完全燃烧的爆燃产物中传播的,波前的温度、压力和组分状态难以确定,不适合采用 C‑J 理论来计算其传播速度。非理想旋转爆震更类似于传统的切向燃烧不稳定,因此可采用燃烧不稳定的固有声学频率理论进行分析。

7.5.4　不同耦合模式的机理分析

在类似液体火箭发动机的燃烧室中,燃烧和切向压力波的耦合大致有三种模式。一种是典型的单波或双波传播的旋转爆震波,另一种是声波与燃烧的耦合,即常见的切向不稳定燃烧,还有一种是介于上述两者之间的锯齿波模式。这三种耦合模式的发生条件和表现特点是不同的,下面具体分析。

当燃烧室内出现旋转爆震波并以单波形式稳定传播时,这是压力波与燃烧的强耦合模式,其传播速度接近理论 C‑J 速度,传播频率与燃烧室一阶切向固有声学频率相符。此时旋转爆震波的自持传播完全由爆震理论主导,旋转爆震波的压力振荡和燃烧释热紧密耦合、相位相同,看起来是燃烧区跟随激波移动,实际上是强燃烧驱动激波。这种模式可以认为是一种特殊的高频切向不稳定燃烧。

当燃烧室内出现较弱的切向传播压力波(声波)与燃烧耦合时,压力波的波峰会增强局部燃烧,波谷会减弱燃烧,燃烧区出现明暗变化,但是燃烧区不移动。传统的热声理论认为,燃烧的强弱变化也会给压力波的传播提供能量,从而维持这种振荡模式。由于液体火箭发动机燃烧室平均压力通常较高,燃气可压缩性变差,高频压力波动的幅值一般不大,这种模式是切向不稳定燃烧的常态。

当燃烧室切向压力波以锯齿波模态旋转传播时,燃烧与压力波的耦合处于一种中间状态,一部分燃料以较弱的爆震波形式燃烧,一部分燃料以爆燃形式燃烧。由于广泛存在的爆燃火焰,爆震波波前气体已经发生了部分预燃,此时燃烧释放的能量也并非全部用于支持压力波的传播,因此燃烧区前是较强的压力波而非激波,也不是小扰动的声波,测得的压力波呈锯齿状。在这种耦合模式下,C-J 理论已不再适用。在火箭发动机燃烧室内的高温、高压条件下,预燃反应区广泛存在,出现锯齿波模态的燃烧不稳定是可能的。

当爆震波以同向双波传播模式传播时,测量得到的爆震波会发生不同程度的速度亏损。较大的速度亏损、较弱的前导压力波及燃烧室内较多的爆燃火焰都表明,此时燃烧模态与锯齿波模态是类似的,也可能是一种中间传播模态。

7.6　本章小结

本章针对旋转爆震和切向燃烧不稳定,首先进行了传播频率理论分析,然后基于试验结果进行了对比研究,所得主要结论如下。

(1) 基于 C-J 爆震理论和热声不稳定理论,分析了旋转爆震传播频率和燃烧室固有声学频率,发现单波模态的爆震频率与一阶切向固有声学频率吻合较好,而双波模态的爆震频率较二阶切向固有声学频率偏大。

(2) 边区喷注条件下,等压燃烧点火时序在尾喷管收缩比大于 10 时才能成功点火,各模态与燃烧室固有声学频率吻合良好,误差在 5% 以内。

(3) 双区喷注条件下,能够自发形成旋转波形,增加外壁处的推进剂的喷注量有助于爆震波的形成与稳定,并且形成的爆震波的传播频率与固有频率吻合较好。

(4) 基于高频压力和高速摄影结果进行了激波/反应区耦合特性分析,对于典型爆震模态,燃烧释热区集中,且与激波紧密耦合,其传播频率与 C-J 理论值吻合;对于非理想爆震模态,燃烧室内存在大量爆燃,爆燃和旋转爆震共同燃烧,压力扰动是在未完全燃烧的爆燃产物中传播的,更类似于传统的切向燃烧不稳定,可采用固有声学频率理论进行分析。

参考文献

[1] Smith R P, Sprenger D F. Combustion instability in solid-propellant rockets [J]. Fourth Symposium (International) on Combustion, Elsevier, 1953, 4(1): 893-906.

[2] Voitsekhovskii B V. Spinning maintained detonations [J]. Prikl. Mekh. Tekh. Fiz, 1960, 3: 157-164.

[3] Nicholls J A, Cullen R E, Ragland K W. Feasibility studies of a rotating detonation

wave rocket motor[J]. Journal of Spacecraft and Rockets, 1966, 3 (6): 893 - 898.

[4] Denisov Y N, Shchelkin K I, Troshin Y K. Some questions of analogy between combustion in a thrust chamber and in a detonation wave[J]. Ninth (International) Symposium on Combustion, Elsevier, 1961, 8(1): 1152 - 1159.

[5] Oppenheim A K, Laderman A J. Role of detonation in combustion instability[C]. First ICRPG Combustion Instability Conference, EI Segundo, 1965.

[6] Clayton R M, Rogero R S, Sotter J G. An experimental description of destructive liquid rocket resonant combustion[J]. AIAA Journal, 1968, 6(7): 1252 - 1259.

[7] Ar'kov O F, Voitsekhovskii B V, Mitrofanov V V, et al. On The spinning-detonation-like properties of high frequency tangential oscillations in combustion chambers of liquid fuel rocket engines[J]. Journal of Applied Mechanics and Technical Physics, 1970, 11(1): 159 - 161.

[8] Shen I W. Theoretical analysis of a rotating two-phase detonation in a liquid propellant rocket motor[D]. Michigan: The University of Michigan, 1971.

[9] Bykovskii F A, Mitrofanov V V. Detonation combustion of a gas mixture in a cylindrical chamber[J]. Combustion, Explosion, and Shock Waves, 1980, 16: 570 - 578.

[10] Bykovskii F A, Vasil'ev A A, Vedernikov E F, et al. Explosive combustion of a gas mixture in radial annular chambers[J]. Combustion, Explosion, and Shock Waves, 1994, 32(4): 510 - 516.

[11] Tang X M, Wang J P, Shao Y T. Three-dimensional numerical investigations of the rotating detonation engine with a hollow combustor[J]. Combustion and Flame, 2015, 162: 997 - 1008.

[12] Lin W, Zhou J, Lin Z Y, et al. An experimental study on CH_4/O_2 continuously rotating detonation wave in a hollow combustion chamber[J]. Experimental Thermal and Fluid Science, 2015, 62: 122 - 130.

[13] Zhang H L, Liu W D, Liu S J. Effects of inner cylinder length on H_2/air rotating detonation[J]. International Journal of Hydrogen Energy, 2016, 41: 13281 - 13293.

[14] Anand V, George A S, de Luzan C F, et al. Rotating detonation wave mechanics through ethylene-air mixtures in hollow combustors, and implications to high frequency combustion instabilities [J]. Experimental Thermal and Fluid Science, 2018, 92: 314 - 325.

[15] Peng H Y, Liu W D, Liu S J, et al. Experimental investigations on ethylene-air continuous rotating detonation wave in the hollow chamber with laval nozzle[J]. Acta Astronautica, 2018, 151: 137 - 145.

[16] Yao S B, Tang X M, Wang J P. Numerical Study of the propulsive performance of the hollow rotating detonation engine with a laval nozzle[J]. International Journal of Turbo

and Jet-Engines, 2017, 34(1): 49 - 54.

[17] Zhang H L, Liu W D, Liu S J. Experimental investigations on H₂/air rotating detonation wave in the hollow chamber with laval nozzle[J]. International Journal of Hydrogen Energy, 2017, 42: 3363 - 3370.

[18] Peng H Y, Liu S J, Liu W D, et al. The nature of sawtooth wave and its distinction from continuous rotating detonation wave[J]. Proceedings of the Combustion Institute, 2023, 39(3): 3083 - 3093.